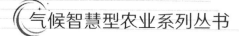
气候智慧型农业系列丛书

我国保护性农业
实践与发展战略

WOGUO BAOHUXING NONGYE
SHIJIAN YU FAZHAN ZHANLÜE

马新明　王全辉　张春雨　熊淑萍　编著

U0246091

中国农业出版社
北 京

内容简介 | CONTENT SUMMARY

　　本书系统地阐述了保护性农业的概念内涵、发展背景、技术原则和原理，概括分析了保护性农业在粮食安全、绿色发展和现代农业建设中的重要作用，总结了国内外保护性农业的发展现状、典型模式、关键技术和实施效果，并且以气候智慧型农业主要粮食作物生产项目区的典型保护性农业技术研究和实践为例，全面分析了我国保护性农业技术效应与实施效果，提出了我国保护性农业发展的战略框架、技术和政策建议。

　　本书是一部关于保护性农业最新理论与实践的专著，可作为农学及其相关学科的科学技术人员、教育工作人员、农技推广人员和农业管理人员等的专用教材与参考读物。

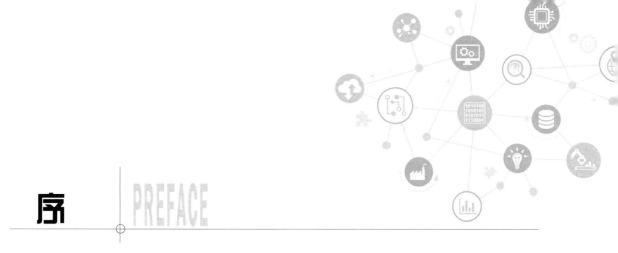

序 | PREFACE

　　每一种农业发展方式均有其特定的时代意义，不同的发展方式诠释了其所处农业发展阶段面临的主要挑战与机遇。在气候变化的大背景下，如何协调减少温室气体排放和保障粮食安全之间的关系，以实现减缓气候变化、提升农业生产力、提高农民收入三大目标，达到"三赢"，是21世纪全世界共同面临的重大理论与技术难题。在联合国粮食及农业组织的积极倡导下，气候智慧型农业正成为全球应对气候变化的农业发展新模式。

　　为保障国家粮食安全，积极应对气候变化，推动农业绿色低碳发展，在全球环境基金（GEF）支持下，农业农村部（原农业部，2018年4月3日挂牌为农业农村部）与世界银行于2014—2020年共同实施了中国第一个气候智慧型农业项目——气候智慧型主要粮食作物生产项目。

　　项目实施5年来，成功地将国际先进的气候智慧农业理念转化为中国农业应对气候变化的成功实践，探索建立了多种资源高效、经济合理、固碳减排的粮食生产技术模式，实现了粮食增产、农民增收和有效应对气候变化的"三赢"，蹚出了一条中国农业绿色发展的新路子，为全球农业可持续发展贡献了中国经验和智慧。

　　"气候智慧型主要粮食作物生产项目"通过邀请国际知名专家参与设计、研讨交流、现场指导以及组织国外现场考察交流等多种方式，完善项目设计，很好地体现了"全球视野"和"中国国情"相结合的项目设计理念；通过管理人员、专家团队、企业家和农户的共同参与，使项目实现了"农民和妇女参与式"的良好环境评价和社会评估效果。基于项目实施的成功实践和取得的宝贵经验，我们编写了"气候智慧型农业系列丛书"（共12册），以期进一步总结和完善气候智慧型农业的理论体系、计量方法、技术模式及发展战略，讲好气候智慧型农业的中国故事，推动气候智慧型农业理念及良好实践在中国乃至世界得到更广泛的传播和应用。

作为中国气候智慧型农业实践的缩影，"气候智慧型农业系列丛书"有较强的理论性、实践性和战略性，包括理论研究、战略建议、方法指南、案例分析、技术手册、宣传画册等多种灵活的表现形式，读者群体较为广泛，既可以作为农业农村部门管理人员的决策参考，又可以用于农技推广人员指导广大农民开展一线实践，还可以作为农业高等院校的教学参考用书。

气候智慧型农业在中国刚刚起步，相关理论和技术模式有待进一步体系化、系统化，相关研究领域有待进一步拓展，尤其是气候智慧型农业的综合管理技术、基于生态景观的区域管理模式还有待于进一步探索。受编者时间、精力和研究水平所限，书中仍存在许多不足之处。我们希望以本系列丛书抛砖引玉，期待更多的批评和建议，共同推动中国气候智慧型农业发展，为保障中国粮食安全，实现中国2060年碳中和气候行动目标，为农业生产方式的战略转型做出更大贡献。

编　者

2020 年 9 月

前　言 | FOREWORD

保护性农业（conservation agriculture，CA）是实现农业可持续发展新的农作制度和技术体系。2001年，联合国粮食及农业组织（FAO）在西班牙召开的世界保护性农业大会上第一次提出了这一概念，指出保护性农业是涉及最大限度地增加地面覆盖程度的过程，通过保留农作物秸秆，将耕作减少到最低限度，并充分利用正确的农作物轮作制度和合理利用各种投入（化肥和农药），以实现既定生产制度的可持续性和高效益的生产战略。保护性农业是在保护性耕作（conservation tillage）的基础上发展而来的。美国19世纪末至20世纪初期，随着农用机械的大量使用，土地连年大面积翻耕，土壤结构受到破坏，从而引起了20世纪30年代美国的"黑风暴"事件。此后，传统耕作造成的生态破坏越来越多地被人们所认识，用大量秸秆残茬覆盖地表、采用免耕或少耕播种，实现保水保土、节本增效的保护性耕作技术的研究和推广成为必然。发展迄今，保护性农业已成为世界上重要的农业耕作技术，越来越受到各农业国的广泛关注。据统计，2015—2016年，全世界保护性农业应用面积已达到近1.8亿hm²，相当于全球耕地面积总量的12.5%。目前，全球已有70多个国家推广应用保护性农业技术，美国、加拿大、澳大利亚、巴西、阿根廷等国应用保护性农业技术的面积已占本国耕地面积的40%～70%。

在中国5 000年的农耕历史中，始终重视农业用地养地结合，重视土壤保护和合理利用，在历史上曾以轮作复种、间作套种、用地养地相结合的精耕细作，创造了世界上"无与伦比的耕作方法"，积累了丰富的土壤耕作管理经验和知识。特别是自20世纪60年代以来，中国在吸收国外保护性耕作先进技术的基础上，针对我国农业生产实际，经过近60年的理论研究和科研实践，逐渐从免耕等单项技术的试验研究及将秸秆覆盖免耕、农机农艺相结合，发展到保护性耕作制，再发展到当前的气候智慧型农业示范与实践，取得了一系列保护性农业典范和出色的成果，逐渐形成了多种符合我国国情的具有中国特色的保护性农业技术与模式。

自20世纪90年代以来，围绕耕作制度模式构建和保护性耕作关键技术研究,我们先后得到了国家公益性行业科研专项基金"黄河冲积平原绿色农业模式研究与示范"(2007—2010年)、"麦田新型农作制模式构建与关键技术研究与示范"(2008—2010年)、"麦田资源高效型农作制模式构建与关键技术研究和示范"(2011—2015年);国家"十三五"重点研发计划子课题"黄淮海麦-玉两熟区资源优化配置与丰产高效种植模式"(2016—2020年);"河南省现代农业产业技术体系——小麦栽培与耕作岗位专家"(2009—2016年);农业农村部-世界银行-全球环境基金"中国气候智慧型主要粮食作物生产项目"(2016—2020年)等科研课题的资助。经过多年研究,我国在保护性农业模式构建与技术方面取得了一定的成果。

为系统总结和介绍我国保护性农业典型成果和技术模式,推动我国保护性农业的快速发展,在农业农村部-世界银行-全球环境基金"中国气候智慧型主要粮食作物生产项目"的支持下,编者整合了国内外保护性农业发展典型模式、技术途径和发展动向,在系统阐述保护性农业的概念内涵、发展背景、技术原则和原理及其在粮食安全、绿色发展和现代农业建设中的重要作用的基础上,对国内外保护性农业的发展现状、典型模式和关键技术、实施效果进行了综述、分析和归纳,并以气候智慧型农业主要粮食作物生产项目实施以来,项目区典型保护性农业模式的研究和实践为例,全面分析了我国保护性农业技术效应与实施效果,提出了我国保护性农业发展的战略框架、技术和政策建议。

在本书的编撰过程中,得到了以下帮助:农业农村部生态环境保护总站、气候智慧型主要粮食作物生产项目管理办公室为本书的撰写提供了大量素材;中国农业大学陈阜教授对本书的提纲和内容撰写给予了具体的指导,中国农业科学院张卫建研究员提出了修改建议;研究生王静、于旭昊同学参加了部分试验研究工作;沈帅杰、徐赛俊、高明等参与了资料整理和书稿校对。在此特向他们表示衷心的感谢。

本书可以作为广大保护性农业研究人员、技术推广人员、科技管理人员的参考书籍,也可为相关领域研究人员提供借鉴。希望本书的出版对我国保护性农业及其相关领域的研究与发展起到积极作用。

由于编者水平的限制,书中的错误和不足在所难免,欢迎广大读者批评指正。

编 者

2020年10月

目 录 CONTENTS

第一章

保护性农业概述

农业自一万多年前产生以来，发生了翻天覆地的变化，正朝着人类发展需要的方向前进，但各种不合理的生产方式给现代社会的农业生产带来了不少问题，影响着人类的生存发展。人类在总结农业发展成就的同时，也不断地进行反思，思考着未来农业的发展模式，众多的替代农业也应运而生，其中一种新型的农业生产方式——保护性农业（conservation agriculture，CA）在近几十年得到了快速发展。

第一节　保护性农业的内涵与发展

一、保护性农业的内涵

保护性农业是与传统集约化作物生产方式相对应的农作体系，是基于实现农业可持续发展前提下出现的新的农业耕作制度和技术体系。2001年，联合国粮食及农业组织（FAO）在西班牙召开的世界保护性农业大会上第一次提出了这一概念，指出保护性农业是"涉及最大限度地增加地面被覆程度的过程，通过保留农作物秸秆，将耕作减少到最低限度，并充分利用正确的农作物轮作制度和合理利用各种投入（如化肥和农药），实现既定生产制度的可持续性和高效益的生产战略"，即保护性农业是通过保持永久的土壤覆盖、最低程度的土壤耕作、植物物种多样化发展及优化农业生产资料投入等技术途径，改善土壤质量，加强农田地下、地上的生物多样性，提高作物水分和养分的利用效率，维持并增加作物产量，实现农业可持续发展和不断改善农民生计的一种作物生产方式。

从FAO对保护性农业的定义不难看出，保护性农业在一定程度上是一种耕作制度或者说是一种农作体系，是可持续农业生产集约化的基础，其目标在于增加作物产量、提高水肥利用效率，降低农业污染，减少土壤侵蚀，改善土壤有机质，同时减缓和适应气候变化，实现土地可持续管理和环境保护。保护性农业可以促进种植业、畜牧业、林业与牧场、生态景观等各农业生产部门之间的融合，适用于所有致力于发展本地特色农业的地区。

与传统农业和替代农业相比，保护性农业似乎过于完美而不真实，但保护性农业并不像人们想象的那样简单。保护性农业也需要合理的规划设计，如作物轮作方式、杂草控制、病虫害防治、配套机具问题、施肥问题等。保护性农业与传统农业的重要区别是农民的认识问题。实施传统农业的农民深信土壤必须进行耕作，而实施保护性农业的农民首先考虑的是土壤耕作的必要性和耕作对土壤带来的不利影响。另外，实施保护性农业的土壤需要长期或者一定时期的有机物质（如生长的作物、作物残体等）覆盖，这些有机物质可以使土壤免受高温、雨水及大风等对其造成的伤害，同时可向土壤微生物、土壤真菌供应营养物质，通过土壤微生物、土壤真菌的活动来实现土壤耕作的作用，即由生物耕作代替机械耕作。但有时，传统农业和保护性农业的界限并不是很明显，传统农业中的部分技术也属于保护性农业体系的技术，如轮作技术。保护性农业并不禁止使用化学物质，而是提倡合理、适当地使用化肥、农药等，如除草剂是保护性农业的一个重要组成部分。与替代农业不同，保护性农业可以将种植业和畜牧业有机地结合起来，通过种植覆盖作物，可以改善和提高土壤肥力，另外可以解决有机物用作家畜饲料与用作土壤覆盖物之间的冲突，并能减少集中集约化畜牧生产造成的环境问题。此外，将饲料作物纳入保护性农业的轮作体系，既可以扩大轮作面积，又可以减少病虫害。

二、保护性农业的产生与发展

保护性农业是在保护性耕作（conservation tillage）的基础上发展而来的，而保护性耕作起源于耕作制度的革新，是以土壤耕作方式及机具应用为中心，随着时代的变革、社会的发展、经济的需求和环境的变化而产生、发展、延伸、拓展而来的，具有鲜明的时代特征和社会经济特征。保护性农业发展至今，大致经历了以下四个阶段。

（一）保护性耕作产生阶段

保护性耕作起源于美国，19 世纪末至 20 世纪初期，随着美国西部大开发计划的实施和农用机械的快速发展，大量干旱半干旱草原被开垦成农田，人们开始使用拖拉机耕耙播种。由于连年大面积翻耕，过度耕作，导致土壤结构受到破坏，土壤变得疏松、干燥、裸露和平坦，土壤颗粒过细。1934 年 5 月，一场巨大的风暴席卷了美国东部与加拿大西部的辽阔土地，风暴从美国西部土地破坏最严重的干旱地区刮起，狂风卷着黄色的尘土，遮天蔽日，向东部横扫过去，形成一个东西长 2 400km、南北宽 1 500km、高 3.2km 的巨大的移动尘土带。当时空气中含沙量达 40t/km³，风暴持续了 3d，掠过了美国 2/3 的大地，约 3 亿 t 土壤被刮走，给农田和牧场带来了巨大损失，这场沙尘暴被称为"黑风暴"（图 1-1）。20 世纪 50 年代，在中亚哈萨克地区，由于人们大量开垦荒地而引起大面积土壤风蚀，也曾发生类似美国 30 年代的尘暴。

图 1-1　美国黑风暴

"黑风暴"使人们意识到人类与环境和谐的重要性，人们对传统耕作方法进行了反思，开始探索保水、保土的耕作方法。美国土壤保护局（The United Station Soil Conservation Service，现美国自然资源保护局 Natural Resources Conservation Service，NRCS）开始研究推广残茬覆盖的耕作方法（即现代免耕法的雏形）。1937年，美国俄亥俄州的农民通过试验发现，在保证播种质量和有效除草条件下，免耕能够获得与传统耕作方式相同的作物产量。1943 年，美国人爱德华·福克纳（Edward Faulkner）发表了《犁耕者的愚蠢》一书，否定了多年来翻耕土地、裸露休闲的传统耕作方法，提出采用残茬覆盖免耕播种的方式可以改善土壤质量，减少土壤侵蚀，这种实践得到了大多数农民和科研工作者的响应。从这一年开始，全球性的保护性耕作研究与实践拉开了序幕，保护性耕作的概念初步形成。

（二）保护性种植体系形成阶段

20 世纪 50 年代以后，机械化免耕技术进一步发展，同时增加了保护性植被覆盖技术。到 20 世纪 70 年代，又加入了作物轮作与作物秸秆覆盖还田等内容，形成了保护性种植体系。在保护性耕作技术上，美国水土保持局对保护性耕作进行了补充和修正，将保护性耕作定义为不翻耕表层土壤，保持农田表层有一定残茬覆盖的耕作方式，并且将不翻动表层土壤的免耕、带状间作和残茬覆盖等耕作方式划入保护性耕作范畴，重点强调在地表耕作后要留有一些残茬覆盖，而不仅仅是减少田间耕作。这种耕作方式能更有效地利用自然资源，提高单位面积产量和农业收入，因此，此方式开始受到世界各国农业生产者的青睐。

（三）保护性耕作技术标准化阶段

随着耕作机械改进、高效低毒广谱除草剂研发和作物种植结构的调整，保护性耕作技术快速发展，20 世纪 80 年代，美国土壤保护局再一次对保护性耕作进行了修订，把保护性耕作的标准定为农田表层有 30% 残茬覆盖，从而形成防治土壤侵蚀的耕种方式，1996 年美国保护性技术信息中心（Conservation Technology Information Center，CTIC）提出了目前美国比较通用的保护性耕作概念，即任何一项耕作措施或种植系统至少保持 30% 的地表覆盖度来控制水土流失，同时，特别强调了在风蚀关键阶段，作物残茬量应该保留约 1.1 t/hm²。CTIC 根据美国的实际情况对保护性耕作进行了分类。

美国 CTIC 同时将覆盖耕作（mulch tillage）、垄作（ridge tillage）及免耕（no tillage）和带状耕作（strip tillage）列为保护性耕作技术。免耕或带状耕作，是指除了播种时对播种带（不超过 1/3 的行宽）进行扰动外，在作物生长的其他时期不再采取其他耕作措施，采用除草剂进行除草，免耕有时也用直播（direct seeding）、槽播（slot planting，开一个狭窄的播种沟）、零耕（zero tillage）及行播（row tillage）等方式，其中，美国的带状耕作是在免耕的基础上发展起来的，一般是为了避免春季地温低，在秋季先进行一次带状耕作，同时将肥料施入，而在第二年的春季再沿着上一年秋季耕作的沟缝进行播种，这样可以确保作物正常生长。垄作要求除播种时对播种带（不超过 1/3 的行宽）进行扰动外，在作物生长的其他时期不再进行其他耕作措施，采用除草剂进行除草，垄形在播种时形成。覆盖耕作是在地表有秸秆覆盖的情况下，用凿形铲、播种机、圆盘耙等机具在播种前或者播种时进行处理，地表被全面扰动，采用除草剂进行除草，这种措施可以较好地控制土壤侵蚀，但要求地表必须有足够量的秸秆。上面几种耕作措施，要求地表的覆盖度在 30% 以上。免耕、垄作等动土量相对较少，特别是免耕，而覆盖耕作动土量比较大，但秸秆覆盖量大，基本上是全面覆盖。

（四）保护性农业提出与发展阶段

2001 年，联合国粮食及农业组织（FAO）于西班牙召开了世界保护性农业大会，提出了"保护性农业"的概念，用于广泛描述"保护性耕作"，并主张将其在全球范围内推广实施，指出保护性农业是通过保持永久的土壤覆盖以实现土壤保护，避免不必要的土壤扰动或将对土壤的干扰降至最低以不干扰或破坏生物反应过程，种植多种作物以改善土壤条件，减少土地退化，优化农业生产资料投入以提高水分和养分的利用效率，提高作物持续产出的农业技术体系。

从保护性耕作到保护性农业，发展迄今，保护性农业已成为世界上应用最广的农业耕作技术，越来越受到世界各国的广泛关注。据统计，2015—2016 年，全世界保护性农业应用面积已达到近 1.8 亿 hm²，相当于全球耕地总量的 12.5%。目前，全球已有 70 多个国家推广应用保护性农业技术，各国的保护性农业应用面积占耕地面积的百分比见表 1-1。

表 1-1　各国的保护性农业应用面积占耕地面积的百分比

国家	年份	CA 覆盖面积/×10³hm²	CA 耕地占耕地面积的百分比/%
阿根廷	2011	27 000	71.00
巴拉圭	2013	3 000	68.00
乌拉圭	2013	1 072	61.00
巴西	2012	31 811	43.80
加拿大	2013	18 313	39.90
澳大利亚	2014	17 695	37.60
美国	2009	35 613	22.50
智利	2008	180	13.80
津巴布韦	2013	332	8.30
哥伦比亚	2011	127	8.00
西班牙	2013	792	6.40
中国	2013	6 670	6.30
赞比亚	2011	200	5.60
莫桑比克	2011	152	2.70
马拉维	2013	65	1.70
印度	2013	1 500	1.00
肯尼亚	2011	33	0.60
坦桑尼亚	2011	25	0.20

资料来源：联合国粮食及农业组织保护农业计划和联合国粮食及农业组织水产数据库，2014 年。

根据联合国粮食及农业组织统计，目前世界上仅有极少数国家没有试验示范推广保护性农业。从北极圈附近的芬兰到赤道附近的肯尼亚，从海拔 0m 到海拔 3 000m 的玻利维亚、哥伦比亚等国家；从年均降水量仅有 250mm 的地区到降水量 2 000mm 的巴西，甚至到降水量 3 000mm 的智利，从小地块到大农场地块，从沙土（含沙量大于 90%，以澳大利亚为例）到黏土（含黏土量大于 80%，以巴西为例）的各类土壤，都有保护性农业的试验示范与推广。

澳大利亚于 20 世纪 70 年代提出"如果不保护土壤，100 年之后将无地可耕"的呼吁，澳大利亚从 20 世纪 80 年代开始大规模推广保护性农业。澳大利亚谷物研究和发展委员会的调查报告显示，1996—2008 年，澳大利亚保护性农业应用面积由 60% 增加到 73%，已经基本上取消了铧式犁耕作，其中，西澳大利亚州保护性农业应用面积已超过 85%。澳大利亚的保护性农业主要应用于大型农场。目前，澳大利亚保护性农业模式主要集中于固定道保护性农业技术研究与应用，以及精准农业技术在保护性农业中的应用。

为了防治沙尘暴，加拿大于 20 世纪 60 年代开始引进、试验保护性农业技术，于

70~80 年代研制成功配套机具和除草剂，自 1985 年开始在三个农业省进行大面积推广；1996 年，加拿大保护性农业面积达 495.5 万 hm^2，占全国耕地面积 10% 以上；2008 年，加拿大保护性农业应用面积增加至 4 256 万 hm^2，占全国耕地的 70% 以上。加拿大的保护性农业主要用于大型农场。目前，加拿大保护性农业模式主要集中于研究如何利用保护性农业技术减少来自农田的温室气体排放。

1972 年，巴西农场主 Herbert Bartz 开始在自家农场试验保护性农业，相关农机企业逐步参与到机具研发和技术推广中。2002 年，巴西保护性农业推广面积达到 1 700 多万 hm^2，占耕地面积的 80%，巴西成为世界上保护性农业应用面积增长最快的国家之一。2009 年 7 月，巴西总统卢拉为农场主 Herbert Bartz 授勋，以表彰他在巴西保护性农业发展过程中做出的杰出贡献。保护性农业技术还在整个南美国家得到推广应用，截至 2002 年，阿根廷保护性农业面积达到 2 000 多万 hm^2，超过本国总耕地面积的 80%。巴西、阿根廷的保护性农业既用于大型农场，也用于中小地块。目前，巴西、阿根廷等南美洲国家保护性农业各项相关技术已成熟，它们主要研究保护性农业在减少碳排放方面的作用。

相对于美洲国家，欧洲保护性农业总体上起步较晚，但是近 10 年来发展迅速。1999 年，欧洲成立了欧洲保护性农业联盟（ECAF），该联盟在比利时、丹麦、芬兰、法国、德国、希腊、匈牙利、爱尔兰、意大利、葡萄牙、俄罗斯、斯洛伐克、西班牙、瑞士和英国共 15 个国家都设有分支机构，ECAF 主要从事保护性农业技术的研究、示范与推广。目前，部分欧洲国家保护性农业应用面积已超过 40%。欧洲国家既研究、完善保护性农业相关技术与配套机具，也研究保护性农业在可持续发展中的作用。

非洲保护性农业开始于 20 世纪 90 年代末，其应用的主要目的是应对干旱少雨、粮食紧缺、土地退化、劳动力紧缺等问题，已有 10 多个非洲国家开始进行保护性农业研究与示范，成立了非洲保护性农业协作网。目前，非洲的保护性农业还处于初始试验示范阶段，总体上没有大面积推广。在非洲，大部分保护性农业应用于小地块，并采用小型机具。

在亚洲，印度和中国是研究应用保护性农业较早而且应用面积较大的国家。印度主要在恒河流域试验推广保护性农业，2004 年前后，印度研制成功了能够用于水稻田免耕播种小麦的机具，从而开始进行保护性农业技术的推广与应用。印度的保护性农业发展总体上与我国类似，目前印度主要研究保护性农业所需的配套机具以及技术模式。

从国际上来看，根据保护性农业的发展阶段，其概念和内容有所不同，所涉及的范围也在不断扩大，其核心技术在不同处理、覆盖技术、配套机械、除草技术、种植制度以及技术目标等方面的内涵不断演变和拓展。发达国家保护性农业的核心技术演变趋势见表 1-2。

表 1-2　发达国家保护性农业的核心技术演变趋势

技术环节	年份		
	1940—1970 年	1980—1990 年	近 30 年来
土壤处理	减少翻耕次数	免耕技术	少耕、免耕与翻耕结合
覆盖技术	作物残茬	高留茬和秸秆直接还田	秸秆＋植物绿色覆盖
机械配套	旋耕、松耕等	使用大型机械化秸秆处理机械、免耕播种机	使用高效能、高通过的播种机，全程机械化
除草技术	大量使用化学除草剂	使用除草剂与植物覆盖	植物覆盖、间作、轮作＋使用除草剂
种植制度	扩大休闲制及单作	休闲制与农草结合	多样化和轮作体系
技术目标	保护土壤	保护土壤与获得收益	保护土壤、环境、经济

第二节　保护性农业的原则与作用

一、保护性农业原则

保护性农业作为提高和维持生产力、加强保护基础资源和自然环境的一种管理农业生态系统的方法，其技术体系和模式是建立在以下 3 个原则基础上的。

（一）最小的机械土壤扰动原则

最小的机械土壤扰动是指低扰动免耕和直接播种。干扰区域的宽度必须小于 15cm，或干扰区域的面积小于种植面积的 25％（以较低者为准）。周期性土壤耕作不能超出上述限制。在动土面积少于上述要求的情况下，可以进行带状耕作。

（二）土壤永久有机覆盖率原则

土壤永久有机覆盖率原则主要针对地面覆盖率为 30％～60％、60％～90％ 和 ＞90％ 3 种类型的土地，地面覆盖率应在作物播种之后立即进行测量。覆盖率低于 30％则不能视为保护性农业。

（三）物种多样性原则

物种多样性原则是指至少应有 3 种或 3 种以上的作物轮作/间套作。在搜集轮作或套种数据时，小麦、玉米或水稻等作物连作也应记载在内，同时，轮作/间套作的数据也应按照实际种植情况记录。

保护性农业的 3 个原则普遍适用于大部分的农业种植区域，并且可因地制宜适应当地需求。只有同时符合保护性农业的 3 个原则，才能构成保护性农业制度的生态基础。如果仅单独符合某一原则，则不构成保护性农业。例如，仅使用免耕或仅保证土壤有机覆盖率或者仅使用轮作/套种等。

客观地说，保护性农业的3个原则并不能解决作物生产的全部问题，可持续集约化的作物生产应该基于保护性农业的这三方面核心内容，同时辅以其他可借鉴的农作措施，包括但不限于综合性水分管理、养分管理、病虫草害综合管理、高产高效优势作物品种选用等。

二、保护性农业的技术原理

保护性农业通过保护性土壤耕作制度、保护性覆盖制度、保护性种植制度和保护性管理制度，减少土壤耕作，增加地表覆盖度，实现"少动土""少裸露"，达到"适度松紧""适度湿润"和"适度粗糙"等土壤状态，配套种植技术及管理体系，改善土壤环境，实现资源的高效利用。保护性农业的技术原理见图1-2。保护性农业的技术原理可归纳为"三少两高"，即少动土、少裸露、少污染、高保蓄、高效益。

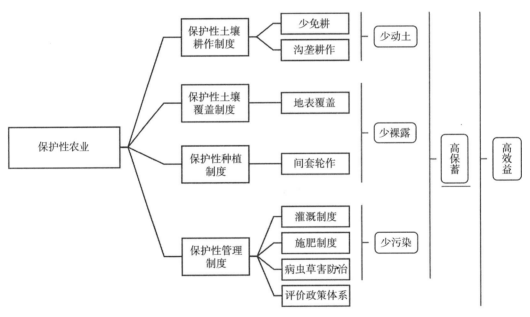

图1-2　保护性农业的技术原理（高旺盛，中国保护性耕作制度）

"少动土"主要是通过少免耕等技术尽量减少土壤扰动，达到减少土壤侵蚀的效果；"少裸露"主要是通过秸秆覆盖、绿色覆盖等地表覆盖技术实现地表少裸露，减少土壤侵蚀以及提高土地产出效益；"少污染"就是通过合理的作物搭配、耕层改造、水肥调控等配套技术，实现对温室气体、地下水硝酸盐、土壤重金属等不利于大气环境的因素的控制；"高保蓄"主要通过少免耕、地表覆盖以及配套保水技术的综合运用，达到保水效果；"高效益"主要是通过保护性耕作核心技术和相关配套技术的综合运用，实现保护性耕作条件下的耕地最大效益产出。

（一）"少动土"原理

"少动土"原理主要体现在保护性土壤耕作制。传统的土壤耕作制通过耕翻、耙耱等基本耕作和次级耕作完成调节作物种床、翻埋作物秸秆残茬与肥料，以及除草的任务。保护性土壤耕作制度是相对传统土壤耕作制度而言的，保护性土壤耕作制度减少了耕作次数和耕作面积，以生物力和自然力部分代替机械力，为作物创造适宜的生长环境。少动土并不是完全摒弃动土操作，而是通过合理减少机械对土壤的扰动，通过土壤中生物的活动或自然的冻融等，以生物耕作或自然耕作部分代替机械耕作，充分发挥土壤中生物力和自然力的作用。黄细喜（1987）曾提出，土壤本身存在自调作用，即土壤生态系统是一个远离线性平衡的开放系统，具有代谢和自我调节的功能，维持其自身的一定状态。少免耕等保护性耕作措施有利于保持和发展土壤生态系统的有序性，土壤本身处于动态平衡变化，在自调点上变动。而传统耕作措施通过耕翻、耙耱、覆土、镇压等多种耕作措施，扰乱了土壤本身的分布和有序性，造成大量的土壤生物死亡。土壤生物耕作与机械耕作对生物活动的影响关系见图 1-3，机械耕作强度越大，对土壤中的生物活动影响越大；机械耕作强度小，生物耕作越强。

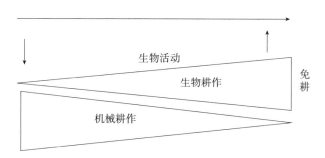

图 1-3　土壤生物耕作与机械耕作对生物活动的影响关系

（二）"少裸露"原理

"少裸露"主要是通过秸秆覆盖、绿色覆盖等地表覆盖技术实现地表少裸露，达到减少土壤侵蚀以及提高土地产出效益的目的。覆盖方式上，主要是作物秸秆残茬覆盖、地膜覆盖以及南方冬闲田的绿色覆盖，如作物覆盖和牧草覆盖，进而增加生物多样性，提高覆盖效果，同时更强调覆盖作物的经济效益，满足生态经济的双重需求。

覆盖方式不仅仅是指传统的秸秆覆盖，还有生物覆盖。生物覆盖是通过种植一些绿色作物来防控水土侵蚀，同时起到培肥地力的作用，国际上将这些绿色作物统称为覆盖作物（cover crop）。种植覆盖作物，一方面可以提高地表覆盖度，特别是在北方冬春季节可以起到防沙减尘的效果；另一方面可以培肥地力，在南方冬闲田，种植覆盖作物可以提高复种指数，培肥地力，增加收入。试验表明，在南方双季稻区冬闲田种植油菜、黑麦草、紫云英和马铃薯等作物后，后茬水稻生长发育及水稻产量呈增加趋势，但处理间无显著差异（$P>0.05$），冬闲稻田种植冬季作物可显著增加农田生物量、生物固碳量。

（三）"少污染"原理

保护性耕作中的"少污染"原理就是指通过合理的作物搭配、耕层改造、水肥调控等配套技术，实现对温室气体、地下水硝酸盐、土壤重金属等不利于大气环境因素的控制。

保护性耕作由于减少了对土壤的扰动，同时加上秸秆等的覆盖作用，对农田温室气体减排效应显著。一般认为采取保护性耕作会减少 CO_2 的排放，Reicosky 等（2005）认为频繁耕作，特别是采用有壁犁耕作会导致土壤有机碳的大量损失，CO_2 释放量增加；而免耕可有效控制土壤有机碳的损失，降低 CO_2 的释放量。李琳等（2007）对华北冬小麦农田不同耕作方式的 CO_2 排放通量进行原位测定，排放通量平均表现为翻耕＞旋耕＞免耕。Alvaro-Fuentes 等（2007）在地中海半干旱地区的研究表明，少耕和免耕可以在耕作的初期（0～48h）及中期（耕作操作起的几天内）降低 CO_2 的排放量，特别是免耕降低的幅度较大。Shao 等（2005）在我国西南地区的研究表明，采取保护性耕作后，CH_4 排放量明显降低；伍芬琳等（2008）在我国双季稻区的研究也取得了类似的结论。保护性耕作降低 CH_4 排放的原因主要是由于保护性耕作可以维持土壤的原状结构，有利于提高对 CH_4 的吸收能力和氧化菌的氧化能力，从而降低了 CH_4 的排放量。Kessavaidu（1998）对小麦的休耕试验表明，对土壤进行免耕后，土壤中的 CH_4 氧化速率均高于翻耕土壤；若翻耕后整地，CH_4 氧化速率可再降低 60％～70％。因此，保护性耕作可提高 CH_4 的氧化能力，减少土壤 CH_4 排放。另外，对于水田保护性耕作来说，大部分秸秆位于水面，可以在表层进行有氧条件的腐解，其产物在土壤氧化层中还原产生的 CH_4 量较少，从而降低了 CH_4 的释放量。陈苇等（2002）的研究表明，秸秆不同的还田方式对 CH_4 排放具有重要的影响，稻草翻施使稻田 CH_4 排放量上升 51.11％，而采用稻草表施的方法 CH_4 排放量仅增加 33.98％。农田综合温室效应评价表明，小麦-玉米两熟区农田总温室效应以翻耕最高，旋耕次之，免耕最低；南方双季稻区，旋耕和翻耕全年的综合温室效应显著高于免耕，差异显著。另外，保护性耕作由于大量的秸秆归还农田，可以培肥地力，提高土壤有机质等土壤养分含量，减少化肥的投入，从而减轻化肥带来的潜在威胁。

（四）"高保蓄"原理

保护性耕作制，其土壤耕作制度、覆盖制度及种植制度改变了农田生态系统的环境，体现出了明显的"高保蓄"特征，具体体现在保土、保水和培肥作用上。保护性耕作减少了土壤的翻动，加上秸秆覆盖作用，可以有效地控制土壤侵蚀，减少水土流失。众多研究表明，免耕可大大减少土壤侵蚀，甚至为零。Blevins（1990）长期试验结果表明，与传统翻耕相比，免耕土壤侵蚀量减少 94.15％。由于地表覆盖秸秆或作物残茬，增加了地表的粗糙度，阻挡了雨水在地表的流动，增加了雨水向土体的入渗。从我国北方多点试验示范结果看，保护性耕作可以减少地表径流 50%～60%，减少土壤流失 80%左右，减少田间大风扬尘 50%～60%。由于地表秸秆可以减少太阳对土壤的照射，降低土壤表层温度，秸秆覆盖又阻挡水汽上升，因此免耕条件下的土壤水分蒸发大大减少。保护性耕作减少土壤扰动，可以改善耕层土壤持水性能，增加土壤有效水。东北地区秸秆不同还田方式不同时期的土壤含水率都高于现行耕作法，差异均达到了极显著水平。张海林等（2002）多年研究结果表明，免耕比传统耕作增加土壤蓄水量 10%，减少土壤蒸发量约 40%，耗水量减少 15%，水分利用效率提高 10%；李立科（1999）研究表明，采用小麦秸秆全程覆盖耕作技术，可以使自然降水的蓄水率由传统耕作法的 25%～35%，提高到 50%～65%，每亩地增加 60～120mm 水分。黄土高原丘陵区果园保护性耕作秸秆覆盖有利于创造良好的土壤结构，降水下渗较快，加之地表秸秆覆盖减少了土壤水分的无效蒸发，使降水能较好地储存于土壤水库中，与果树深根性秋熟作物的特性吻合，提高了水分利用效率。保护性耕作减少了对土壤的扰动，可以保持和改善土壤结构。朱文珊等（1996）研究表明，免耕土壤孔隙分布较合理，在全生育期内都能保持稳定的土壤孔隙度，并且土壤同一孔隙孔径变化小，连续性强，有利于土壤上下层的水流运动和气体交换。免耕可以显著改善土壤的化学性状，土壤有机碳显著提高，同时可提高土壤表层的氮、磷和钾含量。东北黑土保护性耕作试验表明，保护性耕作的黑土有机质含量比翻耕措施下的有机质含量高，而且对土壤表层腐殖质品质改善有明显作用。稻田少免耕保护性耕作技术有利于提高土壤有机质的含量，改善土壤腐殖质的品质，富里酸含量与翻耕秸秆不还田比较均有不同程度提高。免耕还可增加土壤生物和微生物数量和活性，Edwards 等（1992）认为，土壤中蚯蚓的活动可改善土壤结构，蚯蚓的残体可增加土壤有机质含量。

（五）"高效益"原理

保护性耕作制减少不必要的田间作业工序，通过合理轮作、留茬覆盖和合理施肥等综合措施，为作物创造良好的生态环境，达到高产、高效、低耗、保护环境和减少水土流失的目的。其优点是可以稳定土壤结构，减少水蚀、风蚀和养分流失，保护土壤，减少地面水分蒸发，充分利用宝贵的水资源，减少劳动力、机械设备和能源的投入，提高劳动生产率、产量和效益。多数研究者认为，稻田保护性耕作可提高作物产量，提高土壤的产出率，省工、省时、省水，产量高。大量的试验结果表明，保护性耕作具有增产增收的作用。保护性耕作可以减少土壤耕作次数，有些作业一次完成，减少机械动力和燃油消耗成本，降低农民劳动强度，具有省工、省时、节约

注：亩为非法定计量单位，1 亩≈667m²。——编者注

费用等特点。另外，由于耕作措施的不同，使用不同的机具，能量消耗不相同，CO_2 的释放量也不相同。保护性耕作减少能源的消耗，同时可以减少机器的磨损，用保护性耕作可以节省碳 $23.8kg/hm^2$。West 等（2002）提出了相对净碳释放方程，即将农田投入换算成能量，并进一步折算出每项投入造成的碳释放系数，对耕作管理措施下农田生态系统对大气的 CO_2 排放贡献进行了计算。他指出，如果将美国所有作物的耕作方式由传统耕作转为保护性耕作，系统净排放量降低，有利于固碳减排。伍芬琳等（2006）借鉴该方法对我国华北平原保护性耕作条件下农田生态系统的净碳释放量进行研究，结果表明，与传统耕作相比，保护性耕作可以降低系统的净碳释放量。

保护性耕作技术改变了传统的耕作方式，除了明显提高经济效益（农产品服务价值）外，保护性耕作技术对生态系统的最大贡献是维持养分循环功能价值，其次是涵养水分的功能价值，同时对土壤有机质的积累也具有很大的促进作用。此外，保护性耕作在大气调节上也具有极大的功能价值，这对全球温室气体问题是一个有益的贡献。保护性耕作条件下，土壤少了外界干扰，土壤表层多了覆盖，有利于农田水土保持，减少农业操作对劳动力和能量的消耗，可在干旱环境下及时种植作物。

三、保护性农业的作用

保护性农业经过了几十年的发展，在 3 个主要原则基础上形成了独特的保护性土壤耕作制度、保护性覆盖制度、保护性种植制度和保护性管理制度。通过保护性农业核心技术和相关配套技术的综合运用，可实现保护性耕作条件下的耕地最大效益产出。

（一）提高水分利用率

保护性农业可以保持土壤水分，提高水分有效性，增加土壤有机质和养分含量，提高农作物产量。秸秆覆盖可降低雨滴对表土的直接冲击，将大量降水保持并渗透到深层土壤中，减少地表径流；在小麦播种期至拔节期，以及在玉米苗期，作物对地表的覆盖较少，秸秆覆盖可以切断蒸发表面与下层土壤毛管联系，有效抑制土壤蒸发；秸秆缓慢分解有利于有机质积累。免耕使土壤中蚯蚓等生物增加，大量蚯蚓活动留下的孔道以及腐烂根系的孔道有利于雨水下渗，提高了水分利用率。

（二）减少地面径流，保护土壤

保护性农业有利于防止土壤水蚀，促进农业可持续发展。秸秆覆盖在土壤表面，形成一个防护层，它既能保证土壤必要的疏松，又几乎不破坏土壤表层，从而使土壤流失相对减少。通过免耕或少耕，利用根茬固土、秸秆挡土，有效减少了扬沙和土粒运移，使地表湿润，增加团粒结构，从而减少土壤水蚀。同时，通过合理施肥，促进水肥相互作用，以肥保水，以水调肥，提高水肥效果。轮作可以延长作物生育期，延长地表覆盖，减少地表裸露时间，减少因雨水产生的地表径流。

（三）有利于保护和改善生态环境

保护性耕作作为一项环境友好型技术，其生态效益不可低估。李向东等（2006）对四川盆地稻田保护性耕作条件下多熟高效种植模式农田生态系统服务价值的测算得出，保护性耕作条件下稻田生态系统提供的服务价值是巨大的，结果表明，油菜-水稻-马铃薯种植模式比油菜-水稻传统耕作种植模式的农产品服务价值高 32.42%，固定 CO_2 和释放 O_2 的价值高 17.03%；小麦-水稻保护性耕作模式比小麦-水稻传统种植模式的农产品服务价值高 55.21%，固定 CO_2 和释放 O_2 的价值高 9.40%；油菜-水稻秸秆还田双免耕模式比油菜-水稻传统耕作种植模式土壤积累有机质的价值高 0.23%，农田生态系统维持营养物质循环的价值高 12.35%；小麦-水稻保护性耕作种植模式比小麦-水稻传统耕作种植模式土壤积累有机质的价值高 0.39%，农田生态系统维持营养物质循环的价值高 12.81%；稻草覆盖还田后油菜田的农田涵养水分价值增加 11.66%，小麦田农田涵养水分价值增加 32.63%。

另外，保护性耕作减少了农田扬尘，大面积实施可以有效抑制"沙尘暴"。此外，由于秸秆还田，有效避免了焚烧秸秆造成的大气污染。目前，除少量农作物秸秆被利用外，大部分农作物秸秆被遗弃腐烂或焚烧，既造成了资源浪费，又污染了环境。发展保护性农业，可将大量秸秆覆盖地表，使秸秆就地还田，促进农业生产的良性循环。不需要焚烧秸秆即可播种，满足了农业生产需求，保护了农业生产和农民生活环境。

（四）节本增效，增加农民收入

保护性农业可以减少土壤耕作次数，有些作业一次完成，减少机械动力和燃油消耗成本，降低农民劳动强度，具有省工、省时、节约费用等特点。农业农村部资料显示，推广以免耕播种为核心的保护性农业，一年可减少作业工序 2~5 道，降低作业成本 20%左右，而且有明显的增产增收作用。在 10 个监测点的 14 种作物产量数据中，有 13 种作物表现出了增产效果。其中，玉米增产 4.1%，小麦增产 7.3%，小杂粮增产 11.2%，大豆增产 32%。在一年两熟区，保护性农业节本增产带来的综合经济效益平均为 101 元/亩，一年一熟区的综合经济效益平均为 43.5 元/亩。以北美洲为例，一个 203 hm² 的农场，免耕可节省工作时间 225h，相当于节省约 4 周的工作时间（以每周 60 h 计），可节省油耗 6 624 L。高焕文认为，传统农业机械工序多，油耗大，农业利用效率低下，例如我国 2006 年农机用油 3 630 万 t，农田作业消耗达 60%，而采用免耕等保护性农业措施至少可比传统农业节油 30%以上；"十五"期间，粮食主产区保护性耕作制与关键技术研究课题组在东北平原、华北平原、长江中下游及成都平原等地推广示范保护性耕作技术与集成模式，作物类型涉及玉米、小麦、水稻及绿色覆盖作物，推广面积 12.07 万 hm^2，粮食增产 9.96 万 t，增加间接收益 1.59 亿元。

如果再进一步完善保护性农业技术体系，需要全面推广保护性农业的各项技术措施。投入品的节约、劳动力投入的减少，以及秸秆覆盖长期效果的显现将使保护性农业的效果更加突出。

四、保护性农业与气候智慧型农业

(一) 气候智慧型农业的概念

气候智慧型农业（smart-climate agriculture）是近年来随着气候变化逐步加剧而产生的一个新概念，最早由联合国粮食及农业组织于 2010 年提出，用于描述一种能实现粮食安全、气候适应和减少排放"三赢"的新途径。在联合国粮食及农业组织的推动下，气候智慧型农业已在非洲和东南亚的一些国家付诸实践，并取得了初步成效。

气候智慧型农业具体定义为能够持续地提高生产能力、收入和对气候变化的适应能力，减少乃至消除温室气体排放，进而促进国家粮食安全，促进国家实现可持续发展目标的农业。

(二) 气候智慧型农业的特点

气候智慧型农业的最大特点是突出了固碳减排与气候变化应对等核心内涵，其总体目标是促进农业可持续发展。气候智慧型农业的具体特点有几个方面：

（1）在目标上追求共赢，针对粮食安全、农业发展、气候变化三者错综复杂的挑战与矛盾，建立相应的应对策略，构建有弹性的管理体系和技术体系，创建协同效应，实现共赢。

（2）在实施上突出因地制宜，可以根据特定国情或特定的社会、经济和环境确立相应的实施策略与技术模式，尤其是重视农户生计的改善。

（3）在机制上强调利益协调，注重各行业之间的交互关系和不同利益相关者的需求，协调部门关系和各方利益，在满足不同利益的取舍上有相应决策。

（4）在路径上依靠制度创新，努力通过政策、金融投资和管理制度优化吸引社会力量广泛参与。

(三) 气候智慧型农业的产生背景

1. 气候变化

气候变化使粮食安全面临严峻的挑战。众所周知，世界平均温度正在升高，气候变化已经成为全人类共同面对的严峻挑战。气候变化能改变降水、蒸发、水土资源等基本环节和要素，进而给农业生产带来不同程度的影响。据测算，如果温度升高 1～3℃，粮食生产能力会增加，然而，升温超过这一幅度，粮食生产能力则会降低。不同纬度地区受到的影响存在差异，在中高纬度地区，当温度升高 1～3℃时，粮食生产能力会略有提高；在低纬度地区，特别是在季节性干旱和热带地区，即使小幅升温 1～2℃，也会导致种植业和畜牧业的生产能力下降。在气候变化导致粮食生产能力下降的同时，世界人口却在不断增加。据联合国预测，到 2050 年，世界人口将突破 90 亿。所以说，气候变化间接使世界粮食安全面临威胁。以撒哈拉以南的非洲为例，根据世界银行报告《降低热度：极端气候、区域性影响与增强韧性的理由》的分析，到 2030 年，干旱和酷热将使目前玉米种植总面积的 40％不能继续种植玉米，同时，气温上升可能导致大片的热带稀树草原消失，进而威胁牧民的生计。到 2050 年，营养不良人口所占比重预计会增加 25％～90％，而根据南非农林渔业部部长蒂娜·乔马特·彼得森的估计，到 2050 年，气候变化将使非洲农业产量下降 10％～20％，粮食价格将会持续上升，很多人会陷入饥饿困境。

2. 降低农业温室气体排放

农业不仅是气候变化的受害者，也是温室气体的重要排放源。政府间气候变化专门委员会（IPCC）2007 年公布的第四次气候变化评估报告指出，农业温室气体排放量约占世界温室气体总排放量的 13.5％，而且这一比例还在持续上升。另外，据 FAO 2006 年的估计，仅从种植和养殖环节来看，种植业中耕地释放的温室气体已超过世界人为温室气体排放总量的 30％，养殖业所带来的温室气体排放量占世界温室气体总排放量的比重则达到 18％。要想降低温室气体排放量，应对气候变化，农业发展任重而道远。

3. 气候智慧型农业谋求"三赢"

不难发现，农业生产与气候变化之间相互制约、相互影响，要实现农业的可持续发展，必须妥善处理农业生产与气候变化之间的关系。为此，2010 年，FAO 发表题为《气候智慧型农业——与食品安全、适应和缓解相关的政策、措施及融资》的报告，正式提出了致力于实现粮食安全、气候适应和减少排放"三赢"的气候智慧型农业，对其制度、政策选择以及投资和融资模式做了介绍，并围绕种植业、养殖业、林业、渔业和都市农业等方面总结了一些典型案例。

（四）气候智慧型农业与保护性农业及其他概念的区别与联系

在气候智慧型农业一词出现之前，政策界和学术界已经普遍使用了可持续发展农业、绿色经济和保护性农业等相关概念，可以说，气候智慧型农业与这些概念之间既有区别，又存在联系。

1. 与可持续发展农业之间的区别与联系

在 FAO 1991 年发布的《关于可持续农业和农村发展的登博斯宣言和行动纲领》中，可持续发展农业被定义为"采取某种使用和维护自然资源的方式，实行技术变革和机制改革，以确保当代人及后代对农产品的需求得到满足的农业"，可持续发展农业包含经济、环境和社会3个维度。FAO认为，气候智慧型农业能通过前瞻性的方法，同时应对粮食安全和气候变化等问题，实现经济、环境和社会的协同发展，可以说融合了可持续发展农业的多个维度，从而使可持续发展的目标更加明确和具体。但是，气候智慧型农业既不是一种新的农业系统，也不是一种新的实践模式，它只是一种新的途径，即通过提高农业资源利用效率和农业生产适应能力，引导当前农业系统做出必要改变，以解决粮食安全问题和气候变化问题。

2. 与绿色经济之间的区别与联系

联合国环境规划署（UNEP）2010年发布的《绿色经济》报告指出，绿色经济被定义为"能改善民生，促进社会公平，同时显著降低环境风险和生态匮乏的经济发展模式"。从实践角度讲，绿色经济就是在降低碳排放和污染，提高资源利用效率，避免破坏生态多样性和削弱生态服务功能的同时，实现扩大就业和增加收入的目标。不难看出，绿色经济融合了可持续发展农业的3个维度。而且，同气候智慧型农业一样，绿色经济重点关注的是那些能够而且必须立即解决的地方性问题，而不是能产生世界性、长期性影响的问题。因此，它们都使可持续发展的目标更加具体和贴近实际。

但是，除了关注和应对地方性挑战（如推动某一地区适应气候变化），气候智慧型农业还致力于在世界范围内解决问题，倡导节能减排以减缓气候变化。为此，需要整合现有的实践、政策和制度资源，增强政策和实践的包容性及同步性，以应对农业在当前及未来所面临的多重挑战。另外，要做好内部利益权衡，避免出台相互矛盾和冲突的政策措施，并强化政策措施的协同性，以实现多重目标。

3. 与保护性农业之间的区别与联系

保护性农业是基于实现农业可持续发展前提下出现的新的农业耕作制度和技术体系，它的主要目标是通过对可利用的土地、水和生物资源，结合外部投入进行综合管理，以保护、改善并有效利用自然资源，从而实现经济、生态、社会意义上的可持续农业生产。保护性农业可以用来种植谷类作物和豆类，也可以种植其他作物，如甘蔗、马铃薯、木薯等。水生植物当然不能实现生物质遮盖，水稻种植也不能免耕。但是，对水稻田采取生物质遮盖过冬措施是可以做得到的。就已经推广的情况看，保护性农业措施只在极度缺水和有机物产量偏低的干旱地区未能取得成功，因为在这些地方没有足够的生物质将土壤遮盖起来，也没有足够的水分将遮盖物沤成土壤所需的养分。气候智慧型农业作为促进农业实现多重目标的新发展途径，其应用范围涵盖农业生产的各个方面。在《气候智慧型农业资料》中，FAO提出了一个全面、系统的气候智慧型农业实施框架，包括灌溉水管理、土壤管理、能源管理、基因资源管理等对策，以及气候智慧型种植业、畜牧业、林业、渔业等生产系统，而且在每项对策和生产系统下面，都具体提出了一系列技术措施。保护性农业是气候智慧型农业在土地耕作方面的具体技术体系，是发展气候智慧型可持续全球农业的新范例。

第二章
世界保护性农业

第一节　世界保护性农业的分布

一、世界农业的区域分布与发展条件

农业就是种植作物和饲养牲畜的活动。通过这种活动，不仅能获得食物，还可获得饮料、纤维、工业原料、药物、花卉等。世界农业分布区域范围十分广泛，地球表面除两极和沙漠外，几乎都可用于农业生产。在近 1.31 亿 km² 的陆地面积中，约 11％是可耕地和多年生作物生长地，24％是草原和牧场，31％是森林和林地，海洋和内陆水域则是水产业生产的场所。农业与人类的生活和生产活动息息相关，但是各地由于自然条件有差异，可种植的植物和饲养的动物不同，产生和发展的历史过程也不一致，各地的农业差别较大。农业，特别是种植业，已成为高度多样化的生产活动。

世界农业分布主要依据气候条件和地理条件来决定。以季风水田为代表的热带迁移农业和热带定居农业是潮湿的热带和亚热带地区一种独特类型的农业，主要集中在东亚、东南亚、南亚的季风区以及东南亚的热带雨林区。季风水田农业是一种需要投入大量劳动力的精耕细作的集约农业。种植园农业也是热带地区种植单一经济作物的大规模密集型商品农业，广泛分布在拉丁美洲、东南亚、南亚以及撒哈拉以南的非洲。中国海南岛的国有橡胶农场，生产形式虽然与种植园相似，但其性质、规模、管理方式都与种植园有很大差别，种植园农业往往从事大规模的农业商品生产。

商品谷物农业是世界上生产商品粮的主要地域类型，是一种面向市场的农业类型，种植的作物以小麦、玉米和水稻为主，主要分布区有美国（主要在中部平原）、加拿大、阿根廷、澳大利亚、俄罗斯、乌克兰等国家。大牧场放牧业是一种进行大规模商品畜牧业生产的农业地域类型，这种农业往往分布于干旱、半干旱气候区，该区域地广人稀，地表主要为草原植被，因而形成了大牧场放牧业这种农业地域类型，主要分布区有美国、澳大利亚、新西兰、阿根廷、南非等国家和地区。混合农业的形式多样，但生产形式较稳定，分布较广泛，商品生产具备一定规模，因此通常所说的混合农业是指谷物和牧畜混合农业，主要分布区有欧洲、北美洲、南非、澳大利亚以及新西兰等地，我国珠江三角洲的基塘生产是一种新型混合农业。游牧业是一种以放牧牲畜为主的自给性农业，为典型的粗放农业，这种生产方式适于难以进行定居农业的气候干旱地区，典型的游牧业分布区有中国西北地区、青藏地区，以及西亚、中亚等种植区域。

种植业是农业活动的最重要部分，根据气候资源条件的不同，可将世界农业的种植业分为以下几种类型：美国种植业、东南亚种植业、印度种植业、欧洲种植业、澳大利亚种植业、非洲种植业、巴西种植业。

（一）美国种植业

美国农业带分布及其发展条件综合考虑了县域主导的产业分布、农产品主产区布局、土地资源可持续利用等因素，通过不断优化全国农业地域分工体系和可持续空间布局，逐步形成了北部新月区、东南海岸、水果带、东部高地、中部区、密西西比河中下游区、北部大平原、中南部草原、西部盆地和坡地九大农业带。最新农业分区打破了以往以州为边界进行分区的惯例，以县为单位，以农场为对象，实行农业专业化生产和区域化布局，使研究和政策制定更具有针对性。

（1）美国乳畜业区。该区域分布在五大湖沿岸，气候冷湿，适宜牧草生长，土地贫瘠，不宜耕种，适合发展畜牧业。

（2）美国小麦区。该区域分布在中央大平原的中、北部，中部种植冬小麦，北部种植春小麦，这是由气候决定的。这里地势平坦，土壤肥沃，雨热同期，水源充足。

（3）美国棉花区。该区域分布在南部，大概35°N以南。这里纬度低，为亚热带季风性湿润气候，雨热同期，土壤肥沃，且热量充足，无霜期长，春、夏季降水多，秋季降水少，适宜棉花生长。但是由于长期不合理开垦，导致土壤肥力下降，植棉业已衰落，现在已发展成以畜牧业为主的多种作物区。

（4）美国玉米区。该区域分布在小麦区之间，自然条件优越，地势低平，土层深厚，气候温和，雨量适中。

（5）美国畜牧和灌溉农业区。该区域分布在美国西部山区，位于中央大平原的西部，气候干旱，降水较少。干旱的气候使此处农业生产离不开灌溉；同时，此处草场资源比较丰富，是美国主要的畜牧业区。

（二）东南亚种植业

东南亚绝大部分位于热带，湿热的气候条件使其成为世界上重要的热带作物生产基地之一，是世界上天然橡胶、油棕、椰子和蕉麻的最大产地。东南亚各国普遍种植水稻，稻米是当地居民的主要粮食，也是传统的出口产品。由于热量充足、水源丰富、雨热同期，所以其作物熟制较短，水稻种植的主要区域集中在中南半岛和马来半岛。在东南亚，不但在平原地区种植水稻，在山区梯田也可开垦种植水稻。

东南亚的热带经济作物产品多种多样，不同作物的栽培和耕作方式也多种多样。在不同国家，热带经济作物根据其适宜区，有明显的差异。

越南：经济作物有天然橡胶、黄麻、甘蔗、咖啡、茶、烟叶、胡椒等。

老挝：经济作物有橡胶、咖啡、虫胶、棉花等。

柬埔寨：经济作物有橡胶、胡椒、棉花、烟草、糖棕、甘蔗、咖啡、椰子等。

泰国：经济作物有橡胶、甘蔗、绿豆、麻、冻鱼、冻虾及各种热带水果。

缅甸：经济作物有棉花、黄麻、橡胶、甘蔗、烟草、咖啡等。

马来西亚：经济作物有橡胶、油棕、胡椒、可可和热带水果等。

新加坡：新加坡国土狭小，自然资源贫乏，境内几乎没有矿藏，又无重要的经济作物。

印度尼西亚：经济作物主要有橡胶、咖啡、棕榈油、椰子、甘蔗、胡椒、奎宁、木棉、茶叶等。

文莱：种有小面积的水稻，还有橡胶、胡椒、椰子等热带作物。

菲律宾：椰子、甘蔗、马尼拉麻和烟草是菲律宾的四大经济作物。

东帝汶：经济作物有咖啡、橡胶、檀香木、椰子等。

（三）印度种植业

印度水稻种植区域主要位于印度东北部和半岛东西两侧的沿海地区，主要为平原地形，气候湿润，降水较多。

小麦种植区域主要位于印度半岛西北部、恒河上游地区，该区域地面起伏平缓，虽降水较少，但灌溉水源充足。

印度棉花种植区域主要位于德干高原西北部、恒河上游地区，该区域气温、降水适宜，土壤为肥沃的黑土，日照充足，棉花生长后期多为晴朗天气。

印度其他作物主要包括位于恒河三角洲的黄麻，位于印度东北部排水良好、气候湿润地区的茶叶，以及位于气候温暖、降水量较多、水源充足的中部恒河平原的甘蔗等。

（四）欧洲种植业

欧洲大部分地区位于北温带，地形以平原、山地为主，地势低平，主要受北大西洋暖流影响，西欧为温带海洋性气候，南欧为地中海气候，东欧、中欧及其他大部分地区为温带大陆性气候。欧洲工业基础雄厚，因人少地少，农业侧重机械化和生物技术，农业主要分为三大类型：乳肉畜牧业及粮食生产结合的混合农业、地中海农业和园艺农业。欧洲西部的农业以畜牧业为主，乳畜业高度发达，西欧地区地处温带海洋性气候区，适合多汁牧草的生长，且地形较平坦，草场广布，因而乳畜业发达。地中海沿岸的水果园艺业发达。

欧洲种植业大部分为一年一熟制，小麦、玉米、大麦是欧洲最主要的粮食作物，欧盟是小麦在世界上最主要的粮食种植区，其小麦总产量约为 1.3 亿 t。欧洲的玉米和大麦总产量分别约为 6 800 万 t 和 5 000 万 t，除作为口粮外，大部分作为畜牧业的饲料。

法国的种植作物以小麦、玉米、大麦为主；英国粮食生产以小麦、大麦为主；西班牙主产小麦、大麦、粗粮、玉米等；荷兰以生产土豆、小麦、玉米为主；意大利的粮食作物主要有小麦、玉米和稻；德国是欧盟地区主要的粮食生产国；丹麦的主要粮食作物是冬小麦和大麦；瑞典的主要种植作物为燕麦、小麦、大麦；芬兰的粮食作物以燕麦和大麦为主，其次是小麦和黑麦；奥地利、瑞士、挪威的主要粮食作物是小麦、黑麦和马铃薯。

（五）澳大利亚种植业

澳大利亚作为南半球的陆地岛国，气候类型多样。澳大利亚的中、西部是热带沙漠气候；北部是热带草原气候；东南部是亚热带季风性湿润气候，其特点是夏季高温多雨，冬季温和湿润；西南部是地中海气候，其特点是夏季炎热干燥，冬季温和多雨。澳大利亚西部、东部地区气候干燥，主要为粗放牧羊带。澳大利亚东南部和西南部气候条件优越，主要发展绵羊与小麦混合经营带，以及牛、羊与经济作物混合经营带，所以澳大利亚的牧羊带有着明显的分布差异。

澳大利亚农牧业发达，其中农牧业产品的生产和出口在国民经济中占有重要位置，是世界上最大的羊毛和牛肉出口国。其农牧业用地为 4.4 亿 hm²，占全国土地面积的 57%，主要农作物有小麦、大麦、油籽、棉花、蔗糖和水果。其中，小麦是澳大利亚主要的种植业作物，主要分布在地形平坦、灌溉水源充足的澳大利亚东南部"墨累-达令"盆地。

澳大利亚有 3 个明显的农业地带：

（1）集约农业带，又称高雨量带，其范围从昆士兰州北部海岸延伸到南澳州的东南角，以及西澳州的西南部和塔斯马尼亚，该地带降水较充沛，适于发展种植业和奶牛业。

（2）小麦、养牛带，其范围从昆士兰州中部向南延伸，经过新南威尔士州坡地至维多利亚北部和南澳州农业区，是半干旱至湿润气候的过渡区，年降水量 400～600mm，该地带以旱作农业为主，大多数农场经营小麦、养羊和肉牛。

（3）牧业带，包括西澳州、南澳州大部分地区以及新南威尔士州西部、昆士兰州南部，年降水量少于 400mm，其中大陆中部沙漠地区年降水量少于 200mm。该地带面积最大，牧场面积达 3.8 亿 hm²，但气候干燥，植被稀少，以养牛业为主，经营粗放。

(六) 非洲种植业

非洲有"热带大陆"之称,其气候特点是高温、少雨、干燥,气候带分布呈南北对称状。赤道横贯中央,气温一般从赤道随纬度增加而降低,年平均气温在 20℃ 以上的地带约占全洲面积的 95%。乞力马扎罗山位于赤道附近,因海拔高,山顶终年积雪。非洲降水量从赤道向南北两侧减少,降水分布极不平衡,有的地区终年几乎无雨,有的地方年降水量却多达 10 000mm 以上。全洲 1/3 的地区年平均降水量不足 200mm,东南部、几内亚湾沿岸及山地的向风坡降水较多。

非洲热带草原地区全年高温,作物生长主要在雨季。农业在非洲国家国民经济中占有重要的地位,是大多数国家的经济支柱。非洲的粮食作物种类繁多,有小麦、水稻、玉米、小米、高粱、马铃薯,还有特产木薯、大蕉、椰枣、薯芋、食用芭蕉等。非洲的经济作物,特别是热带经济作物在世界上占有重要的地位,棉花、剑麻、花生、油棕、腰果、芝麻、咖啡、可可、甘蔗、烟叶、天然橡胶、丁香等的产量都很高。乳香、没药、卡里特果、柯拉、阿尔法草是非洲特有的作物,然而在气候条件异常年份,由于非洲经济条件和社会条件的限制,农业面临较大的风险,特别是种植业面临严重威胁。热带气候和沙漠造成的土地干裂、风沙侵蚀使粮食减产,甚至颗粒无收,饥饿久久地困扰着非洲。非洲的畜牧业发展较快,牲畜头数多,但畜产品商品率低,经营粗放落后。

技术和资金的缺乏始终阻碍着非洲农业的快速发展,由于农业基础设施落后,农业科技投入亟待加强,加之农民缺乏实用性农业技术等一系列问题,使非洲国家一直遭受着粮食安全的威胁,人口、粮食、环境之间的矛盾较尖锐。非洲国家的普遍问题为人口过快增长导致粮食需求增加,进而人们过度开垦、过度放牧,环境和气候条件恶化又使粮食减产,从而使人们陷入进一步开垦和放牧的恶性循环。

(七) 巴西种植业

巴西是南美洲的农牧业大国,农业资源得天独厚,土地资源、生物资源、水资源等都十分丰富。巴西以热带草原气候、热带季风气候为主,高原上气候温热,日照时间长,雨季时水量充沛,地势高,土壤肥沃。巴西处在"拓展农业边疆"的发展阶段,耕地面积仍在不断扩大,中西部著名的"稀树草原"占全国土地面积的 21%,国家可耕地总面积为 2.8 亿 hm²。

巴西的地形以平原和高原为主,气候以热带为主,因而热带雨林大面积分布,热带雨林面积居世界第一,有利于热带经济作物(如天然橡胶、咖啡、可可等)的种植。巴西农业主要分布在沿海地区,其内部是高原,地势比较高,气温较低,不利于农作物的生长,北部是亚马孙雨林,耕地面积较小。巴西的沿海地区海拔较低,气温较高,有利于农作物的生长,沿海地区耕地较多。农牧业是巴西经济的支柱产业,其咖啡、蔗糖、柑橘的生产居世界第一位，可可、大豆的生产居世界第二位，玉米的生产居世界第三位。巴西人口主要分布在东部沿海地区，人口多，劳动力丰富，科技较发达。

然而，巴西不同地区的农业发展很不均衡。在经济发达的南部、东南部地区，农业采用现代科学技术和现代经营管理方法，有大量的资本投入。东北部和中西部地区是巴西的欠发达地区，特别是东北部，虽有不少河流湖泊，但是没有灌溉系统，由于气候干旱，农业基本上"靠天吃饭"，因而东北部是全巴西最落后的地区。巴西经济欠发达地区的小农户主要依靠传统耕作方式，有的甚至采用刀耕火种，对资源的破坏相当严重。

二、世界保护性农业的发展

（一）发展概况

自 20 世纪 80 年代以后，保护性耕作逐步推广应用到全球 70 多个国家。据 FAO 统计，目前全世界保护性耕作应用面积达到 $1.80 \times 10^8 \, hm^2$，占世界总耕地面积的 11.72%，其中免耕地面积占世界总耕地面积的 4.9%。免耕主要在旱作农业区的小麦、大麦、玉米、苜蓿、豆类、油菜、棉花、小杂粮等 10 多种作物的生产上应用。南美洲的一些国家和澳大利亚的保护性农业应用面积均已超过本国耕地面积的 70%。

FAO 在《联合国粮食与农业机构快讯》以及《世界农业：走向 2015/2030 年》中称，保护性耕作是一场新的耕作革命，是一种农业生产和环境保护"双赢"的耕作方法；未来 10～20 年中，保护性耕作将对世界农业的可持续发展产生更加积极的作用。

2002 年 8 月，第二届可持续发展世界首脑会议呼吁，大力发展保护性耕作技术，促进农业可持续发展。2004 年 4 月 16 日出版的国际权威出版物《科学》周刊记载，美国俄亥俄州立大学的生态学家认为，传统耕作导致的"土壤有机质衰竭—土壤结构破坏—水分的入渗和储存量减少—风蚀水蚀加剧—生态环境恶化—产量下降"这一恶化过程是缓慢的，30～50 年才明朗化，但后果却是致命的，全世界必须更广泛地积极实行保护性耕作，否则未来 20～50 年世界可能要面临严重的气候、土壤和粮食生产方面的问题。

2004 年，全球保护性农业的实施面积仅有 4 500 万 hm^2。北美、南美、澳大利亚、新西兰和非洲的一些地区是保护性农业实施面积最大而且扩张最快的区域。保护性农业与良好的作物、养分、杂草和水管理相结合，是 FAO 新的可持续农业集约化战略的核心。目前，保护性农业已经在全世界超过 1.8 亿 hm^2 的土地上实行，覆盖了全球大约 12% 的耕地面积。几个具有全球影响力的组织，如国际玉米小麦改良中心（CIMMYT）、国际干旱地区农业研究中心（ICARDA）、国际半干旱地区热带作物研究所（ICRISAT）、法国国际农业研究中心（CIRAD）、澳大利亚农业研究中心（ACIAR）、法国开发署（AFD）以及国家农业研究系统（NARS）机构、大学、非政府组织和农民协会，正努力在世界不同地区推广保护性农业。

目前世界上实施保护性农业措施的国家主要分布在北美和南美，特别是美国、加拿大、巴西、阿根廷、巴拉圭、澳大利亚和新西兰。近年来，越来越多的国家开始实施保护性农业措施。2004—2014 年，保护性农业在亚洲（如印度的恒河平原）、欧洲（如英国）和非洲传播，被广泛地推广。目前，保护性农业在非洲实施的地区包括南非、莫桑比克、赞比亚、津巴布韦、马拉维、马达加斯加、肯尼亚、苏丹、加纳、突尼斯和摩洛哥，约 2/3 的耕地面积是由小农户实施的。最近几年，由于更多的政策、推广，以及发展资源的引导，越来越多的农场主通过多种方式参与和促进了保护性农业的行动。在 2004—2014 年中，全球保护性农业的面积以平均每年 700 万 hm² 的速度增长，尤其在最近几年，每年的扩散速度已经增加到大约 1 000 万 hm²。全球保护性耕作实施面积（2014）见图 2-1。

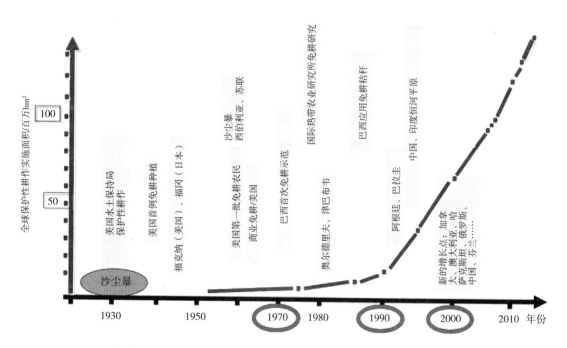

图 2-1　全球保护性耕作实施面积（世界粮食及农业组织，2014）

各地区保护性耕作实施面积占全球保护性耕作实施面积的百分比、占所在地区耕地面积的百分比（截至 2013 年）见表 2-1。

表 2-1　各地区保护性耕作实施面积占全球保护性耕作实施面积的百分比、
占所在地区耕地面积的百分比（截至 2013 年）

地区	保护性耕作实施面积/×10⁶ hm²	占全球保护性耕作实施面积的百分比/%	占所在地区耕地面积百分比/%
南美洲	66.4	42.3	60
北美	54	34.4	24
澳洲和新西兰	17.9	11.4	35.9
亚洲	10.3	6.6	3
俄罗斯和乌克兰	5.2	3.3	3.3
欧洲	2	1.3	2.8
非洲	1.2	0.8	0.9

（二）发展阶段

总体来说，世界保护性农业经历了近 90 年的研究和发展，大体经历了以下 4 个阶段：

第一个阶段是 20 世纪 30～40 年代。保护性耕作研究从美国开始进行，美国成立了土壤保护局，大力研究改良传统翻耕耕作方法，研制深松犁、凿式犁等不翻土的农机具，提出了少免耕和深松等保护性耕作法，免耕技术成为当时的主导技术。

第二个阶段是 20 世纪 50～70 年代。继美国之后，澳大利亚、加拿大、墨西哥等国家相继着手开始保护性耕作的试验研究。在这一阶段，机械化免耕技术与保护性植被覆盖技术同步发展。在免耕技术大面积应用的过程中，许多研究证实了多种类型的保护性耕作对减少土壤侵蚀方面有显著的效果，但也出现了不少因杂草蔓延或者秸秆覆盖等原因使作物严重减产的例子，使得该项技术在此阶段发展推广缓慢。

第三个阶段是 20 世纪 80 年代至 20 世纪末。随着耕作机械的改进、除草剂的使用以及作物种植结构的调整，保护性耕作试验研究趋于成熟，保护性耕作技术的应用得以较快发展，其应用范围也不断扩大。

第四个阶段是 2000 年以来。随着农业机械的进一步改良、温室气体排放的加剧、人口增长的压力以及可持续农业发展的要求，同时伴随着精准农业和农业信息技术的进步，保护性耕作技术得以不断改进，效果不断凸显，保护性耕作技术从发达国家进一步扩展至亚洲和非洲等地区的农业不发达国家。

（三）各地区发展现状

1. 北美洲保护性农业发展

美国的保护性农业主要始于 20 世纪 30 年代，是应对大平原"沙尘暴"的主要对策之一。20 世纪 30 年代，美国大平原开始了早期版本的凿式犁的"保护"和减少耕作的研究，以减轻因耕作而被粉碎并暴露在风雨中的土壤风蚀。这一时期，作为免耕农业先驱的留茬覆盖耕作措施得到了发展，这种以免耕覆盖为核心，同时配套其他耕作措施的集合成为后来众所周知的保护性耕作。

美国从 20 世纪 40 年代开始研究保护性耕作技术，20 世纪 60 年代，美国成功开发了免耕播种机和除草剂，并开始大面积推广。美国保护性耕作的应用面积已经接近适宜区域总面积，除了收获时进行必需的土壤翻耕外，其余时间均不对土壤进行扰动。美国目前除了对马铃薯、甜菜以及无法保留秸秆覆盖的蔬菜等作物生产实施保护性耕作技术之外，所有的谷物生产也都采用此技术。

保护性耕作成为美国农场主流耕种方式，对保护性耕作技术的应用起步于 20 世纪 70 代初。1975 年，玉米、大豆和小麦三大作物应用保护性耕作技术的面积仅有 18 万英亩*，只占三大作物播种面积的 5.7%；1985 年发展到 55.5 万英亩，占三大作物播种面积的 17.5%，每年平均提升水平仅为一个多百分点；1995 年为 98.2 万英亩，占三大作物播种面积的比例增加到 31.1%；2005 年增加到 114.4 万英亩，占三大作物播种面积的 36.2%，提升速度也较为缓慢；2015 年迅猛增加到 220.5 万英亩，平均占三大作物播种面积比例已达 71%，十年时间净提升 34.8 个百分点，实现了保护性耕作推广应用面积突飞猛进的发展，其中小麦应用保护性耕作的面积占播种面积的 67%，玉米应用保护性耕作的面积占 65%，大豆应用保护性耕作的面积占 70%，均居世界领先水平，代表着保护性耕作推广应用的方向。

2. 南美洲保护性农业发展

巴西的粮油作物主要是大豆、玉米、小麦、水稻和木薯等，经济作物主要有咖啡、柑橘、可可等。为了减少耕地水土流失，改良贫瘠土壤，20 世纪 70 年代初，首先由一些农场主自发地开始研究和实施保护性耕作，机具主要依靠进口。进入 20 世纪 90 年代以后，巴西本国才开始研发保护性耕作机具，这一工作主要由农机企业和农场主合作进行。近些年来，巴西政府投资支持本国企业生产农业机械，保护性耕作机具的研发得到较快发展，同时，保护性耕作的技术推广也取得显著成效。目前巴西保护性耕作面积已占总耕地面积的 60%，其中玉米播种面积的 70% 实施了保护性耕作技术。巴西保护性耕作技术及机具的推广主要依靠农场主、保护性耕作协会（民间组织）及农机企业进行，政府没有专门设立农机推广机构，但是巴西全国共有 41 个机构通过支持和促进包括保护性耕作在内的各项农业生产先进技术的推广和应用。

巴西保护性农业面积发展见图 2-2。

巴西保护性耕作的发展主要经历了 4 个阶段（表 2-2）：拓展阶段、巩固阶段、大

---

* 英亩为非法定计量单位，1 英亩≈4 647m²。——编者注

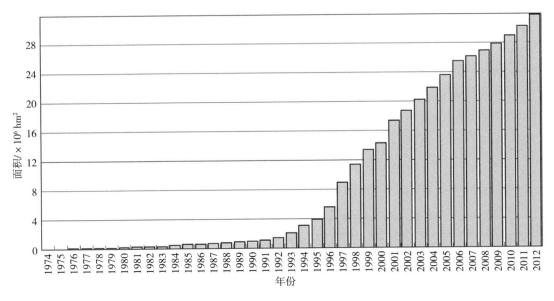

图 2-2　巴西保护性农业面积发展

规模行动阶段和主导阶段。巴西能够大面积应用保护性耕作技术的最主要因素是开发出了适合当地经济条件、农民能够买得起的保护性耕作专用机具以及除草剂。目前，巴西生产的免耕播种机在性能上与美国的相近，但价格要比美国的便宜 1/3。

表 2-2　巴西保护性耕作发展阶段

CA 开发阶段	亚热带地区（中西部）		热带地区（南部各州和东南部各州）	
	机械化	小农场	机械化	小农场
扩展阶段 有较少的农民开发相关农场技术，且并未推广，相关研究也并未开展。有私营部门或国际支持进行覆盖作物的测试，保护性耕作在农民组织间进行传播	1971—1984 年	1985—1991 年	1981—1986 年	1996—2004 年
巩固阶段 随着技术的改进，更好的种植者、杂草控制方式、覆盖作物的选择，以及免耕条件下肥料石灰的推荐使用，使 CA 成本接近于常规耕作。但是其推广缓慢，且没有正式的教学	1985—1990 年	1992—1996 年	1987—1992 年	2004—2008 年
大规模行动阶段 CA 费用低于传统耕作，在教学课程中也扩展了其适应性和应用范围。技术的改进和广泛的研究得到了私营部门的大力支持，但是奖励措施仅限于中小型农民。CA 的快速发展得到了非政府组织、私营部门和公共部门的支持	1991—2000 年	1997—2010 年	1993—2000 年	2009—2015 年

（续）

CA 开发阶段	亚热带地区 （中西部）		热带地区 （南部各州和东南部各州）	
	机械化	小农场	机械化	小农场
主导阶段 　CA 作为标准耕作方式被采用，被赋予充分的研究优先级而避免产生一些衍生问题。非政府组织积极参与相关农场技术的研发和培训。通过推广和教学，CA 的适应性大大扩展，也强化了对免耕的鼓励	2001—2100 年	2011—2100 年	2001—2100 年	2016—2100 年

位于南美洲的阿根廷，其粮油作物主要是大豆、玉米、向日葵和小麦。保护性耕作地区主要分布在阿根廷的西北部和中东部。阿根廷实施保护性耕作技术较巴西晚一些，但发展速度较快，目前全国 2 500 万 hm^2 的耕地中已有 1 500 万 hm^2 应用了免耕播种技术。南美洲的巴拉圭，其保护性耕作面积超过 170 万 hm^2，超过本国总耕地面积的 80%。在南美洲，保护性耕作的推广工作也是靠农场主、保护性耕作协会（民间组织）及农机企业进行，通过良好的示范效果吸引更多的农场主学习并扩大保护性耕作技术的应用。

3. 澳洲保护性农业发展

澳大利亚水资源非常缺乏，农作物生长主要依靠天然降雨，因天然降雨时间集中，且多暴雨、强度大，故水土流失非常严重。1974—2014 年，由于传统方式过度耕作，加快了水土流失速度，在昆士兰州达林趟的一些地区，土层厚度仅有 100mm。据一些科学家预测，如果不采取措施，这些土地的使用寿命仅有 70～100 年。以此推算，100 年以后，澳大利亚农业耕作面积将减少 50%。新南威尔士州的冒尔地区是 20 世纪 40 年代开发出的农牧混合区，目前该地区用于放牧的土地肥力十分低下，土壤结构被严重破坏，生产力较低，一些农牧场相继破产。澳大利亚政府十分重视上述情况，20 世纪 70 年代初，由农业部投入大量资金，相继在维多利亚州、新南威尔士州和昆士兰州等主要农牧区，建立了许多保护性耕作研究站，吸收了数以千计的农业科学家、水土保持专家和农机科学家研究探索农业可持续发展的路子。经过十几年的科学研究和生产实践，取得了辉煌的成果，这一成果的主要内容就是被称为当今澳大利亚农业革命的保护性耕作。20 世纪 70 年代澳大利亚开始保护性耕作试验，20 世纪 80 年代开始大规模推广保护性耕作。澳大利亚谷物研究和发展委员会的调查报告显示，澳大利亚已经基本上取消铧式犁，1996—2002 年，保护性耕作应用面积由 60% 增加到 73%。据澳大利亚粮食研究与发展中心介绍，澳大利亚近 20 年粮食产量增加一倍，其中保护性耕作的贡献率在 40% 以上。

澳大利亚农民保护性耕作实施比例见图 2-3。

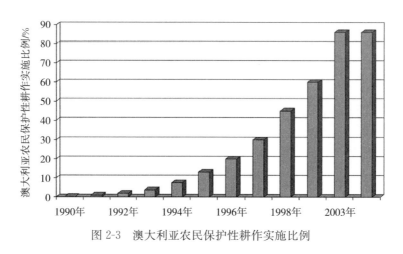

图 2-3　澳大利亚农民保护性耕作实施比例

4. 欧盟保护性农业发展现状

欧盟在保护性耕作技术研究与应用方面起步相对较晚，但是发展较快。欧洲保护农业联盟（ECAF）自 1999 年成立以来，提倡在其 15 个成员国中广泛采用保护性农业。其主要目标是将保护性农业作为包括欧盟成员国在内的欧洲主流农业的基本实行原则。同时，其他以耕作为基础的生产系统，如园艺、有机农业、农林业、灌溉水稻，也将同样受益于保护性耕作农业原则。一些欧盟成员国，尤其是西班牙、芬兰和法国，在采用保护性农业方面已经取得了一定的成功。

目前，欧洲大多数国家普遍应用了保护性耕作技术，其总应用面积与北美洲相差不大，与南美洲相当。欧洲大部分国家降水充沛，土壤侵蚀并不严重，但是，为了简化农业生产工序，降低生产成本，德国、法国、瑞士等国家从 20 世纪 80 年代开始推广应用保护性耕作，近 10 年保护性耕作应用面积有了较大增长，每年进行翻耕土地的农民越来越少，16%～28%的耕地已经应用了保护性耕作技术。

2004—2014 年，欧盟保护性农业以每年 700 万 hm^2 的速度进行扩张。根据欧盟统计局 2010 年的调查，保护性农业技术在欧洲实施面积共 2 270 万 hm^2，相当于欧洲 25.8%的耕地面积。1960—1990 年，欧洲在各个方面重点研究了免耕和少耕。欧洲与世界各地一样，都存在土壤侵蚀的问题，尤其是在半干旱地区。防止水土流失和土壤退化是一个难题，水蚀面积和风蚀面积分别占欧洲总土地面积的 12%和 4%。

保护性农业在欧洲进展程度并不一致。2010 年，在 27 个欧盟国家中，保护性农业和免耕种植面积比例最高的是塞浦路斯（62.1%），其次是保加利亚（58.0%）、德国（41.1%）、英国（39.2%）、芬兰（38.7%）、法国（36.4%）和瑞士（36.4%）。根据欧盟统计局 2010 年的统计，欧盟 27 国保护性农业面积和免耕播种的保护性农业面积占土地总面积的平均水平是 26%。2012 年的调查显示，2005 年瑞士实施保护性农业面积占土地总面积的比例是 43%，但在 2012 年下降到 36.4%；这一时期，法国从 17％上升到 36.4％；德国从 23％上升到 41.1％；英国从 31％上升到 39.2％。总体而言，欧洲实施保护性农业的面积在不断增加，例如英国、瑞士等国的很多农民，从传统耕作改为保护性耕作。挪威由于土壤存在大量的侵蚀风险区，大量农民从少耕作转向免耕。在意大利，免耕开始于 20 世纪 60 年代末，但免耕真正大面积的应用直到 20 世纪 90 年代才出现。西班牙的保护性耕作从 1970 年代开始。基于美国的经验，农民合作社和专业化协会在推广保护性农业中起了至关重要的作用，同时欧洲各国政府以及跨国公司也参与了保护性农业的政策鼓励和推广实施，并提供了一些有针对性的金融援助。

据欧盟统计局 2010 年的调查，保护性农业在欧洲共实施了 2 270 万 hm²，相当于欧洲 25.8％的耕地面积。1960—1990 年，欧洲重点研究了免耕和少耕。总体而言，在欧洲使用保护性农业耕作的耕地面积不断增加，西班牙、葡萄牙和意大利 3 个国家，保护性农业应用于多年生作物的面积的增加率已经超过了其他作物。法国是采用保护性耕作/免耕农业比较多的国家，大约有 20 万 hm² 的土地实行免耕。一些农民已经开发了优良的绿肥覆盖作物和作物轮作免耕系统，效果很好。芬兰有 160 000hm² 的耕地采用保护性农业技术，是欧洲主要的保护性农业采用国之一。英国保护性农业的发展比较缓慢。

得益于 1957 年欧盟共同农业政策改革政策，欧盟各成员国在过去的几十年不断强调要平衡好农业发展与改善环境两者之间的关系。他们关于农业的担忧主要集中在农业生产、全球粮食安全、环境优先等问题，其他相关问题（包括自然资源的可持续性、减缓气候变化、提高竞争力等）也是欧盟重点考虑的。同时，欧盟委员会、欧洲议会、欧洲经济和社会委员会为未来欧盟共同农业政策（CAP）开发了 3 个总体目标：①可行的粮食生产策略；②自然资源的可持续管理；③气候行动、耕地发展。欧盟专家在 2012 年提出了确定保护性耕作的详细目标清单，包括水土保持和环境保护、降低生产成本、优化作物产量、增强竞争力。在所有目标中，CAP 要求尊重自然条件和环境，同时优化生产。保护性耕作和这些目标密切相关，它不但增强了环境保护和生物多样性，节约能源，还促进了高效的资源利用，保护土壤健康和弹性。

近年来，保护性耕作的一体化作业导致的运营成本降低是农民采用保护性农业的主要考虑因素，虽然农民已经认识到生态管理和环境意识的重要性，但是环境依旧不是农民制定生产决策的首要因素。保护性农业的环境优势，包括水土保持、景观保护、缓解洪水、减少磷污染沉积物等，在未来将会越来越重要。考虑到欧洲在地理、气候、生态、文化传统的不同，以及欧盟政策和方案的推拉效应，保护性农业未来将在欧洲应用得更为广泛。作物产量、作物稳产性、运营成本、环境政策和气候变化等将成为保护性农业在欧洲扩展实施的主要驱动力。

（四）世界保护性农业发展趋势

世界的农业发展经历了农业机械化、农业绿色革命、精准农业和智慧农业4个阶段，而当前保护性农业也遵从以上这4个阶段，从传统的保护性农机研制、农机和农艺相结合，到农机农艺信息技术融合、大数据物联网和机器学习辅助下的智能农机装备和优质品种及农艺措施的综合，当前国际上保护性耕作研究已经从单项技术的研究上升为一项系统的工程研究。从传统农业到智慧农业的转变，更加注重技术、数据、农机装备、优质品种和环境条件的集成和综合应用，逐步形成了智慧农业下的"保护性耕作体系"研究，其主要变化趋势如下：

（1）由以研制少耕农耕机具为主向农艺农机结合并突出农艺措施的方向发展。传统的保护性耕作技术重点是开发深松农机具、浅松农机具、秸秆粉碎农机具等。目前的保护性耕作技术在发展农机具的基础上重点开展裸露农田覆盖技术、施肥技术、茬口与轮作、品种选择与组合等农艺农机相结合的综合技术。

（2）由单纯的土壤耕作技术向综合性可持续技术方向发展。保护性耕作已经由当初的少免耕技术发展成为以减少农田侵蚀、改善农田土壤理化性状、控制温室气体排放、减少能源消耗、降低土壤及水体污染、抑制土壤盐渍化、恢复受损农田生态系统和促进农田生物多样性等领域为主的总体保护性技术体系。

（3）由单一作物、土壤耕作技术研究逐步向轮作、轮耕体系发展。越来越多的国家已经意识到轮作体系在保护性耕作中的重要作用，保护性耕作的研究已经不是研究单纯土壤耕作技术及当季作物的生长，而是更注重一个种植制度的周期、作物轮作、土壤轮耕的综合技术配置及其效应。

（4）由单纯技术效益向长期效应及理论机制研究发展。保护性耕作最初的工作主要集中在对减少耕作、秸秆管理技术效果的研究，如研究水土流失的控制、研究保土培肥的效果等，现在已经由单纯的技术研究逐步转向对保护性耕作的长期效应及其对温室效应的影响、生物多样性等的理论研究，为保护性耕作的长期推广提供理论支撑。

（5）由少耕向免耕的过渡。由于农业机械的发展和进步，保护性耕作由传统的少耕向免耕过渡，免耕农田面积在逐年扩大。

（6）由简单粗放管理逐步向规范化、标准化方向发展。发达国家已经将保护性耕作技术与农产品质量安全技术、有机农业技术形成一体化，同时引入教育和金融机制，进一步提高了保护性耕作技术的规范化和标准化要求，促进了保护性耕作技术的推广应用。

（7）由化学除草技术向非化学除草技术转变，如机械除草、覆盖压制除草、轮作控制杂草、生物除草、臭氧除草等，建立杂草综合防控技术体系。

（8）保护性耕作机具由小型化、农机占比低向大型化、集成化发展，且保护性耕作机具占比持续增长。保护性耕作机具的开发生产向专业化、复式化、大型化、产业化、智能化的方向发展，且保护性耕作机具的使用数量逐年增加。近10年来，在加拿大举办的全国性农机展会上，传统耕作机具已经消失，展会上几乎全是保护性耕作机具。在发展中国家（如中国），农机具也由单一耕作逐步向多功能复式一体作业转变，农机具从中小型化逐渐向中大型化转变。

第二节 世界保护性农业的内容与应用

一、保护性农业组合要素与条件

保护性农业是实现农业可持续发展和促进土壤质量改善的主要技术，其实现需要多种农业相关要素的组合和条件。保护性农业也是生态农业和生态循环的重要补充，各个组合要素间相互联系并相互依存。

（一）土壤生产力

土壤生产力的改善依赖于土壤物理性状、化学性状和生物学性状等的改善。以"秸秆覆盖""免耕少耕"等为核心内容的保护性耕作可在以下几个方面对土壤质量的改善做出重要贡献：减少土壤侵蚀、避免土地生产力下降；增加土壤有机碳输入量，减少有机质的侵蚀损失，调节土壤有机质转化，增加土壤有机质含量；增加土壤养分输入量，减少土壤养分的侵蚀、挥发和淋洗损失，提高土壤养分含量，增强土壤肥力；秸秆覆盖还田可增强土壤保水能力和透水能力，减少径流量和土壤蒸发量，增加土壤含水量，提高水分利用效率；秸秆还田及减少耕作扰动可增加土壤动物、微生物的种类和数量；促进土壤团粒结构形成并减少团聚体的破坏，改善土壤结构；调节土壤温度；增强土壤自我恢复功能；改善土壤耕性，节约能量投入；减少化肥用量，增加化肥利用率。

（二）生物多样性

保护性耕作的原则之一即维持物种的多样性，物种的多样性既包含地上植物的多样性，也包含地下土壤微生物的多样性，土壤生物多样性是实现可持续性的关键。

地上植物和地下土壤微生物是一个有机整体，它们之间的联系由土壤有机质动态的影响产生，而土壤有机质动态又反过来影响土壤团聚体、土壤孔隙度动态以及土壤溶液的质量，进而影响地上植物。保护性耕作可以有效调节土壤生物群在养分循环方面发挥的重要作用。同样，一些土壤微生物发挥重要作用，帮助植物获取养分和水分，从而降低养分淋失的风险，而地上植物的多样性也给土壤微生物菌群提供了丰富、全面的营养元素，如丛枝菌根真菌和固氮细菌可以最大限度地降低农业成本和植物对化学氮肥的依赖，提高土壤肥力和环境（如空气、土壤、水）的可持续性，减少

31

能源密集型氮肥生产的温室气体排放。

（三）物质循环利用

保护性农业对可持续农业至关重要。种植作物的数量和营养质量在很大程度上取决于作物生长的土壤。种植作物产量和土壤质量之间的关系尤为重要。传统农业往往无法获得工业投入品，因此依赖于土壤生物群及其提供的生态系统服务来维持生产。保护性农业在高投入农业系统中也发挥着重要的作用，例如土壤微生物可以将作物残茬的养分分解，将养分转化为植物可以获得的形式（如将铵盐转化为硝酸盐），或转化为温室气体（如 N_2O）。保护性农业在土壤碳循环中也发挥着关键作用，如增加土壤碳固定、帮助减缓气候变化。能够共生固氮的土壤生物群可以与植物形成有益的联系，吸收并向植物输送营养物质（如磷、锌、氮）。

（四）保护性耕作农机具

农机具的使用彻底改变了农业，也减轻了千百万农民家庭和务农人员的劳动强度，农机具发挥的巨大作用有助于确保农业环境的可持续性。但是由于农作物种植种类较多、种植方式多样，保护性耕作农机具在保护性耕作体系中占据核心地位，同时农机具的使用也必须因地制宜，根据不同地区的实际生产条件进行经验总结，深入研究。保护性耕作农机具应当智能、简单、精准、高效，尽量减少对土壤和环境的影响。

保护性农业中有两项活动对环境影响最大：土壤耕作和农药施用。保护性农业是一种可以减少或消除土壤耕作和农药使用的方法。为了控制杂草、保持土壤湿度和避免土壤扰动，可保留未翻耕田块中的作物残留物以形成覆盖层。使用专用农机具，在不扰动作物残留物的情况下，以适当的深度透过覆盖层进行播种和施肥至关重要。

保护性耕作农机具的附加优势是无需进行深耕，可以用较低功率，因此可以使用马力小、较便宜的拖拉机。这些重量较轻的拖拉机不会像重型拖拉机那样压实土地以致破坏土壤。非洲、亚洲、美洲、东欧等地区的机械化水平不同，生产条件不同，发展需求不同，耕地规模不同，农民素质不同，所以应需要根据农业发展需求来使用保护性耕作农机具，创新、探索适合当地特点的保护性耕作发展模式和农机具。

（五）知识创建和分享

通过相关大学和研究中心，进行更具创新性的实践研究，以应对土壤过度耕作引起的各方面挑战。在实践研究中，知识的创建和分享至关重要，包括向下一代农民和农业发展从业者讲授保护性农业的相关理论和实践，并进行推广。

通过一些计划促进农民利用此类服务，在计划中，农民可以得到报酬，以改善农业环境和生物多样性管理。当农民决定从传统耕作转向保护性耕作时，应对其预期的经济效益和环境效益的综合体现来进行补贴。保护性农业并不能为所有农业问题提供解决方案，尽管它确实在生态学上提供了一种替代方法来支持农作物生产系统，以便更好地维护农田生态系统的可持续和对农业资源的保护，但是保护性耕作系统在不同地区存在局限性，因此必须通过知识创建、总结和分享进行大规模传播，以避免造成技术的"水土不服"。

在保护性耕作进行推广的初期，由于缺少合适的播种设备，保护性农业的传播在国际上的推广较慢，例如在最初的几年中，在一些半干旱地区以及重黏土、致密土壤和排水不良的土地上，很难建立保护性农业的相关耕作方法。但是经过一定时期的发展，随着相关知识的创建、积累和分享，公共部门、私营部门、农民对保护性农业方式的适应和转化、对保护性农业理念的接受和对农机性能的改进，加速了保护性农业的推广。

对于保护性农业的开展，有以下几种措施可以有效促进相关知识的创建和分享：

（1）在新的农业发展项目中，将保护性农业作为可持续生产集约化的基础，并加强与利益相关方的合作，以确保保护性农业措施的成功落地。

（2）将保护性农业作为一种可持续的农业方式，修订大学农业课程，以更好地为未来可能从事农业生产的从业者和农民进行讲授。

（3）通过相关大学和研究中心，进行更具有创新性的实践研究，以应对来自土壤、农艺和畜牧业方面的挑战。

（4）支持政府更新相关农业政策和补贴政策，使人们更容易购置和使用合适的农用设备，并减少在实施保护性农业的最初几年内可能造成生产力损失的风险。

（六）政府和农户意识

在过去的十年中，政府、国家研究机构、私营公司、非政府组织和农民本身对于保护性农业的意识越来越提高，它们都在致力于寻找、引进和传播新的保护性农业的方式方法。提高政府和农户意识是实现保护性农业持续推进的思想基础，保护性农业作为农业可持续生产集约化的重要方式，只有政府、市场、农户等共同提高共识，通力合作，才能确保保护性耕作知识和实践的真正落地。在亚洲、非洲等区域的发展中国家，政府对于保护性农业的大力推进可使农户更快、更好地接受相关理念。可以看到，最近中国东北地区推进的《吉林省黑土地保护条例》，对耕地保护提出了具体的要求，对各个主体的责任做出了详细的解释，《吉林省黑土地保护条例》的颁布促使公众对保护性农业的整体意识有显著的提高。

以上要素可作为一项分析工具帮助各国落实保护性农业。通过确定保护性农业系统和方法的重要特征，并就其特征形成利于保护性农业发展和环境友好的6个关键考虑因素，这6个因素可以作为政府的政策制定者、保护性耕作实施者和各个利益相关方开展规划、管理和评估保护性农业实施效果的指南。

二、世界保护性农业重要模式

（一）北美洲

1. 美国

美国以秸秆覆盖管理为核心的保护性耕作居世界领先水平，并且美国对推广保护性耕作重要作用的认识进一步深化，引导农场主更多地采用免耕、种植覆盖物等保护性耕作技术，完善土壤健康体系。一般每五年，美国农业部经济研究局（ERS）就发布一份关于保护性耕作发展评估的报告。1982—2000 年，美国农田的水蚀率和风蚀率下降了约 40%。近几十年来，由于更多方面的原因，农民越来越多地采用保护性耕作方法。除了减少侵蚀和保持土壤水分外，保护性耕作还可以通过减少燃料、劳动力和耕作机械的使用，降低作物生产成本，宣传、鼓励农场主采用保护性耕作。

近些年，美国农业部自然资源保护局和其他机构一直在全美鼓励农民每年秋季停下他们的耕作农机，不让耕作农机进田间耕作，以保持农作物残留在土壤表面。自 20 世纪 70 年代以来，农机设备和作物遗传学方面的技术稳步发展，意味着土壤不再需要更多的耕作。反复耕作破坏土壤结构，降低土壤稳定性，分解有机物并从土壤中排出碳。免耕保护性耕作是美国土壤健康管理系统的关键实践之一。美国推广采用保护性耕作以减少对土壤的干扰，保持土壤作物覆盖来保护土壤，将保护性耕作作为土壤健康管理系统的关键组成部分。政府对种植作物覆盖物的农户给予补贴。

以美国 Scharfenburg 农场的秋季收获以及整地的情况为例，该农场种植的农作物主要是玉米和大豆，谷物收获设备是迪尔联合收获机，该机更换割台后可以种植玉米和大豆。同时，该农场有专用的谷物运输车、谷仓和烘干设施，配套设备非常完备，收获完毕就可整地作业。此农场主要采用两种保护性耕作措施：第一种措施是用大平原的垂直涡轮圆盘耙进行秸秆处理，将秸秆切碎平铺在土地上，这样可以防止水土流失，同时，秸秆腐烂后可以增加土壤的有机质，春天直接免耕播种即可。第二种措施是用带状耕作技术，通过条带耕作机将第二年需要播种的苗带整理出来，将秸秆切碎，用拨叉轮将苗带的秸秆拨到旁边，将苗带的土壤整理细碎，将固态肥料和气态肥料同时施入土壤中，第二年春天直接播种在整过的苗带即可。

3 种典型的美国保护性耕作模式如下：

（1）秸秆覆盖保护性耕作技术模式。在美国，这种秸秆处理模式被称为保护性耕作中的覆盖耕作。此种保护性耕作作业方式如下：秋季玉米机械收获后将秸秆抛撒留在田间，当年秋季和春季对秸秆不再进行任何处理，实现全量覆盖还田，第二年春季直接用约翰迪尔 40 行免耕播种机，由履带式拖拉机牵引，直接进行免耕播种，即采用秸秆全覆盖免耕播种保护性耕作模式。

种植玉米的地块的保护性耕作主要模式如下：一般在秋季玉米机械收获后将秸秆

抛撒留在田间，同时在秋季使用深松联合整地进行深松作业，疏松表层土壤，把大部分秸秆耙混在 18cm 左右的耕层中，作业后仍然有 50％ 以上的秸秆残茬覆盖地上，主要用农药或中耕来控制杂草和病虫害。每年采用深松联合整地机作业的地块约占耕地的 2/3。

（2）条耕处理秸秆与苗带耕作的秸秆覆盖条耕保护性耕作模式。在美国，这种耕作模式被称为保护性耕作中的条带耕作。通过在秋季或春季作业，整理出无秸秆的种床，并同时施肥。条耕作业方式下，不超过 1/3 的土壤扰动，整个生长期玉米行间由秸秆覆盖。通过条带的部分耕作，达到的优势如下：降低土壤水分，较快地提高播种带土壤温度；减少土壤压实，增加土壤孔隙度；抑制农田杂草，丰富土壤生物；减少表土流失，降低碳排放，改善耕层结构，保蓄养分，提高土壤肥力。通过条耕，既保持了地表有较大面积的秸秆覆盖量，又解决了播种质量和出苗生长的问题，实现多赢。

条带耕作这种秸秆处理和耕地方式，已成为美国保护性耕作的一种主要模式，形成了配套的条耕机系列产品，主要是一台可以同时施肥的 6 行条耕机、一台 8 个深松铲的深松机、两台免耕播种机。

（3）多种秸秆处理方式同时采用的保护性耕作技术模式。按照美国保护性耕作的界定，除了条耕保护性耕作模式外，还有其他多种秸秆不同管理方式的保护性耕作技术模式。

一是免耕（也称为零耕作）的保护性耕作模式，在前茬为大豆的地块，到第二年播种前除了施液体肥，不进行任何对土壤的耕地、整地机械作业，而在播种时直接使用免耕播种机播种作业，每年采用这种模式作业的地块约占耕地的 1/5。

二是覆盖耕作。秋季在秸秆全部覆盖田面的情况下，使用深松联合整地机作业，进行覆盖耕作，在深松土壤过程中，把一部分秸秆耙混在 18cm 以上的耕层土壤里，同时一部分秸秆仍保留覆盖在田面，第二年这类田块直接免耕播种。

三是部分秸秆打捆离田处理模式。对于部分租赁耕地种植的玉米，把 $1hm^2$ 地中大约 1/3 的秸秆由打捆机打捆离田，卖给秸秆乙醇加工企业，秸秆打捆和运出田间都由企业负责完成，大型打捆机、运输装卸车辆也都由秸秆收购企业提供，并且租用他们的农场土地存放储备秸秆。

四是播种覆盖作物模式。秸秆全部覆盖还田不进行任何处理，并在秋季 9 月左右、玉米收割前，用飞机播种覆盖物，覆盖一种被称为黑麦草（ryegrass）的一年生作物，在冬季和春季播种前覆盖农场。黑麦草不作为牧草，而是作为保护性耕作体系的覆盖作物。在农场采用的保护性耕作技术体系中增加种植覆盖作物，是目前美国政府支持推广的新技术。试验表明，此模式起到了更好的抵抗土壤侵蚀、疏松土壤、增加土壤有机质（同时降低大气 CO_2 含量）、固氮、提高种植作物产量等作用。覆盖作物不用犁耕翻埋，而是用带棱的压滚镇压，由于棱条压伤叶片，覆盖作物将逐渐死亡，成为种植作物理想的覆盖物。与此相配套的覆盖作物品种选育、播种与压滚农机具都已有相应的产品。覆盖作物已成为美国提高保护性耕作系统效果的重要组成部分。

2. 加拿大

为了应对日益严重的土地退化问题，加拿大政府开始鼓励农民进行休耕，每年都有大量的土地（超过 10 万 km^2）空闲，休耕养息，培肥地力。与此同时，加拿大也开始研究保护性农业，进行一些保护性耕作方面的技术研究与推广。保护性农业最初在加拿大的推广进展非常缓慢，遇到的问题主要有土壤压实、杂草、病虫害、作物秸秆过量和土壤温度过低，缺乏适当的播种、施肥设备，除草剂的费用高于耕作费用，研究人员、工程师、推广专家与农民之间存在冲突等。加拿大保护性农业的实践经过了很多方面的努力，例如通过推广和培训为农民提供信息、在农民自己的农场上设立实验站、提倡条状种植（带状耕作）、推行保留直立的残茬和残留物（有利于贮藏积雪）、应用专门的除草机具（中耕除草）、覆盖作物和营造防护林带、建立农业发展协会、改进土地管理方式、进行草原恢复和补播等。在过去 30 年间，加拿大保护性农业取得了令人惊叹的发展，主要表现在为农民提供了良好的经济效益、保持或提高土壤质量和生产力、保持土壤水分、改善小气候环境、降低因气候恶化带来的风险、提高农业抗灾能力，基本实现了保护性农业的目标，农民对保护性农业的拥护程度也有了显著提高。

加拿大农业生产的基本单元是农场，目前全国的农场总数约为 25.4 万个，农场的平均规模在 300 hm^2 以上，近年来农场规模有逐步扩大的趋势。在保护性耕作机具系统方面，由于农场土地经营规模大，机具主要以大型为主，动力机械以 220.59～367.65kW 拖拉机居多，一般每个农场配备大型收获机 1 台、免耕播种机 1 台、喷雾机 1 台。免耕播种机的作业幅宽大都在 15～18 m，作业效率达到 25hm^2/h，每台免耕播种机的价格在 25 万美元左右，1 个农场农田作业机械的投入大约在 100 万美元以上。

加拿大大型免耕播种机小麦播种作业见图 2-4。

图 2-4　加拿大大型免耕播种机小麦播种作业

（1）少免耕技术。加拿大农作物产量较低，小麦单产量一般在 3 000kg/hm² 以下，且大部分农场要将地表的秸秆打捆后用于养畜或造纸，使得地表的秸秆量进一步减少，加之机具作业工序少，土壤压实程度轻，因此一般对土壤不进行任何耕作。保护性耕作农业以免耕技术模式为主，如加拿大魁北克省于 1965 年建立的保护性耕作试验区，连续 40 多年未进行任何耕作，而小麦产量却增加了 25%，增产和节约成本效果显著。

免耕保护性耕作研究显示，对于常年进行秸秆覆盖的免耕土地，土壤结构有了很大改善，深耕的作用微乎其微。在留有谷物残茬的土地上种植豌豆、亚麻和春小麦，其产量比传统耕作的产量分别增加 7%、12.5% 和 7.4%。产量增长的主要原因是 0～30cm 土层中的土壤水分增加了。经济分析显示，保护性耕作方式不仅产生了极佳效果，而且降低了总体生产风险。

（2）轮作技术。加拿大的大部分农场主对轮作技术也非常重视，轮作已逐渐成为加拿大农业的主要耕作方式。采用轮作的优点如下：可以在不增加机具设备和化肥投入的情况下，达到长期增加产量的效果；能减少病虫害，有效控制杂草；可以提高土壤有机质含量，起到培肥地力的作用；能进一步降低生产成本；能更好地利用土地资源。加拿大农场主过去实行的是休闲耕作制度，即土地每耕种 3～5 年后要休闲 1 年，让地力得到恢复。由于农场长期只耕种小麦，在播种季节，农场主必须用很短的时间完成播种作业，这样需要投入较多的机具和大量的人力，无形中增大了农业的生产成本。目前，在加拿大轮作制度已代替了传统的休闲耕作制度，每个农场都制订了自己的轮作方案，分别在不同的地块上进行小麦、苜蓿、油籽和豆类等作物的轮作，由于各种作物的播种季节和收获季节不同，通过在不同地块上的轮作，可以将播种时间延长 2 个月左右，农场只用 1 台播种机和很少的人力就可能完成播种作业，从而为农场节约了大量的生产投入。

（3）作物秸秆处理是保护性耕作制度取得成功的关键。当作物秸秆直立留在土壤中，或者覆盖在土壤表面，有必要采取适当的秸秆处理方法，避免作物秸秆妨碍播种和出苗。在加拿大农场，通常是将作物秸秆粉碎，并将粉碎的秸秆均匀地铺撒在土壤表面，一般与收获作业同时进行。对比较干旱的"草原三省"作物秸秆留茬高度的研究显示，在留有高度为 30～35cm 作物秸秆的土地上，种植春小麦、豌豆、小扁豆和鹰嘴豆等作物时，谷物产量和水的利用率都能得到提高。另外，保护性耕作制度还能增加土壤中有机碳的含量，从而提高土壤的质量，并使土壤成为吸纳重要的温室气体（即二氧化碳）的场所。

过去的 40 年中，加拿大的土壤总体质量有了显著改善，通过更多采用减少耕种和免耕的做法，土壤侵蚀、土壤有机质和土壤盐碱化指标均有显著改善，这些改善在很大程度上归功于基于免耕、休耕以及植物覆盖的保护性耕作。

（二）南美洲

1. 巴西

目前，巴西的耕地面积巨大。然而，人们对巴西的耕地土壤质量存在一定的担忧，例如，由于市场压力，农民在两种大豆作物之间实行单作大豆，而覆盖作物时间不长，从而导致严重的土壤侵蚀和土地退化。在巴西，耕地主要分布在热带和亚热带地区，水蚀一直被认为是巴西农业最大的环境问题，以机械养护措施为主要特征的政府方案由于执行不足，难以控制水土流失。

巴西在20世纪70年代开始实行免耕制度，这一重要的土壤管理制度也受到了许多挑战。通过对大豆、玉米、小麦和棉花进行的研究和验证所获得的结果促成了巴西不同地区（从南部到后来的塞拉多）从常规耕作向免耕的转变。小农户在采用了免耕技术后，发现水土流失、工作量减少、时间节省、作物产量增加，通过该系统增加了附加值。向土壤中添加有机质，以及将植物残体保留在土壤表面是保持和促进土壤中有机质平衡的重要措施。

（1）巴西采用的保护性耕作措施。

①作物秸秆残茬及覆盖作物覆盖地表。巴西的自然条件是气温高、雨量丰沛、无大风。在传统农业生产中，裸露农田土壤中的水分容易挥发，阳光直射下土壤温度容易升高（37℃以上），下雨时又极易形成径流，导致水、肥、土流失。在地表进行作物秸秆残茬及作物覆盖后，带来的好处如下：一是降低雨滴对地表的冲击，不易形成径流，有利于水、肥、土的保持。二是植物秸秆具有良好的隔热性，可避免阳光直射地表，减缓土壤温度升高，同时减少土壤夜间热量散发，使土壤与大气温度基本相等，有利于作物生长。三是使秸秆覆盖层下的杂草见不到阳光，光合作用减弱，从而抑制或减缓其生长。四是作物秸秆残茬及覆盖作物腐烂后可提高土壤肥力和有机质含量。

②免耕播种，保持土壤物理结构相对稳定。实行免耕播种后，土壤耕作层不产生翻动或扰动，前茬根系腐烂后，在土壤中会形成许多孔隙，使土壤物理结构相对膨松且稳定，吸水性增加，便于生物和微生物的繁衍和活动，营造了一个相对有利于作物生长的环境，同时减少机械进地次数，避免土壤被压实，节约耕地作业成本。实施免耕后，土壤物理结构相对稳定，若连续种植同一作物，土壤中被作物吸收的某些成分含量会大幅度下降，而土壤中根茬的化学成分会持续增高，适合这种环境的某种生物和微生物的数量就会增加，破坏有害生物与有益生物和微生物建立的平衡而形成病虫害。进行轮作后，不仅作物吸收土壤中的某些成分会有所改变，而且土壤中根茬腐烂后的化学成分也会有所不同，生物和微生物的生存环境也随之改变，因此，繁衍较快的生物和微生物种类就不会固定，时间长了就会在土壤中建立起各类生物和微生物生长的某种平衡，形成一个相对有利于农作物生长的环境。另外，生物在土壤中的活动

有利于土壤膨松。

③以地表覆盖作物为主，施用化学药物为辅的方法抑制杂草生长，控制病虫草害蔓延。目前巴西许多地方用种植覆盖作物（如黑燕麦或豆科类作物）来控制杂草和病虫害。覆盖作物不是粮食作物，不收籽粒，专门用作覆盖、改良土壤，以及防治杂草、防治病虫害，作物长到一定高度后，不等成熟就用镇压滚压倒，覆盖于地表，在其上面直接播种粮食作物。

④采用轮作手段在粮食生产中可以少用甚至不使用化学除草剂和杀虫剂，保持粮田的环保和自然生态，使粮田与周边的自然环境有一个良好的生态平衡，从而使农业生产相对稳定，并能持续发展。

（2）巴西采用保护性耕作措施后取得的良好效果。

①在粮田休闲期间不给杂草疯长的机会，用比杂草生长更有优势的植物来与其争夺水分、养分和阳光，达到抑制杂草生产的目的。

②轮作特定植物（如黑燕麦或豆科类作物），其生长形成的根茬和秸秆可以更好地固化土壤和覆盖地表，粮田在休闲期间地表有秸秆，地内有根茬，有效地防止水、肥、土的流失，增加土壤肥力（巴西年降水量为 $1\,000\sim2\,000$mm，农田没有作物，极易产生水土流失）。

③轮作的豆科类作物或黑燕麦具有特殊功能。豆科类作物根系长有固氮菌，可有效增加土壤含氮量，提高肥力。黑燕麦的根系不仅可以松土，还可产生某种杀虫剂的气味，有一定的防虫功效，利用植物来控制病虫害，达到既治虫又环保的理想效果。只有在依靠自然手段和生物手段不能控制杂草和病虫害时才施以少量的除草剂和杀虫剂。

④选择具有特定自然条件的地区实施保护性耕作。巴西实施保护性耕作技术的地区主要分布在中东部和中南部地区。其中中东部属于热带草原气候，全年分干季和湿季，年平均降水量在 $1\,000$mm 以上；中南部受大西洋湿润空气的影响，年均降水量可达 $2\,000$mm 左右，非常适合实施保护性耕作；东北部是干旱地区，同时土壤比较贫瘠；西北部是亚马孙热带森林；中西部是林原和山脉，这些地区目前尚没有实施保护性耕作。可见巴西实施保护性耕作地区具有以下特征：气候温暖，降水丰沛，地势平缓，土地面积辽阔。

⑤合理安排农作物轮作，创造条件，保持土壤中各种微生物之间的平衡，减少病虫草害。在巴西实施保护性耕作的粮田一般不连续种植同一种作物，而是进行轮作。其机理是在土壤中建立有益生物与有害生物和微生物的某种平衡，以利于作物生长，这种平衡主要依靠农作物和特定植物的轮作来实现。

图 2-5 为巴西保护性耕作大豆农场。

图 2-6 为巴西甘蔗收获秸秆覆盖。

图 2-5　巴西保护性耕作大豆农场

图 2-6　巴西甘蔗收获秸秆覆盖

图 2-7 为巴西甜菜种植秸秆覆盖。

图 2-7　巴西甜菜种植秸秆覆盖

　　目前巴西实施保护性耕作地区的轮作种类主要有：玉米＋黑燕麦或豆科类作物；大豆＋黑燕麦；大豆＋玉米＋黑燕麦或豆科类作物；大豆＋黑燕麦或豆科类作物＋小

麦；玉米＋黑燕麦或豆科类作物＋小麦。

2. 阿根廷

阿根廷保护性耕作技术在西北部和中东部地区广泛应用，在秸秆残茬覆盖地表、机械免耕播种方面与巴西相同，但由于阿根廷大部分地区处于亚热带和温带，气温、降水和农时都有差异，加上其开展保护性耕作时间相对巴西较晚，所以也有其自己的特点。

①杂草与病虫害防治主要依靠化学药物。

②合理安排不同作物套种或轮作，套种主要在农时较紧、积温不足的地区应用，目的是提高复播指数和土地利用率。从阿根廷整体保护性农业来看，套种尚处于发展阶段，面积并不大，主要还是农作物的轮作。为了保证免耕播种的质量，从轮作作物的安排上避免出现玉米收获后马上播小麦的情况，因此使用现有的免耕机播种不会出现堵塞现象。

③培育适合保护性耕作的新品种（如转基因或抗病虫害的品种）以解决病虫害防治问题。

④阿根廷冬季大风地区实施秸秆覆盖目前还有一定的难度，仍处于探索和研究阶段。

3. 墨西哥

墨西哥最早在雅基河峡谷（Yaqui Valley）开始垄作保护性耕作技术的研究。雅基河峡谷位于墨西哥西北部，耕地面积约为 35 万 hm^2，小麦为主要的粮食作物，属于典型的灌溉农业区，目前墨西哥 50% 的小麦产区实行了垄作栽培。由于长期采用传统平作、漫灌种植小麦，并且大量焚烧秸秆残茬，造成了当地水资源的严重浪费和水、空气的污染，到 20 世纪 70 年代，当地的农业生产面临着严重的农业用水（地表水和地下水）缺乏、土壤退化和污染严重等问题，并且小麦产量出现逐年减少的趋势，为解决上述问题，保证农业可持续生产，墨西哥的农业科学家通过将垄作、沟灌等技术结合，在雅基河峡谷开始垄作保护性耕作技术的研究。

墨西哥农民自 20 世纪 80 年代以来普遍采用垄作来种植小麦，该项技术由于具有节水节肥、可降低生产成本 30% 左右、便于管理等优点，很快在墨西哥大面积推广。垄作小麦种植方式如下：将作物种植在垄床上，灌溉水通过垄沟分布于田间，由垄沟向两侧的垄床侧渗。两相邻垄沟的中心距为 70~100cm，视拖拉机轮距而定，垄床上种植 2~3 行作物，垄高为 15~30cm。墨西哥在雅基河峡谷多年的试验表明，此项技术相对传统漫灌作业，可节约灌溉用水，减少灌溉的人力投入，并能增加小麦产量。过去几年，墨西哥小麦的平均产量超过 $6t/hm^2$。

（三）大洋洲

在澳大利亚农业生产中，大量采用免耕、少耕及秸秆覆盖、倒茬轮作等保护性

41

耕作技术，种植的作物有棉花、玉米、小麦、绿豆、豆角、番茄、高粱、马铃薯等。随着农场规模的扩大，大型农机具不断得到普及与应用，拖拉机行走造成土壤压实的问题越来越严重。澳大利亚自20世纪90年代开始积极探索拖拉机固定道行走的作业模式，以克服因大型农业机械多次进地作业造成的土壤压实和影响作物生长的问题。澳大利亚经过10多年的保护性耕作固定道作业技术研究和技术装备试验，产生了巨大的农业技术变革。保护性耕作固定道作业技术作为独特的技术思路，至今已成为清晰的革新技术路线。到目前为止，澳大利亚是采用固定道保护性耕作技术最为成功的国家。在澳大利亚的几个干旱地区，固定道保护性耕作生产系统已得到较好的推广。

澳大利亚保护性耕作的主要模式与技术特点如下：

（1）固定道保护性耕作。应用保护性耕作减少了拖拉机的进地次数，但大功率拖拉机的轮胎对土壤的压实现象仍不可避免，长期压实会破坏土壤结构。另外，大面积应用化学药剂除草，很可能发生田块药剂重喷和漏喷现象。针对这种情况，澳大利亚提出了固定道作业研究课题，即在田间规划出拖拉机长期行走的固定道，这样生长谷物的土壤就不会被压实，完全实现免耕，并且由于固定道长期被压，拖拉机行走在坚实的固定道上可提高拖拉机动力性，既节约能量，也可以实现精密农业。目前，这项技术的在澳大利亚被推广，效果显著。昆士兰州北部地区有300个农场，农业耕作面积80万 hm^2，2018年已有270余个农场实行了固定道作业。

澳大利亚固定道保护性耕作见图2-8。

图2-8　澳大利亚固定道保护性耕作

澳大利亚固定道保护性耕作的效果见图2-9。

图 2-9　澳大利亚固定道保护性耕作的效果

（2）免耕。免耕播种，行距为 25～35cm，采用窄刀尖（20～40mm），并辅以压轮。免耕播种时，出苗前在用刀点的地表喷洒除草剂后，不仅有足够的土壤覆盖行间区域，并且可以安全、有效地控制杂草。

（3）留茬。使用带有残茬收割装置的收割机械，收割 15～20cm 高的庄稼，增加行距（通常为 30cm 或更多），在播种前使用切割刀片切割残留物，将每个齿尖前面的残差偏转为行间空间，在 3～5 条机器杆之间分布播种槽，增加同一条机器杆上相邻槽之间的间隙。

（4）使用农场永久性车道。修改拖拉机到收割机履带的宽度，使用相同的收割机和播种机以及一倍宽度的喷雾器，能够提供 12%～16% 围场面积范围内的机械足迹。

（5）使用先进的机械。免耕播种机使用液压系统。

（6）轮作。同一农田种植不同类型作物。

（7）使用除草剂。根据不同的轮作方式选取不同的除草剂。

（8）行间播种。例如谷物茬内播种豆类作物。

澳大利亚气候干旱、土壤贫瘠，留茬可减少地表密封，减少因雨滴冲击而导致的除草剂进入种子沟槽，改善入渗，减少土壤侵蚀，增加土壤有机碳。作物残余物也会损害杂草的生长，使养分返回土壤，并为新生幼苗提供一些保护。秸秆的降解能将 50%～70% 的碳以 CO_2 的形式释放到大气中。使用压实的永久车道能够减少 39% 的能源需求。轮作能够减少土壤中病菌的积累，管理不同作物的养分需求。直立茬行间播种能够减少倒伏，提高收获效率。

（四）欧洲

欧洲与世界各地一样，都存在土壤侵蚀的问题，尤其是在半干旱地区。2005 年欧盟保护性农业联盟指出，欧洲落后于其他地区和国家采用保护性农业的原因主要是欧洲缺乏技术条件、适当的技术转让和制度支持。在 21 世纪早期，这些条件已经适用，此后可用的新机器和技术加速了保护性农业的实施。同时，保护性农业获得了欧盟当局机构的支持。保护性农业在欧洲的进展程度并不一致。2012年的调查结果显示，2005年瑞士保护性农业占上地面积的比例是43%，但在2012年下降到36.4%；这一时期，法国从17%上升到36.4%；德国从23%上升到41.1%；英国从31%上升到39.2%。总体而言，保护性农业在欧洲的使用不断增加。保护性农业在欧洲不同国家均有其自身特点。

在英国和法国等传统的油菜种植区，保护性耕作同样经过了十几年的实践，例如在英国，有60%以上的油菜种植农场都采用这种模式。有一种分体式的设备是在悬挂式灭茬缺口圆盘耙前挂接深松机，组合成深松耙茬一体整地机。如果在这个组合设备上再组装上气吹式油菜播种装置（种箱，排种装置，终端控制），它就成为一台复式作业设备，可以一遍完成深松、耙茬、平土、镇压、播种一系列作业。该设备模式取代了传统的多遍耕作模式，通过一遍作业完成耕整地和播种作业，节约时间，增加效益，使拖拉机进入田地的次数减少，从而避免和减少土壤板结，同时获得经济收益和生态收益。

在法国，垄作可以与免耕相媲美，但由于垄作工序比较复杂，而且需要经常维护，所以并不是所有农场都使用这种种植方式。但是研究表明，对于土壤贫瘠的地区，垄作的优点多于免耕，因此可将垄作与保护性耕作相结合。在夏季作物种植时，将作物种植在垄上，垄台建立后，不再整平，尽量减少对垄台的破坏，这样可以保证机具作业时行走在固定的行走带上（垄沟内），有利于减少播种带的土壤压实，可以便于杂草控制，减少对除草剂的使用。

西班牙耕地保护农业技术采用最少翻耕直接播种蔬菜和粮食作物的方式。大麦、小麦、谷物（玉米）、豆科植物收获后，直接留茬并直播下一茬作物。直接播种是一年生作物的一种农艺实践，在这种农艺实践中，至少30%的土壤表面受到植物残茬的保护，播种是用经过改造的机器在前一种作物的残茬上播种。

（五）亚洲

印度每年产生大量的农作物秸秆，其中约16%的作物秸秆被就地焚烧。在被焚烧的农作物秸秆中，水稻秸秆约占40%，小麦秸秆约占22%。在印度恒河平原地区，主要采用联合收割机收割稻麦。印度北部地区的农民每年要焚烧约3 500万t的秸秆，焚烧作物残渣会导致温室气体的释放和营养物质的损失。温室气体的释放导致大气中CO_2的增加，而CO_2能引起气候变化。印度境内，西北的喜马拉雅山脉耕地面积为33.13万km^2。不稳定的降雨、起伏的山坡和传统的耕作管理做法进一步导致了土壤侵蚀、能源利用效率低、粮食产量不足等问题。

据报道，西北喜马拉雅地区的面积约为3 313万hm^2，由喜马偕尔邦（Himachal Pradesh）、北阿坎德邦（Uttarakhand）、查谟和克什米尔（Kashmir）组成，占印度总地理面积的10%左右，供养着印度2.4%的人口和4%的牲畜。该地区气候、地形、植被、生态和土地利用格局多样。年平均降水量从拉达克的 80mm 到印度北部喜马偕尔邦和北阿坎德邦部分地区的 200mm 不等。该地区土地利用以森林为主，但森林的土地退化是印度喜马拉雅地区的一个严重问题，大比例的区域属于轮作栽培和滥伐森林。同时，由于山地地形，该地区在气候、土壤参数、生物多样性、民族多样性、土地利用系统和社会经济条件等方面与平原不同，有相当大的潜在侵蚀面积，而印度总地理面积的 50％处于侵蚀高风险等级。

喜马拉雅地区的农林复合经营在生态、社会和经济功能方面发挥着重要作用。喜马拉雅地区确定了 6 个常见的农林复合经营系统：作物＋树、树＋牧场/动物、作物＋果树、果树＋树＋牧场/动物、果树＋树＋牧场/动物和果树＋作物＋牧场/动物。

土壤侵蚀是印度土壤退化的主要类型，可采取低投入措施进行土壤的保育和恢复，如土地塑形、等高线耕作、田间捆扎、保护性耕作、引进抗侵蚀作物等。印度和南喜马拉雅地区通过以下几种方式来确保保护性农业的实施效果：①进行流域综合管理，减少泥沙流动。②在原位保持土壤水分，促进森林生态系统的建立和生长。③实施保护性农业的最初 2～3 年，在雨季将多余的径流转移到集水设施中，以补充灌溉植物。④在现有的休耕地上建立永久保障，以确保资源的合理利用。⑤采用林-牧系统或牧-牧系统，强调水土保持和秸秆的覆盖管理。⑥通过适当的立法，引导人民参与山地开发和利用森林资源。

印度保护性耕作实践见图 2-10。

图 2-10　印度保护性耕作实践

印度山地轮作栽培系统特点如下：

（1）轮作栽培系统为梯田稻基耕作系统。

（2）地表播种/免耕。11 月和 12 月收获水稻后，在土壤表面播撒种子，不进行任何耕作操作。为保护种子免受鸟类的伤害，在种子表面施用一层薄薄的牛粪。

（3）立体栽培。建造阶地，坡度大于 16％，土质坡度和深度足够好。这一过程会将相对陡峭的土地转变成一系列几乎平整的阶台，这种阶台外部边缘由石头和原木支撑。所有的梯田都是在 1m 的垂直间隔上形成的，保持了最上层土壤的完整。为了进行养分管理，种植杂豆植物和念珠菌作为梯田间隔，并将绿植秸秆覆盖到梯田中，进行土壤肥力管理。

（4）垄作技术在印度也是一项比较成功的耕作技术模式，垄台在播种或田间作业时均保持不动，为永久垄台。只有在播种或者收获使垄台遭到破坏时，才对垄台进行修复。垄台宽度为37cm左右，高度为15cm左右，宽度约为30cm。

印度山地保护性耕作实践见图2-11。

图2-11　印度山地保护性耕作实践

第三节　世界保护性农业的效果

经过世界各国多年的研究，保护性耕作的好处包括：提高农业生产率和单产（取决于当前的单产水平和土壤退化程度），燃料能源或体力劳动最多减少70%，肥料用量减少多达50%，农药和除草剂使用量减少20%或更多，需水量减少30%～50%，降低了农业机械的成本支出。此外，保护性农业改善了土壤与植物的水分关系，因此有可能提高农作物系统、农场和景观的气候变化适应性，同时通过更大程度的固碳和减少温室气体的排放来缓解气候变化。由于降雨渗入量增加，使径流和土壤侵蚀减少。保护性农业还可以降低洪水风险，提高水资源质量和数量，降低农业基础设施维护成本。

现综合世界各国研究成果，将保护性农业的积极效应展示如下：

一、作物生产力效应

1. 病虫草害

来自全球不同地区的回顾性研究表明，保护性农业对作物虫害的动态响应具有不同结果。虽然保护性耕种导致害虫种类增加了28%，但是和传统耕作相比，增加的虫害对作物产量却没有明显的影响，原因在于保护性耕作增加了作物的昆虫天敌和寄生虫的多样性，两者对作物的效应相互抵消。此外，作物轮作和植物群落结构也是保护性农业的组成部分，有助于打破虫害循环。由于保护性农业对土壤的耕作减少，保留的残茬和作物轮作导致生物多样性进程加快，物种的种类和功能多样性增加，这也有助于控制虫害和病害。因此，从长远来看，保护性农业能够更好地管理虫害。

即便如此，在有害昆虫捕食者、寄生虫数量不足的情况下，采用保护性农业的最初几年中，虫病的发生率较高仍属于正常现象。虽然在未受耕作干扰的土壤、秸秆残留的土壤和残茬中可能含有昆虫（例如美国大平原地区小麦茎锯蝇一段时间内成为小麦虫害的焦点，并推测其传播与保护性耕作的传播有关），但这些担忧尚未得到证实，而且研究表明，虫害的发生强度与单作的相关性更高（Mandak，2011）。

尽管已经有了不少保护性农业增加或减少不同农作物发病率的案例（例如，在玉米中，残茬会增加根腐病的发生率；在花生中，小麦残茬会导致花生茎秆腐烂的发生率增加），但是对于病原微生物而言，由于不同的病原体具有不同的生存策略和生命周期，以减少耕作的方式影响植物病原体，通过残留的农作物残茬改变土壤微生物群落的组成，因而直接影响有益微生物的生长，是降低有害病原体的有效策略。农作物残留物虽然可以将病原体从一个季节转移到下一个季节，但是保护性农业可以通过改变土壤湿度、通气性和调节土壤温度间接影响病原体的生长。轮作体系以打破病原菌固有的生长周期，并中和残留病原体和最低程度的土壤机械干扰的方式，在保护性农业中发挥关键作用。综合来看，由于以下一种或多种作用机制，一些农作物的残留物能够降低病原体的发病率：①残留物中的抑制性化学物质的浸出；②从残留物中浸出刺激性的化学物质，以促进有益微生物控制剂的种群；③由于高的碳氮比，增加了竞争性强的非致病性微生物种群，代替了非竞争性的致病性微生物种群；④由于土壤含水量增加和土壤健康质量提高，农作物的根系活力增强，生长健壮，因而农作物不易患病。

杂草处理也是促进小农户开展保护性农业亟须的问题之一。有研究报道，在少免耕方式下的杂草传播率比常规耕地高，可能会导致除草的劳动需求增加，特别是采用保护性耕作的初期，少免耕可能导致多年生杂草种群的密度增加。在某些情况下，农作物残茬会抑制杂草的种子发芽和幼苗生长，从而减少除草剂的使用。例如非洲赞比亚的小农户确定了一种利用作物残茬覆盖，使少免耕耕作系统中早期杂草得以控制的实用方法。在少免耕条件下，在种植的玉米的前 40 天左右，5 t/hm^2 秸秆覆盖条件可显著抑制杂草的生长。在津巴布韦，与秸秆不覆盖的地块相比，上一季玉米残茬覆盖的地块，干杂草总生物量被抑制了 30% 以上。在其他情况下，农作物残茬的存在可能降低了除草剂的功效，但是降雨可能会使农作物残茬将被截留的除草剂冲洗到土壤中，除草功效仍然很高。研究表明，只有在还田量较高时，农作物残茬才会有效抑制杂草，对于生物量较低或秸秆具有其他替代用途的发展中国家小农户来说，保护性农业的效果可能欠佳。但是如果采取适当的除草措施，并且杂草种子已枯竭，保护性农业同样会减少地块中的杂草问题。

土壤生物群落在调控害虫和病原体方面同样发挥着重要作用。土壤生物群落（尤其是丛枝菌、根真菌和植物促生细菌）不仅可以加强植物的抗病能力，还能增加植物对干旱、盐和重金属毒性的耐受性，并刺激生长所需的光合作用和植物激素，提高植物的整体生产力。研究显示，植物生产力的提高会增加植物授粉，产生更好的果实和更高的产量。在某些情况下，土壤生物多样性可增加农业生态系统抗干扰的弹性，这意味着土壤的关键功能得以保留，在气候变化这一背景下，综合考量土壤生物群落对作物产量和粮食安全的威胁尤其重要。

2. 作物产量与生产力

2019 年，美国玉米协会发布了美国玉米高产竞赛优胜者名单，代表美国玉米种植的最高水平。2019 年美国不同模式玉米产量见表 2-3。尽管受到气候等不利条件的影响，但竞赛产量却明显好于 2018 年，创造出了平均单产 38 640kg/hm^2 的世界玉米最高产量纪录，并且这一新纪录是由保护性耕作模式创造出来的。2015—2019 年，获得美国玉米高产竞赛冠军的都是由采用保护性耕作耕种方式的条耕灌溉组斩获，单产分别为 2015 年的 32 920.8kg/hm^2、2016 年的 32 699.4kg/hm^2、2017 年的 34 010.86kg/hm^2 和 2019 年的 38 640kg/hm^2。获胜的传统/灌溉组前 3 名平均单产是 29 770kg/hm^2，而条耕、覆盖、垄耕/灌溉组前 3 名平均单产为 35 225kg/hm^2，比传统/灌溉组高 18.3%。一系列的世界纪录说明保护性耕作方式已经超越传统耕作方式，成为玉米创高产的先进耕作方式。保护性耕作在美国玉米高产竞赛中的地位也进一步凸显。

表 2-3　2019 年美国不同模式玉米产量

组别	排名	参赛者姓名	种子品牌	品种	单产/(kg/hm^2)
A：传统不灌溉	1	Heath A. Cutrell	迪卡	DKC68-69	23 925
	2	John F. Gause	Pioneer	P1847VYHR	23 460
	3	Don Stall	Pioneer	P0414AMTM	22 350
B：传统不灌溉（玉米带）	1	Ben Price	AgriGold	A6572VT2RIB	20 265
	2	Tim Appell	迪卡	DKC64-34RIB	20 205
	3	BrigtteMYoung	Pioneer	P1366AMTM	19 950
C：免耕不灌溉	1	Drew Hain	迪卡	DKC68-69RIB	26 490
	2	Chris Santini	Pioneer	P1464AMLTM	21 615
	3	Darren Charles	迪卡	DKC62-52RIB	21 075
D：免耕不灌溉（玉米带）	1	Matthew Kyle Swanson	Pioneer	P1197	20 730
	2	Justin Borges	AgniGold	A646-12VT2PRO	19 470
	3	Jonathan Borges	AgriGold	A6659VT2RIB	19 140
E：条耕、覆盖/垄耕、不灌溉	1	Dominick Santini	Pioneer	P1197	21 255
	2	Scott Clucas	迪卡	DKC64-34RIB	21 015
	3	Dary｜L Alger	迪卡	DKC62-53RIB	20 055

（续）

组别	排名	参赛者姓名	种子品牌	品种	单产/(kg/hm²)
F：条伖、覆盖/垄耕、不灌溉（玉米带）	1	Kevin Kalb	迪卡	DKC67-44RIB	24 735
	2	Hawn Kallb	迪卡	DKC67-44RIB	20 115
	3	Jerry Cox	Pioneer	P2089VYHR	18 765
G：免耕灌溉	1	Dustin Dowdy	AgriGol	A641-54VT2PRO	27 090
	2	Olin Garrett	LGSeeds	LG5643VT2RIB	22 440
	3	Carly Santini	Pioneer	P1197AMTTM	21 660
F：条耕、覆盖/垄耕、灌溉	1	David KHula	Pioneer	P1197YHRTM	38 640
	2	CraigM Hula	rogeny Ag	PGY 5115 VT2P	34 230
	3	Randy Dowdy	Hefty Seed	H6524	32 805
I：传统灌溉	1	Bridget Dowdy	AgriGold	A6499STX	34 680
	2	Kevin Dowdy	Pioneer	P1870YHR	29 985
	3	Michelle Dowdy Deese	AgniGold	A41-06VT2PRO	24 645

保护性耕作播种后的秸秆覆盖见图 2-12。

图 2-12　保护性耕作播种后的秸秆覆盖

　　在 2014 年发表在《自然》期刊的研究中，研究者将 4 种保护性农业措施对作物产量的影响与传统耕作方法进行了比较，这 4 种措施为：只采用免耕法，免耕法与秸秆还田相结合，免耕法与作物轮作相结合，免耕法与秸秆还田、作物轮作相结合。分析结果发现，尽管在一些特定条件下，免耕法的产出可以达到甚至超过传统耕作，但从总体上来看，其产量要比平均传统耕地少 5.7%。其中，免耕法与秸秆还田、作物轮作相结合可使作物产量损失最小（减产率为 2.5%），而只实行免耕的土地减产率高达 9.9%。这个结论对将保护性农业作为农业发展重要策略的地区，特别是对先免耕后秸秆还田和/或作物轮作的地区（如撒哈拉以南的非洲和南亚）来说，具有重要意义。

保护性农业对作物产量的短期影响依最初的土壤肥力状况、气候、降雨、农户的管理习惯以及作物的类型、数量的变化而变化。因此，保护性农业对作物产量的短期影响可能是正面的、中性的或负面的。但是长期来看，保护性农业可以提高作物产量，因为它具有防止土壤退化、改善土壤质量、改善水分状况、及时进行田间作业（主要是播种）和作物轮作的优点。随着时间的推移，由于秸秆覆盖和轮作，土壤退化减少，土壤物理、化学和生物特性均改善并积累，促使在实施保护性农业的田块中获得更高和更稳定的产量。在干旱是作物生产最大限制因素的气候条件下，保护性农业可以通过增加渗透、减少蒸发损失提高土壤保水能力，从而提高农作物产量。此外，与传统耕作相比，保护性耕作的产量更稳定，这主要是由于保护性农业可以更及时地播种，有利于保持土壤的水分，改善土壤水分条件，同时减少土壤侵蚀以及病虫害的发生。轮作是保护性农业的基本措施之一，与年复一年在同一田间种植相同作物相比，轮作有助于提高作物的生长性能。在干旱的气候下，由于降雨后的播种适宜期很短，所以及时降雨对提高产量至关重要。此外，许多小农户可能没有足够的牵引力机械，不能在降雨后的关键播种期及时播种，可能会使农作物播种延误，导致产量下降，而保护性农业可以有效解决此类问题。通过减少播种前耕地的必要性，保护性农业可以在一定的播种适宜期内播种更大的面积。美国加利福尼亚州的地膜覆盖有利于作物和土壤有更适宜的温度，从而促进作物更好地生长和发育。在美国，保护性农业对雨水的蓄水保墒作用更加明显，所以在干旱年份，保护性农业产量与常规耕作相比显著升高，而在正常年份或高降雨年份，保护性农业单产较常规耕作低。

欧洲农作物的产量数据在保护农业总体上表现为积极影响。在匈牙利，与常规耕作获得的收益相比，保护性农业收益率约增加 10%。在乌克兰，保护性农业收益率较常规耕作收益增长 5%～10%。在欧洲南部和西班牙，保护性农业增产比率为15%～10%。整体而言，北欧除部分地区（如土质为黏土的地区）以外，保护性农业增产情况与欧洲其他地区类似。尽管在欧洲，保护性农业并不是一味地追求增加产量，基于目前的收益率来看，总体趋势是比较乐观的。

整体来看，保护性农业有助于提高作物种植系统以及粮食农业系统的长期可持续性和恢复力，以应对气候的变异性。虽然在一些国家，保护性农业的实施仍然局限于研究部门，但保护性农业越来越被视为未来可促进可持续生产、农业集约化、改善土壤退化的一个实用方案。虽然目前也有保护性农业的批评者，但是决定在哪里以及如何促进保护性农业的采用和推广，主要在于当地对保护性农业的实践。实际结果表明，任何破坏农业土壤生态系统功能、降低土壤生产力的生产方式，无论是在生态上，还是在经济上，都不能维持土壤和作物的生产力水平或生产集约化水平。

二、水土保持效应

1. 土壤侵蚀

过度耕作、清除秸秆的地表覆盖和焚烧秸秆，可能造成水蚀和风蚀引起的土壤退化，以及土壤物理、化学和生物特性的下降。在传统耕作系统中，土壤退化程度较高是由于传统耕作造成了更多的物理破坏和更少的土壤团聚体稳定物质的产生。此外，通过耕作或将作物残留物移出田地用作饲料或焚烧，使土壤暴露在雨、风和太阳热效应的作用下，也导致了土壤退化速度的加快。与常规耕作相比，保护性耕作中，土壤通常由于具有较高的团聚体稳定性，导致土壤被侵蚀的潜力降低。在墨西哥的免耕作物生产系统中，人们发现土壤具有较高的平均团聚体重量与直径，以及高水平的稳定团聚体（被认为是预测土壤可蚀性的参数）。作物残茬在保护性农业土壤表面的存在也导致了微生物活性的显著增加，使化学物质在土壤中分泌从而促进团聚体的结合。在保护性农业中，维持土壤表面一定量的作物残茬，可以防止土壤表面密封，提高土壤水分渗透性，最终减少土壤侵蚀。覆盖是保护性农业的一部分，通过在土壤表面提供保护层，增加对不利因素的抵抗力，并增强土壤表面团聚体的稳定性和渗透性来阻止土壤被侵蚀。在湿润的肯尼亚高地，设置三个试验处理，土壤表面覆盖 $3t/hm^2$、土壤表面覆盖 $5t/hm^2$ 的农作物残茬和不覆盖残茬。不覆盖残茬与覆盖 $3t/hm^2$、覆盖 $5t/hm^2$ 残茬相比，年土壤损失量分别是二者的 3.8 倍和 8.1 倍。土壤表面上秸秆覆盖还降低了水沿斜坡的径流速度，降低了径流水的侵蚀性，截留了径流携带的其他沉积物。在保护性农业条件下，30%土壤覆盖率即可减少 80%的土壤侵蚀，所以更大的土壤覆盖率有望进一步抑制土壤侵蚀。

在欧洲，采用保护性农业可以很好地改善农民的净收益，通过降低操作、劳动强度和投入成本，达到提高环境效益、减轻土壤侵蚀的目的。一些典型国家（如芬兰和德国）的保护性农业实践传播就非常迅速而且成功。虽然土壤和环境是重要原因，但欧洲引入保护性农业主要还是受农民收益和经济因素驱动。

欧洲每年的土壤流失平均速度远远超过了土壤平均形成速度，实践表明，保护性农业通常使土壤流失的速度低于土壤形成速度，从而提高土壤生态系统的可持续性。除此之外，保护性农业还可以保护水资源并防止风蚀，通过保持良好的土壤结构，提高土壤水分储存，丰富土壤有机质，从而改善土壤健康度和适应弹性，增强生物多样性。

欧盟保护性农业联合会（ECAF）成立于 1999 年，其目的之一是使成员国实施保护性农业。ECAF 在 2005 年指出，一些欧洲国家未采用保护性农业的原因主要是缺乏技术条件、合适的农机装备和补贴制度的支持。但是在 2005 年以后，技术的进步和相关政策支持的到位加速了保护性农业在欧洲的实施，保护性农业获得了欧盟当局机构的支持。

2. 土壤质量

土壤质量的定义超越了土壤肥力以及土壤环境质量的概念，有更加深远的内涵和外延，与人文社会等因素联系更为紧密。土壤质量的定义包括土壤形成因素决定的内在性质和人类利用管理影响的土壤动态性质两方面。土壤质量主要是依据土壤的功能进行定义。土壤的功能在于它作为食物的主要生产者，是清洁空气和水的环境过滤器，是地球表层生态系统物质循环利用的场所，是生物多样性的庇护地。土壤的功能与土壤质量密切相关，土壤功能优良的土壤，其质量一定很高；反之，土壤功能很差的土壤，其质量一定很低。土壤质量的含义因利用土壤的人的目的不同而表现出不同的侧重点。从农业生产的角度来看，"高土壤质量等同于土壤保持高生产力而又不会造成严重土壤或环境退化的能力"。土壤质量的评估基于土壤的物理、化学和生物学特性。就生物土壤质量而言，健康的土壤被定义为一个稳定的系统，该系统具有高水平的生物多样性和活性，以及内部养分循环、对干扰的适应力。采用符合保护性农业所遵循的原则，在足够长的时间内，土壤（特别是表层土壤）的质量会显著改善。土壤结构是土壤功能的关键因素，也是评价作物生产系统可持续性的重要因素，通常用团聚体的稳定性程度来表示土壤结构。由于耕作对团聚体的直接影响和间接影响，传统耕作往往导致团聚体的减少，传统耕作通过使植物的根和菌根菌丝断裂而破坏了新的团聚体的形成过程，而植物的根和菌根菌丝是宏观土壤团聚体的主要结合剂，传统耕作还破坏了土壤中的其他微生物活性。与传统耕作相比，具有残留物保留的免耕措施改善了土壤团聚体的尺寸分布，同时由于保留了农作物残茬和轮作覆盖，增加了大量的地表生物量，微生物的活动促使有机物积累，从而使土壤结构稳定。例如，传统耕作长期使用的耕作设备会导致土壤下层存在一定致密性层（俗称为犁底层），犁底层导致作物根系生长受限、涝渍和通气不良。保护性耕作由于减少机械进地次数，且覆盖的作物或豆类根系的生长可避免造成土壤压实，从而破坏了犁底层的形成，有效降低了下层土壤的密度，从而使土壤具有更好的通气性和保水性。保护性农业措施也可对土壤肥力产生有益的影响，与传统农业相比，由于保护性农业土壤表面残茬分解缓慢，可能会阻止营养物质的快速流失，因此保护性农业土壤表层的养分含量更高。在采用保护性农业的最初几年中，由于残留在土壤表面的残留物对土壤的固定作用更大，因此可能会导致较低的养分利用率。但是从长远来看，采用保护性农业时氮的净固定只是暂时的，而免耕系统中氮含量较高，但暂时的氮固定减少了矿物氮的浸出。由于土壤侵蚀减少了氮损失，且有利于大量易于矿化的有机氮积累，所以作物对土壤中的氮肥需求会随着时间的流逝而减少。研究表明，与传统耕作相比，保护性耕作土壤0～30cm总氮量明显增加，0～10cm土壤交换钾量也明显增多，保护性耕作不仅减少了豆类作物氮素的施用，也增加了土壤中的氮素总量。当残留物保留在土壤表面上时，磷的循环利用能力也会进一步改善，由于磷肥与土壤的混合减少，降低了磷的固定，因此免耕土壤中的可提取磷含量高于常规耕作土壤。土壤有机质积累产生的有机酸也能增加磷的迁移，当磷是土壤中作物生长的限制性元素时，保护性农业还有助于提高作物对磷的利用效率，但当土壤中的磷含量很高时，可溶性磷可能会通过径流水造成磷损失，因而引起环境问题。与传统耕作相比，保护性耕作下土壤微量营养素的含量往往较高，特别是由于作物残渣在土壤表层的位置，使土壤表层附近的可提取锌和锰含量较高，在保护性耕作条件下，可以观察到土壤表层阳离子交换能力的增强。保护性耕作同样可以有效改善土壤中的碱度和盐度，例如，在少耕作9年后，与传统耕作相比，土壤中可交换钠的百分比和分散指数均较低。免耕具有足够的农作物残留量，因此可以减少土壤的蒸发和土壤表面的盐分累积。

土壤微生物的生物量（SMB）反映了土壤的养分（碳，氮，磷和硫）储存能力和养分循环能力，并且由于其具有动态特性，SMB常常可以用来衡量土壤有机质碳和氮对土壤管理的响应变化。SMB在植物营养中具有至关重要的作用，一般的土传播疾病的抑制和暴发也与总SMB有关，SMB与病原体竞争资源，或通过更直接的拮抗作用引起抑制，也可引起病原菌暴发。作物残茬的腐解是向土壤中增加SMB的最重要途径。与去除作物残茬相比，在墨西哥亚热带高地，残茬保留可导致0～15cm土层中SMB-C和SMB-N的含量明显增加；智利南部地区，由于秸秆残茬的存在，更好的土壤碳输入水平和较高的土壤保水率使微生物生长得更好，免耕条件下0～20cm土层中SMB-C和SMB-N含量高于传统圆盘耙耕作方式的土壤。与此相反的是，每次耕作操作都会增加有机物的分解，并降低土壤有机质含量，作物残茬的保留也主要在土壤表层中，增强了相关土壤酶的活性，土壤酶在催化有机物分解和养分循环有关的反应中起着至关重要的作用。

三、物质利用效率效应

1. 降雨利用效率

在雨养农业中，必须提高雨水利用效率（RWUE）才能获得更高的产量。RWUE不但取决于降雨模式、作物生长方式和管理方式，还取决于水的渗透率、土壤的持水能力和水分的蒸发损失。保护性农业可通过改善雨水的渗透来改善RWUE，同时可通过减少地表水的蒸发来减少水的损失。在短期内，作物残茬会充当一连串的屏障，使水有更多的时间向内渗透。而从长远来看（＞5年），通过防止土壤板结，保留作物残茬土壤的水分平均渗透率比传统耕作土壤高10倍。改善水分渗入土壤的最重要因素是改善土壤的内聚力、孔隙的连续性和团聚体的稳定性，并保护土壤表面不受雨滴的直接影响。作物残茬拦截的有效降雨被缓慢释放，有助于保持土壤中较高的水分含量，从而延长对植物的供水时间。由于保护性农业土壤中有残留物，土壤有机质的增加使土壤的持水能力也增加了。土壤有机质每增加 1％，土壤中的有效持水量就会增加 3.7％。使用免耕或者少耕，可使干旱地区的水利用效率增加 1％以上，免耕具有的残留物有效降低了短期和中期干旱的频率和强度。因此，在保护性农业区，大部分或全部的有效降雨可以被利用，该类地区径流量极少而且没有土壤侵蚀，为作物生长提供了更长久且可靠的水分控制系统，并改善了作物对干旱的抵抗能力。

2. 养分利用效率

作物残茬覆盖地表有助于减少由于径流导致的田间养分流失，使作物残茬缓慢释放养分。此外，由于残茬的保留而使矿质氮固定，还可以防止由于 NO_3^--N 淋溶而造成的潜在损失。在短期内，由于微生物将矿物质养分固定化，肥料使用效率可能会降低。但是从长远来看，由于微生物的活动和养分的循环利用，养分的利用率会进一步增加。如果将农作物残留物添加到土壤中，磷的利用效率也可提高，如免耕条件下 $0 \sim 10cm$ 土层中碳酸氢根可萃取磷的含量高于传统耕作。在保护性耕作土壤上层，较高的有效磷含量可能是由于有机磷量的增加以及作物残茬对磷的吸附所致，保护性耕作系统增加了土壤氮和其他养分的转化和保留。一项对巴西南部长达 13 年的研究表明，与非豆类绿肥作物相比，豆类绿肥作物轮作和免耕可显著增加土壤的氮储量，可交换的钾（K）、钙（Ca）和镁（Mg）含量也相应有所提高。土壤有机质的增加也导致保护性耕作田块养分利用效率的提高，例如在稻麦轮作系统中，肥料的利用效率提高了 10％～15％，这主要是因为在保护性田间使用了播种机，肥料较常规耕作系统宽播，肥料的位置更有利于植物吸收。

3. 投入物使用效率

从长远来看，除了可减少化学肥料的需求外，保护性农业还可以减少对燃料、劳动力、机械、农药以及时间的需求。在对土壤不进行干扰或进行最低程度干扰的情况下进行直接播种，意味着劳动力、农机能源、农机作业时间和机械需求的减少。来自巴西的一项研究显示，当传统耕作换成保护性耕作时，使用拖拉机每公顷可节省 6.4L 的柴油。在朝鲜，采用保护性耕作可以节省 30％～50％的投入，同时保护性耕作可以使农民减少抢占农时，并解决劳动力不足的问题，农民可以方便地执行其他操作（例如及时进行大面积的播种作业）。在实施保护性耕作最初的几年中，由于保护性耕作地块杂草密度高于传统作业地块，对劳动力的需求可能超过由于免耕导致的劳动力节约型农业。但是从长远来看，保护性耕作中采用杂草综合管理策略和秸秆覆盖可以减少杂草生长，并降低对除草劳动力的需求。此外，杂草问题造成的劳动力负担，可能会从传统上负责除草的妇女身上转移到负责耕种的男子身上。

四、生态效应

1. 减缓和适应气候变化

人们普遍认为，气候的变化将增加灾害的频率和强度，因而会使农业风险增加、水土流失严重、减排成本提高。政府间气候变化专门委员会于 2007 年提出，在全球范围内，农业约有 30% 的温室气体（二氧化碳、氧化亚氮和甲烷）排放，直接影响气候变化。对欧盟来说，农业排放的温室气体占温室气体总排放量的 10%。秸秆燃烧会使土壤有机碳损耗，传统耕作与土壤碳损失也密切相关。

免耕使土壤的碳封存量提升大约每年 $0.4t/hm^2$。土壤表面增加的碳汇效益维持 $2\sim10t$，为 $0.2\sim0.7t/hm^2$。研究表明，假设欧盟 27 国 30% 的耕地实施保护性耕作，相当于每年减少二氧化碳排放 $0.77t/hm^2$，减少燃料消耗 $44.2t/hm^2$。基于上述数据，使用保护性耕作土地的潜在碳封存为每年 $26.2t/hm^2$ 的 CO_2 排放量，全年 CO_2 减排的潜力约为 $97t/hm^2$。应该注意的是，每年由于减少燃料消耗节省的 $4.5t$ CO_2 与保护性耕作相比虽然是微不足道的，但是为了减少 CO_2 排放量和碳封存，2012 年欧盟 15 个成员国采用保护性农业一共减少了大约 40% 的 CO_2 排放量。

欧洲应用保护性农业估算可能减少的 CO_2 排放量见图 2-13。

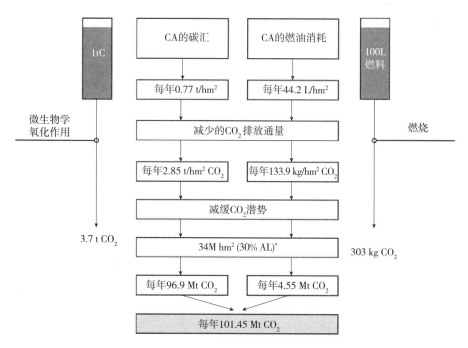

图 2-13　欧洲应用保护性农业估算可能减少的 CO_2 排放量

* 应用于欧洲耕地总面积（AL）的 30%，即 1.134 亿 hm^2（资料来源：欧盟统计局，2010 年）。

美国进行了类似的计算，结果是潜在的土壤碳固存量为每年 $0.45\sim1.0t/hm^2$，从而使农业土壤年均碳蓄积量为180Mt。因此，土壤的碳固存可抵消美国CO_2减排目标量的约30%。

传统农业通过投入品的生产、运输以及在田间施用肥料等不同阶段，排放了大量的CO_2和N_2O，同时耕种土地、作物残渣焚烧产生的CO_2也是温室气体的来源之一。而保护性农业可以通过固碳以及减少CO_2、N_2O、CH_4排放量来帮助缓解气候变化。保护性耕作可通过减少土壤有机质的分解、覆盖残茬和合理的作物轮作增加土壤碳封存。此外，由于保护性耕作可以产生更大的土壤微观团聚体，并使团聚体稳定性更好，从而导致其碳固定效率更高。保护性耕作由于直接播种和免耕作业，节省了大量农机燃料，因而减少了CO_2排放量。从长期来看，保护性耕作使土壤肥力状况改善、土壤氮肥需求减少。此外，较高的土壤有机质和作物残茬的存在不仅可以导致外源氮素的固定，也可以导致NO_3^--N反硝化有效性降低，使保护性耕作的N_2O排放量更低。在特定的农业气候和管理条件下，保护性耕作可改善或者降低土壤氮通气性，也可增加或减少土壤中CH_4的排放量。例如：在旱地条件下直播或移栽水稻幼苗可以减少CH_4、N_2O的排放量。保护性耕作主要通过改善土壤水分状况、缓和极端土壤温度、提高作物的生长力来帮助作物适应气候变化。与传统耕作相比，留有作物残茬的免耕通过提高土壤含水量，可降低短期或中期的干旱频率和强度。由于土壤质量的改善和植物营养的改善，保护性耕作赋予了作物更强的抵御气候变化的能力。

总体来看，保护性耕作可以通过以下几种方式来缓解气候变化：

（1）通过免耕或减少耕作的方式，在地表覆盖残留物，可以保持土壤水分，节省燃料，提高作物的生产力水平。

（2）通过构建农业和流域发展综合系统，包括畜牧和渔业，可保持土壤良好的水分和养分循环。

（3）在地表通过绿植覆盖、秸秆留茬覆盖恢复退化土地，以保持土壤水分，改善碳封存。

（4）通过优良品种的筛选、作物集约化生产系统等技术的采用，最大限度地节约用水和减少温室气体排放。

（5）通过改变播种日期和作物品种，提高作物对全球气候变化的适应性。

2. 生态收益

在保护性耕作下，最小的土壤机械扰动和轮作方式有利于地下和地面以上动植物的丰度和多样性。与传统耕作不同，少免耕不会过度干扰土壤生物的活动和栖息。丰富的生物质也为生物提供了充足的食物，并创造了一个支持性的微环境，使诸如细菌、真菌、放线菌、节肢动物等生物群落能够更好地繁衍生息。因此，保护性耕作的田地具有更接近自然的条件，生物群落得以在其中生长，覆盖作物残茬和轮作也有利于植物共生微生物群落的丰度和数量的提高。鸟类、哺乳动物、爬行动物和昆虫等生物的活动，也可以在保护性耕作的田间进行；通过益生菌和生物食物链可以改善地上生物的多样性，使保护性耕作农田中有益动物的数量和多样性增加，进而为周围环境带来许多生态效益，例如补给地下水体，减少下游地区的洪水，减少河道的淤积和化学污染等。保护性耕作提高了田间土壤的宏观孔隙度，豆科植物深根腐烂后形成的通道有利于雨水的下渗，这有助于补给土壤水分，也有助于减少由于洪水以及河流、水库或其他水体径流带来的淤积。由于保护性耕作的土壤改善了水分供应，并改善了土壤质量，因此作物仅需要较少的肥料和农药，因而减少了投入化学品的生产和化学品向环境中的排放。另外，有论点认为，保护性耕作下的综合杂草控制，需要将免耕和最小耕作实践区分开来。如果完全使用免耕法，则将过度依赖除草剂，那么环境成本将会变高。

五、经济效应

随着保护性农业的发展，已经有相当一部分研究着眼于经济效益和资金投入的比较，分析保护性农业的投入和产出，是对保护性农业推广效果进行评价的有效方式。保护性耕作的经济效益取决于其采用的时间长短和农民管理技能，因此带来的效益和利润可能是中性的，也可能是积极的，还可能是消极的。一般来讲，在采用保护性耕作的最初几年中，农民的净利润可能保持不变，同时，与传统耕作相比，由于采取少免耕措施而节省的成本可能会因除草成本的增加，导致最初几年的作物产量降低，无法弥补损失，农民为保护性农业进行新的投资（如购置农机具等），可能会在刚开始给小农户带来一些经济负担。但是，从长远来看，当这种对水土保持、土壤质量、投入使用效率等产生积极影响的效应开始累积时，保护性耕作带来的净利润将比传统耕作方式更高，即便作物减产 4%～5%，也可以带来更多的经济效益。也有许多研究报告称，保护性耕作种植成本的显著下降，主要是由于投入品（如燃料、人工、时间等）的减少。

第四节　世界保护性农业的特点

一、科技投入

（一）经费来源

世界保护性农业的实践经历了几十年的时间，期间产生了大量的知识成果和实践产出。这些成果和产出所需要的经费大部分来源于以下几个方面：①中央政府和州政府的农业组织；②保护性耕作农机设备的生产企业和公司；③专业农业协会和合作社。以美国为例，其保护性耕作的技术研发和推广经费主要来源于农业部下属的美国国家粮食农业研究所，每年有几千万至数亿美元用来资助美国保护性农业的科研、教育和技术推广体系，项目主要分为竞争类研究项目、定向类项目和推广类项目等。

在政府层面上，2018 年美国在新的《农业法案》中"资源环境保护类"项目农业财政支出增幅最大，增幅达 9.25%，90% 以上的强制性资金流向土地休耕储备项目、环境质量激励计划、农业资源保护地役权项目以及区域资源保护合作项目四个大项。美国保护性农业补贴的效应和政策绩效，因保护性措施的种类不同而存在较大差异。目前，美国土地休耕储备项目主要通过将易侵蚀的土壤和环境敏感作物用地退出农业生产，改种保护性的覆盖作物，保护与改善土壤的理化性状及供肥性状。此外，环境质量激励计划鼓励生产者采取改良土壤的措施，提高农产品质量和产地环境质量，其中的土壤健康评价项目，通过财政补贴支持科研部门，帮助生产者开展土壤健康检测和诊断。

在企业层面上，有关农业企业积极探索开展农业可持续发展的技术路径，例如拜耳公司提出了农业"碳零排放"概念，约翰迪尔公司对保护性耕作类机械实施深入研发并供农业合作社免费使用和提出改进。种子和化肥企业也不断探索减少能源投入，推广最优的耕作技术，研发和销售绿色技术产品，将废弃物环境排放减少到最低。例如先正达建立了基于物联网技术的精准保护性农业生产模式，以农户主动付费方式为生产提供服务，减少投入品使用，降低环境风险和生产成本。对于保护性农机具，由政府牵头农机具企业，统一购置并将其销售给农场主。

专业农业协会和合作社为了示范引导农场主在农田中播种专门的作物覆盖物和实施保护性耕作，由政府牵头实施统一播种作物覆盖物资金补贴行动计划，即由农场主自行申报提出，并由政府组织统一播种覆盖，费用由政府财政部门负责。

加拿大在推广保护性耕作技术的前期，投入 1 亿加元，用于机具开发、选型和技术示范；澳大利亚每年从农业产值中提取 1.4% 用于农业科研，其中 25% 用于保护性耕作技术的研究与机具开发。

（二）研究过程

保护性耕作以土壤质量为重点，不断提升耕地综合生产能力。农场主和农业合作组织，通过实行免耕、覆盖作物等科学耕种、轮作休耕、质量监测与评价等措施，在保护资源环境的同时，提高了资源利用率和土地产出率。

美国以大学为主体进行农业可持续发展技术的创新和推广，从而实现农业产、学、研一体化。美国政府对农业的教育、研究和技术推广非常重视，通过《赠地大学法案》等一系列立法，推动美国的大学设立农学院，建立以农学院为主体的农业教学、科研和推广"三位一体"的工作体系。推广服务工作由美国农业部和州农业局共同领导，以大学农学院为实施主体。研究推广计划由基层向上级申请，以农户需求为导向自下而上制定项目。竞争类项目供全国所有科研机构、大学、企业和农户申请，用以开展科学研究、技术示范；定向类项目主要针对大学开展定向研究，最大限度保证项目的"应用导向"。各州农业局也设立相应的资金项目，如密苏里州农业局和北卡罗来纳州农业局都有相应的资助项目，供相关研究机构促进农业科研、教育、技术推广一体化。1948—2017 年的 60 年间，美国农业生产所需的土地、水、劳动力、能源、化肥、农药、资本等投入基本维持不变，而粮食、牲畜、水果、蔬菜、纤维等农产品产量增加了 170%。

欧洲国家通过欧盟成员国，向参与实施保护性耕作的农民支付适当补贴，以利用示范效应来带动更多的农场主参与保护性耕作的实践。

（三）示范推广

世界范围内保护性耕作的示范推广，均为通过建立多层次农业组织和服务体系，强化农业社会化服务及政府与农户间的联系沟通来进行的。

美国有 100 多个农业领域的协会、联合会、联盟和合作社，形成多层次的农业组织和服务体系，作为农民与政府间沟通情况、反映诉求的有效桥梁，为美国可持续农业的发展起到了非常重要的支撑作用。这些组织一般为非政府组织，以会员会费为主要经济来源以保持独立性，更好地为其会员服务。成立于 1919 年的美国农场局联盟是美国最大的农场非政府组织，拥有会员 200 万人以上，主要任务是与全美各地专业农业协会建立联系，征集需求及问题，通过向相关政府及议会部门打电话、写信及直接约谈等形式反映农户的问题和需求，游说美国农业部等部门及国会，使政府部门能够及时、快速了解一线生产需求情况并制定相应政策，敦促国会快速通过有利于农户的立法法案。同时，美国成立了联邦大豆协会、玉米协会、小麦协会、生猪养殖协会等专业协会。各州首先成立相应的协会组织，由各州协会组成全国联盟或全国协会，农户可根据自身需要申请成为其会员，缴纳会费。会费一般按会员生产农产品售价或利润的一定比例收取，例如按大豆销售利润的 7.5% 收取，或按照固定会费收取，各协会为其会员服务，进行保护性耕作相关技术的推广和示范。

加拿大非常重视保护性耕作技术的试验研究和示范推广，各个技术领域都有专门的机构和研究人员从事研究和推广工作；一些研究人员还自发成立了"少耕链"研究和推广组织，不计报酬，常年义务从事保护性耕作的宣传和推广工作，经常免费为农场提供最新的保护性耕作研究成果，并帮助和指导农场实施。同时，加拿大各级农业研究机构都建立了长期的研究基地，把保护性耕作农业作为一个大的系统进行研究，而且研究工作开展得认真细致、科学合理，总结和积累了大量的数据资料和成功经验。研究人员既从事科学研究，又参与保护性耕作推广工作，积累了丰富的实践经验，他们与农场有着广泛的合作关系，帮助每个农场建立了适合自己的发展保护性耕作技术模式和机具系统。根据加拿大环境部的报告，在保护性农业发展的 30 年里，加拿大 70% 的农田采用了保护性耕作技术，只有约 14% 农业用地易受风蚀和水蚀。

在法国的保护性农业作物生产中，政府也制定了一些发展和推广政策，如鼓励专业化生产、扩大农业生产经营范围、实行工农商联合发展、推广使用保护性农业生产配套机械等，提高了其农业发展机械化水平和生产效率。

（四）面临问题

保护性耕作经过几十年的发展，已经取得了较大的成就，但是仍面临一些问题：

（1）自然因素及过度翻耕造成的水土流失问题依然存在。20世纪30年代以来，美国水土流失治理取得一些成效，但风蚀、水蚀，以及不合理的耕作方式造成的土壤侵蚀和退化依然是美国农业可持续发展面临的重要问题。

（2）化肥农药使用以及畜禽养殖造成的水环境污染依然存在。美国中西部农场使用氮肥较多，过量的氮素流入密西西比河，造成墨西哥湾的水体污染，畜禽粪污处理不当也加重了水体污染。

（3）外来物种入侵的治理难度大。随着国际贸易和人口流动的增加，近年来入侵美国的外来生物呈现出传入数量增多、传入频率加快、蔓延范围扩大、发生危害加剧、经济损失加重等趋势。

（4）部分农民对可持续农业技术的应用能力和意愿还有待加强。例如，部分农民特别是年纪较大的农民应用新技术的意愿仍然不强，如何实现不增加农民生产成本与资源环境保护的双赢目标仍待国际和国内同行继续探索。

（五）变化趋势

保护性耕作技术基本上适用于世界各个地区。美国、加拿大、澳大利亚等国家已经在各地区进行了广泛推广和应用。当前国际上保护性耕作发展呈现以下变化趋势：

（1）由以研制少免耕机具为主向农艺、农机结合并突出农艺措施的方向发展。传统的保护性耕作技术以开发深松、浅松、秸秆粉碎等农机具为重点，目前保护性耕作技术在发展农机具的基础上重点发展裸露农田覆盖技术、施肥技术、茬口与轮作、品种选择与组合等农艺农机相结合的综合技术。

（2）保护性耕作技术由以生态脆弱区应用为主向更广大农区应用发展。保护性耕作技术起源于生态脆弱区，初期主要是少耕以减少对土层的干扰。如今保护性耕作技术已经大面积推广，通过对农田进行少免耕及秸秆覆盖，减少土壤裸露及土壤侵蚀，达到保持土壤肥力、增加土层蓄水量、增加农民收入的效果。

（3）由单纯的土壤耕作技术向综合性可持续技术方向发展。保护性耕作技术已经由当初的少免耕技术发展成为以保护农田水土、增加土壤农田有机质含量、减少能源消耗、减少土壤污染、抑制土壤盐渍化、恢复受损农田生态系统等领域的保护性技术研究。

（4）由简单、粗放管理逐步向规范化、标准化方向发展。发达国家的保护性耕作技术与农产品质量安全技术、有机农业技术已形成一体化，进一步提高了对护性耕作技术的规范化和标准化要求。

（5）由单一作物、土壤耕作研究逐步向轮作、轮耕体系发展。世界保护性耕作在经历了几十年的发展后，人们已经意识到轮作体系在保护性耕作中的重要作用，保护性耕作的研究已经不是单纯研究土壤耕作技术及当季作物的生长，它更注重研究一个种植制度的周期，以及作物轮作、土壤轮耕的综合技术配置及其效应。

（6）由单纯技术研究向长期效应及理论、机制研究发展。

最初保护性耕作的研究主要集中在减少耕作、秸秆管理技术的效果等方面（如水土流失的控制、保土培肥效果等），现在已经由单纯的技术研究逐步转向保护性耕作的长期效应及其对温室效应的影响，以及对生物多样性等理论研究，为保护性耕作的长期推广提供理论支撑。

二、生产装备

推广应用保护性耕作技术的关键一环，在于必须要拥有先进、实用、可以满足作业标准要求的机具装备。

保护性耕作机具是推广保护性耕作中最为重要、关键的机具，在高产、高效和可持续农业生产中具有不可替代性。因此，有必要在本节介绍相关先进的农机具，特别是欧美地区的大型保护性耕作机具，充分了解其性能，以促使我国保护性耕作机具的改进和完善，加快其在今后保护性耕作技术推广中的应用。

根据保护性耕作的技术需要，其机具主要分为三种类型：①牵引式免耕播种机；②整地机；③秸秆处理类机器（如秸秆还田机、秸秆打捆机和秸秆归行机）。本节重点介绍国外牵引式免耕播种机和整地机。

美国 CASE 公司生产的 330 垂直耕作机（图 2-14）为牵引式，配套动力为 14～25 kW 的拖拉机，工作深度为 25～64mm。行距（耙片间距）为 19cm，作业宽度为 6.7m、7.6m、9.4m、10.4m、12.8m，可以通过加压，有效穿透硬土和残茬。内置独有的涡轮耙片，利用浅凹面和涡轮叶片将土壤向上、向后和向外旋出，能够高效地规整并混合残茬，平整土壤，可确保种床更加平整、均匀，从而带来更高的产量。

图 2-14　美国 CASE 公司生产的 330 垂直耕作机

美国 Great Plains 公司生产的耘耕机（图 2-15），型号有 UT3030、UT5036、UT5042、UT5048、UT5052，专门用于播种前的二次田间作业和田间精整。该机没有配备铲齿，所以不会形成影响产量的水平土壤压实板结层。耘耕机的前排可配备低凹度圆盘耙片或特有的涡轮犁刀，能有效地切碎残茬，并且疏松播床土壤。该机由液压控制耙片深度。

图 2-15　美国 Great plains 公司生产的耘耕机

美国生产的灭茬耙（图 2-16）有 1200TM、1500TM、1800TM、2400TM、3000TM、3500TM、4000TM 多种型号。灭茬耙耙片间距为 7.5 英寸*，耙片角度在 0°～6°可调节，具有更加彻底的土壤平整效果和除草效果，并增强了残茬切碎效果。内含两套液压调整组件，后部组件与前部组件有偏移量，两套组件共同作用，使得灭茬尺寸达到业内领先的 3.75 英寸。输送阀可将重量从中心转移到翼部，在整个宽度上实现了均匀、恒定的向下压力。由于灭茬耙是真正的垂直耕作机具，因此它不会产生压实层，可以使根系自由获取养分和水分。

图 2-16　美国生产的灭茬耙

---

* 英寸为非法定计量单位，1 英寸＝25.4mm。——编者注

美国 Wil-Rich 生产的垂直耕作机（图 2-17），间距为 30cm，配套功率为 175kW 的拖拉机，时速 13～19km/h 时可获得最佳效果。可以将凿子犁转换为垂直耕作工具，以便农田通气、干燥，该类机具是管理高残茬作物的理想工具。

图 2-17 美国 Wil-Rich 生产的垂直耕作机

美国 John Deere 公司生产的 2623VT 立式联合整地机（图 2-18），具有 8.05～12.4m 范围，共 5 个宽幅。耙片间距为 18.4cm，作业深度为 7.6cm，功率要求为 175kW，工作速度为 11.3～16.1km/h。

图 2-18 John Deere 公司生产的 2623VT 立式联合整地机

美国 John Deere 公司生产的条状耕作机（图 2-19），单点深度控制，间距 76cm，专为极端残茬条件而设计。采用 12 行和 16 行两种配置，其运输宽度分别为 5.33m 和 5.77m，运输高度分别为 3.91m 和 4.17m。若使用 1910 拖拉机，则 12 排条状耕作机的功率要求为 317kW 以上，16 排条状耕作机的功率要求为 354kW 以上。

图 2-19　John Deere 公司条状耕作机

三、行政政策

1. 美国

美国首先在政策上强制和引导农民采用保护性耕作技术，如美国第一部土壤保护法（Soil Conservation Act of 1935），要求农场主尽可能采用能够保护土壤的措施；农村发展法（Rural Development Act of 1972）和食品安全法（Food Security Act of 1985）都要求在易受侵蚀的地方，如果不采用保护性耕作相关技术措施，将得不到政府的任何补贴；美国还将保护性耕作列入 1985 年开始的粮食安全计划（Food Security Act of 1985）。美国联邦政府和各州出台了一系列制度和政策，促进农业生产和资源环境保护。

首先，实行耕地轮作休耕、种植覆盖作物等制度。美国的耕地轮作休耕制度始于1985 年，通过农民自愿参与和政府财政补贴，实施 10～15 年的休耕等长期性植被恢复保护工程，鼓励农户种植覆盖作物，以改善土壤质量、水质，修复当地野生动植物生态环境。

其次，建立了系统完备的法律体系，农业生态环境保护治理有法可依。在农业资源保护和管理方面，美国联邦政府和州层面出台了一系列法律和政策措施，为农业可持续发展提供保障。美国于 1977 年便出台了《土壤和水资源保护法案》，在建立起法律法规体系和技术标准体系的同时，还赋予了美国农业部更大的在自然资源保护提升战略评估和规划方面的权利，在 2018 年更新的《农业法案》中，将"农业提升"作为进一步优化耕地项目和可持续农业的主题。机构方面，美国成立了"国家土壤保护局"，设立专项经费用于研究、示范、推广保护性耕作技术，联邦立法规定高侵蚀土地必须采用保护性耕作，各相关州政府也成立了相应的机构。此外，美国各州和地方政府也出台了相关的支持政策。这些政策对农场主实施保护性农业措施、改善环境质量具有激励作用。

再次，政府每年拨出专项经费，支持保护性耕作技术的长期研究与配套新农机具的研发。半个多世纪以来，美国农业部农业研究局每年安排专项经费支持保护性耕作技术方面的长期研究与新技术开发，并在 6 个主要类型区设立了多个试验站进行保护性耕作研究开发工作。各级政府也给予保护性农业一定的补贴，例如，北卡罗来纳州通过联邦和州两级财政每年补贴 2 500 万美元，对自愿实行轮作休耕的农户给予每英亩* 35～40 美元的补贴。还通过减少农业保险投资额、提供低息贷款购买免耕播种机或者一次性补助 300～430 美元/hm² 用于购买机具等方式，促进农场主实施保护性耕作。

最后，加强宣传教育培训工作，引导农场主自觉实施保护性耕作。联邦政府免耕播种协会通过对实施保护性耕作的农场应用效果进行综合调查，采用数据采集、田间实地参观、免耕播种采集、田间实地参观、免耕播种机操作培训等方式，以事实带动农场主实施保护性耕作，并阐明环境保护和自家农场土地可持续发展之间的关系，引导农场主自觉实施保护性耕作。

2. 澳大利亚

澳大利亚在推广保护性耕作初期，对农民购买免耕播种机给予 50% 的补贴，对改进机具、技术示范、人员培训给予 70% 的补助，同时，澳大利亚在税收、农机用油等方面还给予一定的优惠政策。

（1）农机补贴机制。在澳大利亚，保护性耕作机具系统的不断完善与发展极大地推进了保护性耕作技术的应用与推广。澳大利亚政府为了加速保护性耕作的推广速度，对购置免耕播种机的农民补助 10% 的费用；一些农民为了节约投资，把现有的传统播种机修改成为免耕播种机，政府也会支付 50% 的修改费，例如位于新南威尔士州的卡诺农业研究站就帮助农民修改播种机，并代理政府支付修改费。

（2）可持续发展基金。澳大利亚建立了农业可持续发展基金，用于农业生态环境保护用途，各级政府可以从中获得资金支持。例如，为了恢复和保护生态环境、减少地方政府在事权和财权上的相互推诿，1997 年澳大利亚环境部和农牧业部共同成立

---

* 英亩为非法定计量单位，1 英亩≈4 046.86m²。——编者注

了预算总额为 15 亿澳元的自然遗产保护信托基金会。该基金会通过对项目提供资金帮助，带动了其他资金的投入，促进了联邦和州两级政府在自然资源管理、环境保护和农业可持续发展相关政策的协调和统一。在农业方面，该基金近年来的最重要贡献是改善了澳大利亚农业主产区，以鼓励农民使用保护性耕作、生物防治、天然农药、低氮低磷化肥等环境友好型技术，同时为农民从事生态恢复的投工投劳支付报酬。

（3）农业生态补偿机制。澳大利亚向潜在排放污染或破坏生态的农业生产者征收一定的税收，用来补偿其对生态环境的破坏。例如，针对畜牧业的温室气体排放，向畜牧业生产者征收一定的税费。近年来，政府还探索实施"押金-返还"制度，实现对生态的补偿。例如，规模化畜禽养殖企业生产之前必须缴纳一定的押金，保证企业将其畜禽粪便转化为有机肥，并合理施用到田间。这样，企业在某一地区生产，就必须租用一定面积的耕地来消纳粪肥。而且，押金是否返还给企业必须通过验收来决定，通常是将土壤质量同邻近未遭破坏的相似区域进行比较。如果企业未能通过验收，那么保证金就会被罚没，充实到农业可持续发展基金中。为了避免加重企业负担，澳大利亚政府并不要求用现金支付保证金，而是通过银行或其他经认可的财政机构采用全额担保的方式实现保证金的财务担保。

3. 欧洲和非洲国家

欧洲和非洲国家通过启动生命计划（Life Project），用于支持保护性耕作技术研究与示范。计划的实施使得欧洲近 20 年的保护性耕作得到大规模的推广应用，保护性农业被列入政府工作的重要议事日程，国家从政策和投入上加大支持力度。欧盟通过结合农业和农村经济的发展目标，分步确立阶段实施目标，采取有效措施，推进保护性耕作技术的大面积推广应用。得益于欧盟成员国对农业给予的高度重视，欧盟财政收入的 49% 用于农业补贴，其中主要补贴粮食的生产和流通，欧盟成员国的粮食流通技术也比较先进。

欧洲共同农业政策（CAP）也是确保保护性农业落地的中央政策平台，欧洲农业自 20 世纪中期以来不断发展，最初主要关注粮食生产，CAP 在过去的几十年不断强调环境问题和增加农业与环境政策之间的联系。欧盟的担忧在于农业生产、全球粮食安全、环境优先问题的 CAP 改革。其他的相关问题包括自然资源的可持续性、减缓气候变化、提高竞争力等。欧盟委员会、欧洲议会、欧洲经济和社会委员会为未来 CAP 确定了三个总体目标：可行的粮食生产策略；自然资源的可持续管理和气候行动；领土发展。"精明增长"的概念也包括在欧盟 2020 战略中，指的是更好的资源效率和竞争力。专家 Basch 在 2012 年提出了一个详细清单，该清单确定了保护性耕作的好处，包括水土保持和环境保护，以及降低生产成本、优化作物产量、增强竞争力。在所有目标中，CAP 要求尊重自然条件和环境，同时优化生产。保护性耕作和这些目标密切相关，它增强了环境保护和生物多样性，节约能源，促进更高效的资源利用，保护土壤健康和作物对气候变化适应力的弹性。

　　但是考虑到欧洲各地区地理、气候、生态、文化传统的不同，以及欧盟政策和方案的推拉效应，未来保护性耕作将在欧洲应用更为广泛，农作物产量、性能、稳定性及运营成本、环境政策和气候变化等将成为保护性农业在欧洲扩展实施的主要驱动力。

第三章
中国保护性农业

　　中国在5 000年的农耕历史中，始终重视将农业用地养地相结合，重视土壤保护和合理利用，在历史上曾以轮作复种、间作套种、用地养地相结合的精耕细作，创造了世界上"无与伦比的耕作方法"，积累了丰富的土壤耕作管理经验和知识。随着时代的变革、社会的发展、经济的需求、环境的变化，同时与国际上保护性耕作的思想相结合，中国逐渐形成了多种符合国情的具有中国特色的保护性农业技术与模式。中国保护性农业与国外保护性耕作既有相同之处，又具有自身鲜明的特点。

第一节　中国保护性农业概述

一、中国保护性农业的概念、内涵及拓展

　　中国对保护性农业尚未有明确的定义，由于保护性农业是在保护性耕作的基础上发展而来的，因此在国内目前仍多被理解为保护性耕作，或称保持性耕作。

　　最初，中国学者将保护性耕作定义为：保护性耕作是以水土保持为中心，保持适量的地表覆盖物，尽量减少土壤耕作，并用秸秆覆盖地表，减少风蚀和水蚀，提高土壤肥力和抗旱能力的一项先进的农业耕作技术。

　　受国际保护性耕作思潮的影响，我国早期的保护性耕作强调免耕、少耕和作物秸秆的覆盖。特别是农业部在2003年印发的《保护性耕作技术实施要点（试行）》中指出：保护性耕作技术是对农田实行免耕、少耕，尽可能减少土壤耕作，并用作物秸秆、残茬覆盖地表，减少土壤风蚀、水蚀，提高土壤肥力和抗旱能力的一项先进农业耕作技术，主要应用于干旱、半干旱地区农作物生产及牧草的种植。并提出保护性耕作包括的四项技术内容：一是改革铧式犁翻耕土壤的传统耕作方式，实行免耕或少耕。免耕就是除播种之外不进行任何耕作。少耕包括深松与表土耕作，深松即疏松深层土壤，基本上不破坏土壤结构和地面植被，可提高天然降雨入渗率，增加土壤含水量。二是将30%以上的作物秸秆、残茬覆盖地表，在培肥地力的同时，用秸秆盖土、根茬固土，保护土壤，减少风蚀、水蚀和水分无效蒸发，提高天然降水利用率。三是

采用免耕播种，在有残茬覆盖的地表实现开沟、播种、施肥、施药、覆土镇压复式作业，简化工序，减少机械进地次数，降低成本。四是改翻耕控制杂草为喷洒除草剂或机械表土作业控制杂草。

2007年，《农业部关于大力发展保护性耕作的意见》中将保护性耕作的概念修订为：保护性耕作是以秸秆覆盖地表、少免耕播种、深松及病虫草害综合控制为主要内容的现代耕作技术体系。《农业部关于大力发展保护性耕作的意见》中还强调，保护性耕作具有防治农田扬尘和水土流失、蓄水保墒、培肥地力、节本增效、减少秸秆焚烧和温室气体排放等作用，指出发展保护性耕作是对传统耕作制度的一场革命。

2011年，农业部办公厅印发《保护性耕作项目实施规范》和《保护性耕作关键技术要点》，指出保护性耕作的基本特征是不翻耕土地，地表由秸秆或根茬覆盖，把"提高粮食产量、保护生态环境和提高农业生产经济效益"作为实施保护性耕作的主要目的，提出保护性耕作的三大目的：①改善土壤结构，提高土壤肥力，增加土壤蓄水、保水能力，增强土壤抗旱能力，提高粮食产量；②增强土壤抗侵蚀能力，减少土壤风蚀、水蚀，保护生态环境；③减少作业环节，降低生产成本，提高农业生产经济效益。根据保护性耕作技术原理和不同区域发展保护性耕作的实践，提出东北垄作区、长城沿线农牧交错区、西北黄土高原区、西北绿洲农业区、黄淮海两茬平作区、南方水旱连作区六大适宜区域的关键技术要点和推荐技术模式。

同时期（2010年），高旺盛等学者在保护性耕作概念的基础上提出了保护性耕作制（conservation farming system）的概念，保护性耕作制是指在保护性种植制度的基础上，以保护水土资源和农田生态健康为核心，建立土壤多元轮耕技术和多元化覆盖技术体系，减少水土侵蚀，改善农田生态功能，保持稳定持续的土地生产力和经济效益，并得到社会广泛应用的可持续农作系统。明确提出了保护性耕作制的四大技术系统：①保护性作物种植制度（conservation cropping system，CCS），如间作套种、带状种植、农林复合等；②保护性土壤耕作制度（conservation tillage system，CTS），如免耕、少耕、等高耕作、深松耕等；③保护性地表覆盖制度（conservation mulching system，CMUS），如秸秆覆盖、留茬覆盖、沙石覆盖、地膜覆盖、绿色植物覆盖等；④保护性农田综合管理制度（conservation management system，CMAS），如农田灌溉、作物播种、施肥、病虫草害防治等。各个系统之间彼此相辅相成，共同组成保护性耕作制。这一概念的提出，进一步改变了传统意义上保护性耕作的单一机械化少免耕或者高留茬覆盖等为主的主流认识，使得该项技术由单一向集成化转型，将保护性耕作制建设与机械、耕作、种植、管理等技术环节统筹考虑，形成技术标准与规范，不断提高保护性耕作制的科学化与标准化。

二、中国保护性农业的产生和发展

传统的保护性耕作在中国具有悠久的历史，可以说，保护性耕作在我国早有实践。《吕氏春秋》中已有"凡耕之大方，力者欲柔、柔者欲力……湿者欲燥、燥者欲湿"的论述；公元6世纪的农学巨著《齐民要术》中也已有一系列有关防旱保墒土壤耕作技术的记载。这些土壤耕作措施提倡土壤耕作应根据土壤、气候等资源的实际情况，采用适宜的技术措施，从而达到保土、保墒、增产的目的。《齐民要术》中记载的直播方法，其实就是最早的免耕。明清时期在我国甘肃陇中地区发展起来的沙田，采用河流石子铺地三四寸，耕种时拨开沙石，将种子放入其中，再取沙石掩盖，可在年降水量200～300mm的干旱条件下，取得粮菜瓜果的高产丰收。自古以来，东北地区实施垄作制度，西北、西南地区实施坡地上的梯田、等高耕作、水平沟、坝地、沙田等水土保持工程，华北平原与南方地区实施铁茬播种、板田播种、套作等具有区域特点的以人畜力为主的传统性耕作方法，近几十年来，各地又涌现出机械化深松耕法、沟播法、铺膜播种、坐水种、耙茬播种、硬茬播种、覆盖减耕和保护性耕作法等一批抗旱耕作法，以上各种制度、工程、方法都具有了保护性耕作的思想，并积累了丰富经验，可谓是我国保护性耕作技术的萌芽和积累阶段。

中国真正意义上的保护性耕作技术的研究和实践，始于20世纪60年代，在吸收国外保护性耕作先进技术的基础上，针对我国农业生产实际，经过近60年的理论研究和科研实践，逐渐从免耕等单项技术的试验研究至秸秆覆盖免耕、农机农艺结合，发展到保护性耕作制，再到当前的气候智慧型农业示范与实践。

（一）保护性耕作单项技术试验研究阶段

20世纪60年代初期，我国开展了适应于不同区域特点的保护性耕作单项技术的试验研究，例如黑龙江国有农场开展了免耕种植小麦试验，江苏开展了稻茬免耕播种小麦试验；20世纪70年代，部分高校和农业科学院在东北地区原有垄作的基础上，发展了耕松耙相结合、耕耙相结合、原垄播种、掏墒播种等行之有效的土壤耕作法，达到了保墒、抢农时、提高地温、防止风蚀的目的；在北京和河北主要研究了玉米的免耕覆盖技术；在西北地区重点研究了等高带状间隔免耕，发展了种草覆盖、秸秆覆盖、隔行耕作等措施，有效防止了水土流失、保墒施肥，改善了土壤特性，增加了作物产量，例如原西南农业大学（现西南大学）开展了水稻自然免耕法的研究；20世纪80年代，陕西省农业科学院开展了旱地小麦高留茬少耕全程覆盖技术研究；山西省农业科学院研究了旱地玉米免耕整秆半覆盖技术，一年两熟地区少免耕栽培技术等；东北地区进行了秸秆覆盖与垄作结合的少免耕、玉米免耕直播、半湿润地区大规模机械化深松耕、垄耕等保护性耕作技术的探索研究并获得成功。这些试验研究多以人畜力作业为主，主要以抗旱增产为主要目标，从不同的方面推动了我国保护性耕作的前期进展，特别是使华北夏玉米免耕播种技术得到快速发展。但受技术、机具及社会经济发展水平等因素的限制，这些技术只在部分地区进行小规模的示范试验，推广应用面积不大。

（二）保护性耕作在我国的适应性研究

进入 20 世纪 90 年代，农艺农机结合的保护性耕作系统试验开始，农机系统根据我国广大农村地块小、拖拉机动力小、经济购买力弱等有别于美国、加拿大、澳大利亚等国的国情，积极开展了适合旱作地区的轻型免耕播种机、深松机、浅松机和适合一年两熟高产地区的驱动型免耕播种机创新研究，保护性耕作的应用面积得到快速增长。中国农业大学、山西省农机局与澳大利亚从 1993 年开始合作，在山西省进行保护性耕作试验研究，历时 9 年，已基本形成了以保水保土、增产增收、保护生态环境为目标，以中小型农机具为实施手段的旱地农业保护性耕作体系，并逐步在山西、河北、陕西等地推广，解决了免耕播种时深施化肥的问题，能在贫瘠的土地上获得较高的产量。这一阶段的研究成果，为我国北方一年一熟区保护性耕作机具研发奠定了基础，证明了保护性耕作在我国的适应性，解决了保护性耕作是否可行的问题，研究形成了一系列先进实用的中小型保护性耕作机具，解决了实施保护性耕作的手段问题，初步建立了以培育保护性耕作农机专业户、种粮专业户、农机服务组织为主体的推广机制，建成了一批较为规范的保护性耕作长期定位试验基地，山西省农机局在国内率先开展保护性耕作示范推广工作。20 世纪 90 年代中期，中国农业科学院等单位，开展了冬小麦北移的保护性耕作试验，并与农业部共同建立了中国保护性耕作网。1999年，农业部成立了保护性耕作研究中心，从而进一步加强了技术体系的研究和国际交流。这一阶段，我国在适合我国国情的保护性耕作机械设计和耕作技术方面取得较大进展，证明保护性耕作适合我国国情，在小地块同样可以实现机械化作业。

（三）中国保护性耕作制形成阶段

2000 年以后，随着现代农业技术的进步，中国保护性耕作逐渐进入了系统集成和分区域实践应用阶段。在技术研究集成方面，2004 年，科技部、农村部、财政部、国家粮食局联合启动了"粮食丰产工程"重大科技专项"粮食主产区保护性耕作制与关键技术研究"课题，突出了"农艺技术为主，农机农艺配套；高产粮田为主，突出节本增效；技术集成为主，研究示范结合"的总体思路，由中国农业大学牵头建立了"中国保护性耕作协作网"，对我国保护性耕作制进一步深入开展研究发挥了积极推动作用。在"十五"的基础上，"十一五"期间，国家科技支撑计划重点项目"保护性耕作技术体系研究与示范"，重点围绕农田、保土、保水、防沙及秸秆还田的技术需求，集中力量、重点突破，重点研究与保护性耕作密切相关的土壤耕作关键技术及轮耕模式、农田地表覆盖保护技术、保护性耕作条件下稳产高效栽培技术等关键技术，逐步形成了有中国特色的保护性耕作制。

在配套农机具的研究方面,"十五"期间,重点研究了华北两熟区秋季玉米收获后小麦少免耕播种技术与机具。解决在大量玉米秸秆覆盖的条件下,小麦免耕播种机秸秆堵塞和保证播种质量问题。经过近 10 年的攻关研究,先后形成适合多种秸秆覆盖条件的带状、浅旋、少耕播种、条带粉碎免耕播种、驱动圆盘免耕播种等动力驱动型小麦免耕播种技术与机具;部分省市还形成了适合玉米秸秆青贮地的牵引式小麦免耕播种技术与机具。目前这些技术已经基本成熟,已有近 20 个企业生产动力驱动防止秸秆堵塞小麦免耕播种机。我国在一年两熟区周年保护性耕作技术方面处于国际领先水平,联合国粮食及农业组织、国际土壤耕作组织、欧洲保护性农业联盟等国际知名组织对这项技术给予了高度评价,多次要求有关技术人员在保护性耕作国际会议上介绍相关技术。"十一五"期间,在国家和农业农村部项目支持下,我国开始研究垄作保护性耕作作业工艺与技术模式,同时,研究解决垄作条件下免耕播种机的秸秆堵塞、掉垄、修垄等问题,形成一套适合垄作条件的玉米少免耕播种技术与机具。与此同时,在长江流域、西北绿洲农业区也开展了保护性耕作技术的探索性研究,初步研究成果表明,在长江流域水田区实施保护性耕作同样可以实现机械化作业,节本增效,培肥地力;在西北绿洲农业区实施保护性耕作,可以提高土壤保水抗旱能力,有效减少灌溉用水,减轻土壤风蚀、水蚀,增加产量。

在示范推广应用方面,2002 年,农业部在山西省召开我国第一次全国性保护性耕作现场会,这标志着我国保护性耕作已由局部地区的技术研究转为更大范围的示范。当年,中央财政设立了专项资金,加大保护性耕作技术的试验推广力度,农村部启动保护性耕作示范工程,在我国北方 8 个省份 38 个项目县示范推广保护性耕作,以建设环京津和西北风沙源头区两条保护性耕作带为目标,在北京、天津、河北、内蒙古、辽宁、山西、甘肃、陕西北方 8 个省份建立了 38 个保护性耕作示范县,标志着我国保护性耕作的示范推广进入了新的阶段。从 2002 年起,中央财政每年投入 3 000 万元,支持保护性耕作的推广应用。在中央资金的带动下,北京、天津、山西、河北、内蒙古、辽宁、吉林、山东、河南、陕西、甘肃、宁夏、青海、新疆等省份也建设了一批省级保护性耕作示范区和试验点。2005 年,中央 1 号文件提出"改革传统耕作方法,发展保护性耕作",保护性耕作的研究、示范、推广应用纳入了国家农业发展的轨道。

与此同时,农业部先后组织制定了《保护性耕作技术实施要点》《保护性耕作项目实施规范》《保护性耕作实施效果监测规程》等技术文件和管理规范;组织编写制作了《保护性耕作技术培训教材》《保护性耕作宣传画册》《保护性耕作机具参考目录》《保护性耕作宣传片》等资料;多个省份先后以政府名义印发了发展保护性耕作的意见,加大了推广实施力度;开展保护性耕作机具试验选型,向农民公布保护性耕作推荐机具;各级政府农机部门充分利用电视、广播和报纸杂志,进行广泛的宣传报道；利用现场会、展览会等形式，对农民和基层技术骨干进行培训，提高农民的认识程度；农业部于2005年成立了部级保护性耕作专家组，各地也纷纷成立省级、县级保护性耕作专家队伍；在主要类型区设立效果监测点，跟踪监测保护性耕作应用效果。2006年，农业部与北京市政府签订协议，用3年时间，在北京全面实施保护性耕作，截至2007年底，中央财政累计投入1.7亿元，加上地方投入，保护性耕作技术已在我国北方15个省份的501个县设点示范，实施面积3 000多万亩，涉及400多万农户。

（四）中国保护性耕作常态化应用实践阶段

随着我国保护性耕作技术试验研究的深入，形成了较为成熟的适应我国国情的技术模式，研制开发了一批保护性耕作专用机具，初步形成了推广保护性耕作的运行机制，示范应用取得了一定成效。一年一熟区已基本具备推广条件，一年两熟区也已取得了较好的效果，特别是保护性耕作在减轻农田水土侵蚀、提高农田蓄水保墒能力、提升农田耕层土壤肥力和省工、省时、节本增效等方面的技术效果，得到了项目区农民的认同和当地政府的重视。

2009年，农业部与国家发展和改革委员会共同编制印发了《保护性耕作工程建设规划（2009—2015年）》，将我国北方15个省份和苏北、皖北地区划分为东北平原垄作、东北西部风沙干旱、西北黄土高原、西北绿洲农业、华北长城沿线、黄淮海两茬平作6个保护性耕作类型区，以县（农场）为项目单元，建设600个保护性耕作工程区（共2 000万亩）。通过项目建设与辐射带动，新增保护性耕作面积约1.7亿亩；建设国家保护性耕作工程技术中心1个。同时提出了涉及部门协作、项目管理、农艺措施、科技支撑、社会化服务、培训宣传等一系列保障措施。通过规划的实施，加快保护性耕作普及应用步伐。与此同时，农业部在2011年又对《保护性耕作技术实施要点》《保护性耕作项目实施规范》等进行了修订。随着保护性耕作工程建设规划的出台，以及农业部保护性耕作示范工程项目的继续实施，我国保护性耕作推广应用的技术支撑体系将得到逐步加强；黄土高原一年一熟区的技术模式与免耕播种机逐步升级；一年两熟区的夏玉米免耕播种机升级为防堵性能更强、能实现精量播种的机具，小麦免耕播种机种类逐步增加；垄作区的少免耕播种机更加完善；西北绿洲农业区保护性耕作技术模式与配套机具逐步形成，并加以完善；长江流域的保护性耕作技术模式与配套机具基本形成。

2015—2020年，在"世界银行/全球环境基金"的支持下，气候智慧型粮食作物生产项目等分别在安徽怀远和河南叶县实施了以"化肥减量施用技术、农药减量施用与病虫害综合防治技术、优化灌溉技术、机械化秸秆还田与保护性耕作固碳技术"等4项技术为核心的气候智慧型保护性农业的研究与实践。2020年，农业农村部和财政部联合印发关于《东北黑土地保护性耕作行动计划（2020—2025年）》，指出将东北地区玉米生产作为保护性耕作推广应用的重点，兼顾大豆、小麦等作物生产，重点推广秸秆覆盖还田免耕和秸秆覆盖还田少耕两种保护性耕作技术类型。提出力争到2025年，保护性耕作实施面积达到1.4亿亩，占东北地区适宜区域耕地总面积的70%左右，形成较为完善的保护性耕作政策支持体系、技术装备体系和推广应用体系。经过持续努力，保护性耕作成为东北地区适宜区域农业主流耕作技术，耕地质量和农业综合生产能力稳定提升，生态、经济和社会效益明显增强。

三、中国发展保护性农业的意义

据联合国粮食及农业组织出版的《世界农业：走向2015/2030年》所阐述的观点，未来10~20年，保护性农业将会有一个大发展，并对农业可持续发展产生积极的促进作用。我国发展保护性农业已势在必行。

（1）发展保护性农业符合科学发展观的要求，是构建和谐社会的需要。实现人与自然和谐发展是社会主义和谐社会的一个基本特征。保护性农业在发展生产的同时，改善了生态环境，实现了人与自然和谐相处、和谐发展，是构建社会主义和谐社会的重要体现。

（2）发展保护性农业有利于农业可持续发展。保护性耕作技术依靠作物残茬覆盖，保护土壤，减少水土流失和地表水分蒸发，增加土壤有机质，不仅是提高粮食产量、增加农民收入的有效途径，而且是提高农业综合生产能力、促进农业可持续发展的重要措施。

（3）发展保护性农业是发展循环经济、保护生态环境的重要措施。保护性农业可以使农作物秸秆得到循环利用，保护性农业不仅对抑制沙尘暴有明显作用，而且可以避免秸秆焚烧，减少大气污染，保护生态环境。从这个意义上讲，保护性农业填补了农区生态环境建设的空白，丰富了可持续发展的内涵。

（4）发展保护性农业是农民增收、农业增效的要求。保护性农业不仅可以减少投入，减少劳动力的需求，降低生产成本，而且可以提高粮食产量，促进农民增收，是建设现代农业的一个很好的切入点。

（5）发展保护性农业代表了我国农业发展的必然趋势。从目前我国农业发展的现实情况看，由于农业生产不断追求高产，大量投入化肥、农药，土壤过度耕作，劳动力需求大，生产成本不断增加、居高不下，农业生产比较效益降低，严重影响到农民生产的积极性。我国的耕地的面积不到世界耕地的10%，氮肥使用量却占世界氮肥使用量的近30%。过度耕翻使土壤表层形成细小的粉尘，在没有覆盖的条件下极易被大风扬起，形成"沙尘暴"。裸露的地表水土流失严重。随着经济的发展以及小城镇建设，每年有大量劳动力投入到二三产业，农业生产劳动力紧缺。保护性农业可将复杂的农业生产环节简单化，提高劳动效率，降低作业强度，降低生产成本，提高农业生产效益。

第二节　中国保护性农业关键技术

一、土壤耕作技术

综合我国保护性耕作中主要的土壤耕作技术，根据其作用目的和方法的不同，基本上可以将其划分为以下两种类型，一是以改变微地形为主的等高耕作、沟垄耕作等技术，主要是根据地形地貌特征和气候特点，利用农机具对地形进行改造，人为创造沟垄改变地表状态，减少土壤侵蚀；二是改变土壤物理性状为主的少耕、深松、免耕等技术，这类技术以"少动土"为重要特征，主要通过改变耕作方式、次数和面积，创造松紧适度的土壤结构，为作物生长发育创造适宜的环境。

（一）垄作耕法

垄作耕法是我国东北地区的传统耕法，沿用年代久远，与西汉时代（公元前120年）所推广的代田法近似。

1. 垄作耕法的地面特征

在作物收获后，使垄高为14～18cm。标准垄形为方头垄。一年中，有方头垄、张口垄及碰头垄的垄形变化。垄距60～70cm，大于这一垄距范围抗旱抗涝能力增强，但不能合理密植；小于该垄距范围耕层不够深厚，不耐旱涝，而且易被冲蚀。

垄作耕法田间见图3-1。

图 3-1　垄作耕法田间

2. 垄作耕法的农具

原始的垄作耕法农具主要是木制大犁，犁铧呈三角形，其农艺是半翻转土层，很少产生垡块，作业省力。作业深度为6～8cm，做成的垄体耕层深度为16～18cm，垄沟松土8～10cm。目前将原始的木制大犁改进成配套拖拉机的铁制犁。进行起垄和中耕作业，采用播种、施肥等多项作业一次完成的播种机。

3. 垄作耕法的作业环节

垄作耕法，目前将原始的扣种、攥种改为机械起垄，或深翻后耕平，秋季起垄或春季起垄，垄上开沟播种，苗期后中耕培土。

（二）深松耕法

深松耕法是在翻耕基础上总结出的一种适合于旱地耕作的保护性土壤耕作方法。它利用深松铲疏松土壤，加深耕层而不翻转土壤，达到调节土壤三相比，改善耕层土壤结构，减轻土壤侵蚀，提高土壤蓄水抗旱的能力。

1. 深松耕法的农机具

深松耕法的配套农机具为深松犁（图3-2），因机械不同，深松铲数量不等。

2. 作业方法

在垄作条件下，垄沟、垄台、垄帮均可以进行局部深松，也可进行垄翻深松加垄沟深松，平作条件下采取耙茬间隔深松，消灭部分犁底层。为适应不同作

图 3-2　深松犁

物、气候和土壤的要求与特点，有多种耕作法，形成各种纵向虚实比例的耕层结构。

（1）垄作深松。

① 垄沟深松。在秋收后、播种同时、作物幼苗期均可进行垄沟深松。东北地区在第一次中耕时深松效果最佳，因为这时正值雨季来临，可以蓄积大量雨水。总之，垄沟深松应在雨季前进行，若深松后没有降雨，反而加重土壤失水。

② 垄底深松。在倒垄时，先在原垄沟深松而后倒垄，也可配合新垄的垄沟再进行深松。

③垄帮深松。在第一次中耕时，结合垄沟深松的同时以2cm宽的深松铲在垄帮上深松，深松深度为14～15cm。

（2）平作深松。

①耙茬深松。在平作地一般以70cm的间隔深松，可形成1∶0.8虚实比的耕层结构。

②松耙深松。在较黏重土壤的平作地上，先深松一个行距内的某个部位，后耙表土，最后深松另一个部位，一次作业完成。

总之，无论是垄作深松还是平作深松，深松的深度都以打破犁底层为限。

（三）少耕法

1. 保留翻地环节的少耕

（1）保留翻地而去掉耙环节的少耕法。此法翻后直接播种，以免表土过于松碎引起风蚀。这种耕作法必须在土壤宜耕状态翻地，翻地质量较好而且没有大垡块，底土储水较多的条件下采用。

（2）保留翻、耙、耕作业环节，去掉中耕的少耕法。西方普遍认为中耕的目的就是除草，因而用除草剂可以代替中耕，而我国传统农业认为中耕的目的是调整土壤孔隙和除草。研究表明，铲耥的土壤中 CO_2 少。东北三省 1980—1983 年的少耕联合试验结果表明，在翻地基础上连续 1～4 年减少中耕次数，以不少于两次为宜。美国普渡大学试验中，有 4 年中耕增产，1 年减产，认为中耕可增加储水量，可破除板结，减轻坡地上的水土流失。各地的结果不尽相同，减少中耕应根据各地的具体条件确定。

2. 免去翻地环节的少耕

（1）连年耙茬。黑龙江省农垦九三管理局科研所谢民泽经多年试验，研究出连年耙茬法，并在该局推广应用，收到了节约能源和增产的效果。由于九三地区黑土层厚，有机质含量达到 4%～6%，土壤质地适中，并有长期冻耕作用，没有必要疏松深层土壤。

（2）凿形犁的少耕。欧美国家在旱田使用凿形犁（凿形铲）全面深松较多。一般耕层达到 20～25cm，全耕层疏松，可将残茬的 2/3 混于土层，1/3 留在地面覆盖土壤，防止风蚀。

（3）旋耕。旋耕是用旋耕机全面旋松 10cm 土层，属浅土层耕作，省工，省力，降低成本。但是连年旋耕，失掉了底土的深耕后效，底土过硬。

（4）免去翻地的垄作。为避免秸秆覆盖后影响表土的增温作用，将秸秆覆于垄沟中，垄台裸露，继续保持垄台的增温作用，年年不破垄台，直接在耕过的垄台上播种，每年在秸秆下进行中耕两次。秸秆覆盖垄作的优点是防止机轮对土壤的压实，并具有保水、培肥土壤的作用。

（四）免耕法

由于留有作物残茬保护地面，免耕法可降低地表风速，防止土壤迅速干燥，又不翻动土层，土壤受风蚀影响较少。在坡地上用免耕法种植玉米，对土壤的保持作用几乎与草地的效果相当。

1. 免耕法的技术机理

（1）生物措施。利用秸秆、残茬或死亡牧草覆盖地面，代替表土耕作和施有机肥，这样可以减轻雨水对土壤的冲击及其对土壤的沉实作用；以作物根系穿插、排挤和土壤生物作用代替土壤耕作的深层疏松土壤作用。

（2）化学措施。利用除草剂代替全部耕作除草，利用杀虫剂和杀菌剂代替耕作翻埋虫害与病菌等作用。

（3）机械措施。由于地面长期覆盖秸秆，必须有特殊的播种机切碎播种行上的秸秆，避免其堵塞开沟器和影响覆土，保证播种质量。另外，必须配备防除杂草、防虫、防病的植物保护机械，以及具有秸秆切碎覆盖功能的相应收获机械。

2. 免耕法评价

（1）免耕法的优点。地面由秸秆、残茬或牧草覆盖，水土流失和风蚀现象明显减轻，同时可缓和降雨强度，减少雨滴直接打击表土和土粒移动，也减轻对团粒结构的破坏。

秸秆覆盖减少水分蒸发，使表土经常保持湿润，地面不易形成板结层；根系孔隙保持渗透性，增加储水量。覆盖的作物秸秆和作物根系腐解后增加表层土壤有机质含量、免耕法免去耕作作业，可节约能源和资金，投入少，成本低。在生育期一季有余而两季不足时，采用免耕法前作物收获当天就可直接播种后茬作物。扩大复种面积，争取更多积温。

（2）免耕法的缺点。免耕条件下多年生杂草发生严重，需要有高效而杀草谱广的除草剂；病虫害严重，防虫防病用药量大；农药成本并不低于常规耕作法的成本，同时还加重环境污染。

秸秆覆盖使太阳光不能直接照射到地面，在作物生长季节内，10cm 土层的温度，常规耕作地段白天比免耕地段高出 1～3 ℃（夜间则相反），导致高纬度地区春播作物的播种与出苗推迟，有时延迟 10d 左右，不利于安全成熟。

地面覆盖和地表增湿降温的条件，促使土壤呈酸性，而且在秸秆分解过程中产生一种带有苯环的有毒物质。

综上所述，以秸秆覆盖及除草剂代替土壤耕作以保持水土，维护和提高土壤肥力的效果极明显，但是也构成了特殊的土壤环境。在低纬度、斜坡地、粉沙地以及轻质土壤上，采用免耕法作物有增产的趋势；而在低湿地、黏重土壤上，土壤通透性不良；在高纬度地区土壤温度成为限制因素，作物产量不高，甚至下降。

3. 冬小麦少免耕技术

（1）冬小麦少免耕技术措施。耙茬少耕、旋茬少耕技术是指华北地区在小麦-玉米一年两熟条件下，于传统翻耕的基础上，秋季将玉米秸秆全部粉碎还田，用重型缺口圆盘耙耙地或旋耕机旋耕土壤后直接播种冬小麦，是以耙、旋代耕的保护性土壤耕作技术。耙茬少耕技术把传统翻耕改为耙耕，地面由大量作物秸秆覆盖，所以耙耕采用重型缺口圆盘耙或驱动滚齿耙进行表土作业。耙秸秆时，耙深为 10～15cm，重型圆盘耙采用对角耙 1 遍，顺耙 1 遍，耙后秸秆掩埋率可达 85％，再用轻耙（圆盘耙）顺耙 1 遍，耙深 8～10cm，达到上虚下实的种床要求。旋茬少耕技术把传统翻耕改为旋耕，玉米秸秆粉碎后采用旋耕机将其旋耕进入土壤播种小麦。旋耕深度为 8～

12cm，一般旋耕 2 遍以达到比较好的小麦播种土壤条件。冬小麦免耕播种是一项新的播种技术，除播种外不再进行其他任何土壤耕作，尽量减少作业次数，是用专用的免耕播种机在有秸秆覆盖的土地上一次性地完成带状开沟、种肥深施、播种、覆土、镇压、扶垄等作业。

（2）冬小麦少免耕技术效应。

①无论秸秆还田与否，少免耕保护性耕作由于减少对土壤的扰动，使得耕层土壤处于相对紧实的状态，可显著地提高土壤毛管孔隙度，这对于保蓄土壤水分具有积极的意义，秸秆还田配合保护性耕作措施，其作用更大。

②秸秆粉碎覆盖免耕措施对棵间无效蒸发的抑制作用效果明显。它能有效减少棵间蒸发和避免耕翻晾晒过程中造成的表土水分损失。采用免耕可以起到作物生长前期蓄水、后期充分供水的作用。耕作方式对土壤蓄水作用差异主要发生在作物生育前期，对于不同土层主要影响耕层土壤水分。

③采取保护性耕作措施，有可能减缓有机碳的分解速率，碳输入量大于输出量，从而增加土壤有机碳的储量，但是随着年份的增加，保护性耕作碳增加速率逐渐减小，最终与传统翻耕速率没有差异。

④小麦免耕覆盖耕作比翻耕能简化播前整地作业，使小麦播种农时缩短 3～5d，能使前茬夏玉米的生长期延长，采用中熟品种，进一步增产。采用小麦免耕播种技术，只需一次操作，就可以完成开沟、化肥深施、半精量播种、覆土镇压、扶垄等多项工作。而这些工作靠常规操作，至少需要两次机械作业和较多人工操作才可以完成。由于减少作业环节，用小麦免耕播种比常规播种可以降低投入 225～300 元/hm²。使用免耕播种还避免了机械多次进地碾压造成的土地板结。由于免耕播种小麦节约了农时，可以延长夏季作物的生长发育时间，特别是玉米晚收增加了夏季作物产量。

小麦免耕播种技术可以做到化肥深施，化肥深施可以有效减少化肥的挥发，大大提高了化肥（尤其是氮肥）的利用率。

4. 夏玉米免耕覆盖技术

在黄淮海小麦-夏玉米一年两熟种植区，一般采用上茬小麦秸秆覆盖、免耕播种机直播玉米、除草剂防除杂草等相配套的一套高产、高效保护性耕作技术体系。夏玉米免耕覆盖模式的形成取决于农村小麦秸秆应用方式的变化和机械化水平的提高。20世纪 80 年代初，随着农业现代化的发展，粮食生产全面实现机械化的需求日益提高。1980 年以前，小麦秸秆主要用作燃料和沤肥还田。夏玉米播种方式为畜力或手扶拖拉机耕翻，人工整地后用畜力牵引播种。1985 年以后，随着农村燃煤和化肥的充足供应，秸秆不再作为燃料，秸秆沤肥费力又费工，因而出现了大面积焚烧秸秆现象。在政府的干预下，农村广大农户采取麦垄点种玉米或小麦收获后原茬点播玉米。1995年以后，随着联合收割机的改进，在小麦收割的同时，小麦秸秆或呈条带堆放，或通过悬挂秸秆切抛机将秸秆切碎并抛撒于田间，进行机械免耕播种玉米。

采用小麦机械化联合收割技术，使小麦秸秆在收获过程中基本得到粉碎，配合秸秆粉碎及抛撒装置，使小麦秸秆均衡分布于田间，玉米采用机械免耕直接播种施肥，或者在冬小麦收获前7~10d套种玉米。夏玉米免耕播种要求小麦秸秆粉碎的长度不宜超过10cm，铺撒要均匀，不成堆、不成垄。选择适宜的品种，种子要经过精选加工和包衣。"麦黄水"可根据土壤质地情况，在小麦收割前4~7d灌溉。未浇"麦黄水"的，可先播玉米，然后再浇"蒙头水"。但浇"蒙头水"时容易造成小麦秸秆堆壅，要注意在浇水后及时将堆塞的小麦秸秆散开，以免影响出苗。小麦收割后尽早播种，一般应在6月15日前完成播种。采用免耕播种机，最好带有分草器，以避免小麦秸秆拥堵。播种深度4~5cm，行距60~70cm。在播种的同时，每亩施长效尿素20~25kg，或长效碳氨60~70kg。

（五）沙田耕法

沙田耕法是以沙砾作为覆盖物的一种保护性耕作法，主要分布在我国西北半干旱向干旱过渡地区，是我国西北旱区农民与干旱、侵蚀做斗争过程中创造的一种蓄水、抗旱、保墒、稳产、增产的耕作法。由于这些地区年平均降水量少，而且多暴雨，一般农田来不及渗透，农田实际接纳雨水量远少于降水量，因此土壤水分成为这些地区农业生产的绝对限制因素。运用沙石覆盖，沙石间隙大，有很好的渗水作用，且保护土壤，滞阻水分蒸发，水分日蒸发量比裸露的减少75%，而且沙石还能吸收太阳辐射，增温快，温差大，促进作物快长早发，产量大幅度增加。农田铺盖沙石前，应饱施粪肥，实行翻耕，铺石后进行播种，此后每年只需免耕播种，不使用其他农作措施，5~10年后待耕层的土壤与沙石混合失效后，经过清沙、施肥、耕作、铺沙重建沙田后，再行利用。沙田的工程量大，素有"累了父亲、富了儿子、苦了孙子"的说法，过去在我国甘肃、宁夏、内蒙古、青海等半干旱旱作农区应用较广泛。

近年来，随着现代机械化技术和节水技术的发展，沙田耕法在西北等土壤瘠薄区域又恢复了发展，面积不断扩大，并成为蓄水、保墒、增温、压碱和保持地力作用与区域生态条件相适应的独有的保护性耕作方法。图3-3为我国宁夏中卫一带沙田西瓜。

图3-3　我国宁夏中卫一带沙田西瓜

（六）等高耕作法

在坡耕地上，耕作播种沿等高线进行，所形成的等高小垄与作物作为减缓水向下流动的障碍物，可以减少径流，减小水蚀，增加土壤水分，起到保土保水的作用，在缓坡地作用较大。美国早期的许多研究资料表明，等高耕作比顺坡上下耕作水蚀减少25％～76％。陕西延安水平沟种植法（图3-4）就是沿等高线用山地犁开沟，沟深0.27～0.3m，幅宽0.53～0.66m，此法可以加深耕作层，拦截径流，减少土壤冲刷，起到保水、保土、保肥、保墒和抗旱、抗寒、抗倒伏的作用。据测定，当坡面小于20°时，在普通降雨情况下，水平沟与平作比较，径流减少80％左右，土壤冲刷减少90％左右。它适用于坡面小于25°的山坡地，宜种糜谷、小麦、豆类、马铃薯等作物。这种耕作法投资小，方法简单，见效快，易普及推广。

图3-4　陕西延安水平沟种植法

（七）梯田种植法

土壤侵蚀受坡度、降雨、风力、植被以及水土保持措施等多种因素影响。梯田种植法在一定程度上消除了坡度的影响，因而有较高的水土保持能力。据牛文元（1981）报道，黄土高原坡耕地上的水土流失量为梯田的7.7倍。

梯田的规格主要包括田面宽度、田坎（亦称地堰）高度和田块坡度三方面。田面宽度不宜太窄，也不宜太宽。太窄了耕作不方便，地坎占地多；太宽了运土量大，劳动力消耗多。机耕作业时适合履带拖拉机操作的田面宽度为15～18m，胶轮拖拉机牵引双铧犁耕作，田面最小宽度应在10m以上，手扶拖拉机操作的田面宽度应在4m以上。田坎高度要根据土质类型、坡度大小等方面来确定。根据陕北黄土区群众经验，田坎最高不应高于3.5m。山东黄县下丁家村的经验是：山坡缓、土层厚的地方，梯田的田坎可低些，田面可宽些，山坡陡、土层薄的地方，梯田的田坎应高些，田面要窄些，但在人多地少的地区，也可修筑梯田。水平梯田是沿等高线把坡地修成的台阶式水平地。为适应山区农业机械化发展的需要，修水平梯田时要求田块连片，田面较宽，地块结实。大弯就弯，小弯取直，修后结合施肥进行翻耕。

图3-5为甘肃省定西市山区梯田。

图 3-5　甘肃省定西市山区梯田

二、秸秆处理与利用技术

保护性农业的核心内容是秸秆残茬与表土处理技术、免耕播种施肥技术、杂草和病虫害控制技术、土壤深松技术 4 项关键技术的组合。通过秸秆覆盖、绿色覆盖等地表覆盖技术使地表少裸露，达到减少土壤侵蚀以及提高土地产出效益；"高保蓄"特征是通过减少土壤的翻动，加上秸秆覆盖作用，有效地控制土壤侵蚀，减少水分的无效蒸发，从而提高水分、养分利用效率。由此可见，秸秆还田技术是保护性耕作制极为重要的一环。

（一）秸秆还田的必要性

我国农作物秸秆年产量为 8 亿 t 左右，其中玉米秸秆占农作物秸秆总量的 36.7%，稻草秸秆占 27.5%，小麦秸秆占 15.2%，粮食作物秸秆占秸秆总量的 90.5%。50% 以上的秸秆资源集中在四川、河南、山东、河北、江苏、湖南、湖北、浙江等省份，西北地区和其他省份秸秆资源分布量较少。稻草主要分布在长江以南的诸多省份，而小麦和玉米秸秆分布在黄河与长江流域之间，以及黑龙江和吉林等省份。政府、社会与学术界共同聚焦如何科学高效地利用农村秸秆资源，扩大秸秆资源利用的综合正面效应。随着中国农业向现代化、简便化方向发展，堆沤肥的减少使农田有机肥源不足的问题日益凸显。科学利用秸秆还田技术，提高秸秆的还田率，不仅能减少资源的浪费和环境污染，还可以提高整个农业生产系统的产出水平，是实现农业可持续发展的重要途径之一。据 2019 年河南省作物秸秆产量和利用情况统计，作物秸秆总产量为 9 195.24 万 t，秸秆收回量为 7 975.5 万 t，秸秆综合利用量为 7 096.13万 t，综合利用率达 88.97%，其中，肥料化、饲料化、燃料化、基料化、原料化利用比例分别为 75.31%、10.20%、2.34%、0.566% 和 0.553%，秸秆的肥料化（还田）利用仍然是河南省作物秸秆利用的主渠道。

（二）秸秆还田的作用

1. 有利于防止风蚀与水蚀，减少蒸发

秸秆覆盖保护土壤免受雨滴拍击，避免了结壳；秸秆阻碍水流，减缓径流速度，

使雨水入渗时间增加，径流大幅度减少，降低了土壤水蚀；秸秆覆盖明显减少阳光直射地面、风力直吹地面，土壤里的水分蒸发也因地表上的秸秆覆盖增加了阻隔层，降低蒸发散失的速度，使蒸发减少，也有利于降低土壤的风蚀。周建忠等（2005）探讨了保护性耕作防止农田土壤风蚀及起沙扬尘的关键技术环节，并提出了保护性耕作防治土壤风蚀及起沙扬尘的关键技术参数，即留茬高度不低于 30cm，秸秆残茬覆盖率大于 32％，既可有效防止农田土壤风蚀和起沙扬尘，又有利于农业生产。

2. 增加土壤有机质，促进土壤生物活性

作物秸秆的含碳量为 40％～60％，含氮量为 0.6％～1.1％，作物秸秆是宝贵的可再生资源。秸秆还田技术最重要的作用就是提高土壤有机质的含量和质量，活化土壤氮、磷、钾养分，提高土壤肥力。作物秸秆的主要成分是纤维素、半纤维素和一定数量的木质素、蛋白质、糖，它们经过微生物作用以后转化成土壤中的腐殖质。同时秸秆中碳氮比值较高，对土壤中的氮素也有很大影响。新鲜秸秆的加入，为土壤生物提供充足的食物，刺激土壤中生物的活性。土壤生物活性提高，加速秸秆的分解，有利于土壤物理质量的提高。

3. 改善土壤物理结构

秸秆还田，可改善土壤的结构。土壤容重是土壤物理质量的综合指标，秸秆还田后土壤容重降低，提高了土壤的有机质含量，减缓了土壤压实，孔隙度增加，土壤的导水率提高，有利于水分和养分的贮存与利用，改善土壤团粒结构，增大土壤中水稳定性团聚体的数量。

4. 有助于改善土壤养分状况

作物秸秆含有一定量的碳、氮、磷、钾等多种元素。据分析，一般主要的禾本科作物秸秆含氮量为 0.7％，含磷量为 0.075％（折合 P_2O_5 为 0.17％），钾为 1.4％（折合 K_2O 为 1.69％），分别占到作物总含量的 24％～44％、25％～30％ 和 80％～85％，即每公顷若返还 15t 秸秆，最终将给土壤补充 105kg 氮（225kg 尿素）、24kg P_2O_5（过磷酸钙 150kg）、254kg K_2O（340kg 硫酸钾）。其中钾的返还率和数量巨大，研究结果一致表明，秸秆还田后土壤中的速效钾量显著增加。

5. 秸秆还田对作物产量的影响

从已有的中、长期定位试验结果看，秸秆还田多数有利于增加作物产量，少数使作物减产。增产的原因如上所述；减产的原因主要是秸秆还田影响了播种出苗，使农田部分杂草和虫害不易防治，以及在化肥管理不科学的情况下使作物与微生物争氮。

（三）秸秆还田主要技术模式

1. 小麦、玉米秸秆还田主体模式

（1）小麦、玉米秸秆全量粉碎耕翻还田模式。秸秆粉碎还田技术，秸秆粉碎长度一般应小于 5cm，最长不超过 10cm，粉碎秸秆的抛撒宽度以与割幅同宽为好，正负在 1m 左右。秸秆破碎合格率大于 90％。秸秆被土覆盖率大于 75％，根茬清除率大于 99.5％。小麦秸秆还田采用浅层还田耕作办法，浅翻 10～15cm 或耙耕 10～15cm，并结合深松耕作。在这个过程中要注意以下五个方面：①秸秆还田的数量和时机。一般秸秆还田数量不宜过多，还田 4.5～6.0t/hm² 为宜，否则影响耕翻质量。秸秆含水量大于 30％时还田效果好。②秸秆粉碎的质量。秸秆粉碎长度最好小于 5cm，最长不超过 10cm，留茬高度越低越好，撒施要均匀。③玉米秸秆粉碎、旋耕技术。长期以来，制约玉米秸秆还田的主要因素就是影响后季小麦的播种和出苗。目前，采用改进的锤爪式玉米秸秆粉碎还田机，粉碎效果良好。④调整碳氮比值。据研究，秸秆直接还田后，适宜秸秆腐烂的碳氮比值为（20～25）∶1，而秸秆本身的碳氮比值都较高，玉米秸秆为 53∶1，小麦秸秆为 87∶1。这样高的碳氮比在秸秆腐烂过程中就会出现反硝化作用，微生物吸收土壤中的速效氮素，把农作物所需要的速效氮素夺走，使幼苗发黄，生长缓慢，不利于培育壮苗。因此，在秸秆还田的同时，要配合施入氮素化肥，保持秸秆合理的碳氮比。一般每 100kg 风干的秸秆掺入 1kg 左右的纯氮较合适。⑤深耕重耙。一般耕深为 20cm 以上，保证秸秆翻入地下并盖严，耕翻后还要用重型耙耙地。有条件的地方应及时浇塌墒水。

（2）机械化免耕覆盖秸秆还田技术。玉米秸秆整秆覆盖还田，是指人工收获玉米以后对秸秆不做任何处理，使其直立于田间。采用免耕播种机进行播种，播种时将秸秆按照播种机的行走方向压倒，覆盖于土壤表面。小麦整秆覆盖还田，是指人工将小麦收获以后，将小麦秸秆均匀覆盖于土壤表面，然后进行播种。玉米秸秆或小麦秸秆粉碎覆盖还田，是指将玉米地或小麦地的秸秆用秸秆粉碎机粉碎，将其与一定量的肥料混合铺于土壤表面，采用免耕播种机进行播种。

2. 麦-稻两熟秸秆还田模式

（1）麦-稻两熟制秸秆全量还田模式。

①麦草全量机械还田的具体操作流程为：机收小麦→机碎草（人工耙匀）→撒施化肥（碳酸氢铵施用量为 450～600kg/hm²）→机旋耕埋草→晒垡或沤制→上水→撒施混合肥（施用量为 375～750kg/hm²）→水田驱动耙地→移栽水稻。

②稻草全量机械还田包括两种技术，即机械浅旋灭茬稻秸秆全量还田和稻田套种麦秸秆高留茬加覆盖全量还田。

机械浅旋灭茬稻秸秆全量还田技术操作流程为：机收水稻→机碎稻草→人工耙匀稻草→施小麦基肥→旋耕灭茬→播种小麦→盖麦机碎土盖粒→开沟机开沟覆土。机械配套：洋马 CA355CEX 或久保田 PR0481 半喂式联合收割机收获脱粒并切碎秸秆约 8cm 长，IGF-160 旋耕灭茬机浅旋 5～10cm，东风 IG-120 型碎土盖麦机盖麦，申光 IK-35 型单圆盘开沟机开沟覆土。

稻田套种麦秸秆高留茬加覆盖全量还田的技术操作流程如下：小麦于水稻收获前

1～5d套撒播于稻田，洋马CA355CEX或久保田PR0481半喂式联合收割机高留茬（约20cm）收割、脱粒、切碎稻草，人工耙匀稻草覆盖还田，申光IK-35型单圆盘开沟机开沟覆土。

（2）麦田套播麦稻秸秆高留茬加覆盖全量还田。技术要求简述如下：①田块选择。前茬为稻茬免（少）耕麦田，排灌自如。②播种方式。与小麦的套播共生期为15～20d。提前2～3d浸种露白，先用河泥包衣，再用细土搓成单粒，按畦称种匀播，播种量比常规增加50%以上。③灌水齐苗。播种后立即灌透水并速排。确保次日日出前沟内无积水。④高留茬加覆盖秸秆全量还田。使用桂林2号收割机收割，留茬30cm，切碎的秸秆覆盖于地面和置于麦田沟内约各一半。⑤杂草防除。⑥水浆管理。麦收后立即灌两次跑马水，使稻苗有一适应的过程；分蘖期薄水勤灌，不宜轻易断水；拔节分化期以水肥促进为主；灌浆结实期干湿交替。⑦肥料运筹。一般每公顷施氮肥225～300kg，分蘖肥和穗肥比为4∶6或5∶5，分两次施用，注意配施钾肥。⑧播种立苗期注意灭鼠防雀。

（3）川西平原麦稻两熟劳力密集型秸秆还田模式。主要技术方式如下：

①稻草还田。一是稻草直接用于覆盖秋季作物（如马铃薯、大蒜等）；二是将稻草切成10～20cm小段，小麦播种后直接覆盖；三是将鲜稻草加入秸秆腐熟剂堆，小麦播种后将完全腐熟的堆肥盖种。

②麦草还田。小麦采用联合收割机收割，脱粒，将秸秆切碎，再用耕整机将秸秆压埋于地下。

3. 留高茬秸秆还田模式

（1）小麦留高茬还田。小麦收割时一般留茬20～40cm，用链轨拖拉机配带重型四锥犁，在犁前斜配一压秆将秸秆压倒，随压随翻。技术要求：小麦收割时，要做到边割边翻，以免养分散失，也便于腐烂；必须顺行耕翻，以便于秸秆覆盖和整地质量提高；耕深要求在26cm以上，做到不重、不漏、覆盖严密；耕翻后，要用重耙、圆盘耙进行平整土地；麦茬作物定苗后必须及时追施氮肥、磷肥，同时灭茬除草。

（2）水稻留高茬还田。水稻割茬高度在10～15cm，最好不超过20cm，以秋季作业为好，要在土壤含水量25%～30%（不陷车）时结合秋翻进行作业，封冻前结束。耕翻深度以不破坏犁底层为宜，一般为15～18cm，手扶拖拉机牵引两铧犁翻地。耕深应大于10cm，翻平扣严，不重不漏，不立垡，不回垡，深度一致。根茬混拌于土中的覆盖率大于95%。应注意的是，水稻高茬收割还田由于茬高不宜进行旋耕作业，但要进行旱耙。旱耙（耢）作业适宜的土壤含水量为19%～23%，耙地深度分轻耙8～12cm、重耙12～15cm两种。耙好的标准为不漏耙、不拖堆、无堑沟，且耕层内无大土块，每平方米耕层内最大外形尺寸大于5cm的土块小于或等于5个。尤其要注意的是水稻高茬收割还田要配施一定量的氮肥、磷肥。结合翻地深施，用量为

150～225kg/hm²，氮磷比以 3∶1 为宜。

（3）玉米留高茬还田模式。秋季收获后留茬 30cm，实现全量的 1/3 还田，3 年全量还田一次。此模式适用于东北、西北一熟区，与隔行深松耕等配合进行。

三、轮作技术

作物的茬口特性是轮作换茬的基本依据，合理的轮作是运用前作物—土壤—后作物的关系，根据不同作物的茬口特性，组成适宜的茬口顺序，前茬和后茬能取长补短，做到季季作物增产，年年持续丰收。但在实际生产中，作物种植受政策和市场价格影响较大。我国目前情况下，农民往往只选择种植经济效益高的作物。这种情况造成轮作换茬的灵活性很大，甚至没有一定的轮换顺序与周期。但不管怎样，在安排种植作物时应该遵循轮作倒茬的原则并注意茬口特性，否则会造成不可避免的损失。在一个地区应该有几种比较固定的轮作倒茬方式，特别是对于一些经济作物更是如此。因此作物轮作倒茬，在茬口顺序安排的一般原则是：统筹安排，既要考虑需要，又要注意农田用养结合；既要考虑当前的利益，又要注意长远的发展。

（一）统筹安排，适宜搭配

同一轮作区的土地，应该尽量集中连片，便于耕作管理。但是连片的大小要因地制宜。

轮作区的大小，平原区可大些，丘陵山区可小些，机械化为主的地区要大，以人畜力为主的地区可小。既要优先安排主要作物，又不要过于集中。轮作年限以 3～5 年为宜，在复种程度高的地区可短些，在复种程度低的地区可长些。

（二）把重要作物安排在最好的茬口上

由于作物种类繁多，好茬口的比重总是有一定限度的，所以必须分清主次，好茬口应优先安排主栽作物和经济作物，以取得较好的经济效益和社会效益。

在免耕条件下，玉米是各作物最好的前茬，且本身连作产量不受影响，最佳轮作方式为小麦—大豆—玉米，既不重茬也不迎茬。但是我国成片耕地少，茬口安排随市场政策变动大，轮作换茬的灵活性高，茬口安排种类多，农户更需要基于三大原则以及当地不同需求安排茬口。保护性农业作物轮作也适于种植蔬菜和块根作物。目前不仅可以种植谷类作物和豆类，而且可以种植大量其他作物，如甘蔗、马铃薯、甜菜和木薯。利用保护性农业技术也可以种植水果。同时农民可将饲料作物引入作物轮作，从而扩大轮作并减少病虫害问题。饲料作物往往可用作饲草和土壤覆盖的双用途作物。然而，需要解决有机物用作家畜饲料与用作土壤覆盖之间的冲突，在生物质产量低的干旱地区尤其如此。

（三）考虑前后作物的土壤生物及耕地用养关系

前作要为后作尽量创造良好的土壤环境条件，在轮作中应尽量避开相互间有障碍的作物，避开相互感染病虫草害的作物，还要考虑与内生菌根菌共生和非共生作物之间的关系。不同作物因与内生菌根菌共生性不同，茬口中残留的内生菌根菌密度也不同，如果前作是与内生菌根菌非共生的（如甜菜和萝卜），对与内生菌根菌共生的向日葵、马铃薯、玉米来说，就不是好茬口。因此前作如果是与内生菌根菌非共生的作物，后作就不要安排与内生菌根菌共生的作物。从耕地用养结合的角度来看，养地作物和耗地作物应搭配种植，一般是养地作物在前，耗地作物在后。

（四）考虑作物茬口的季节特性

茬口季节特性是指前作收获和后作播栽季节的早晚。在一年一熟制地区种植单一作物，往往造成季节矛盾和劳动力、机械紧张，而采用生育期长短不同的多种作物的轮作，茬口有早有晚，便可缓和作物间的季节性矛盾和劳动力、机械的紧张。在一年多熟或有复种的地区，前茬收获之时，常常是后作适宜种植日，因此及时安排好茬口衔接尤为重要，可以采用生育期不同、茬口季节早晚不同的作物进行轮作或同一作物采用几个熟期不同的品种，巧妙搭配，并正确安排作物轮作顺序。前作收获早，有利于精细整地、施基肥和适时播栽后作；也可采用套作和促早熟技术，使茬口衔接安全适时，保证各种作物处于较好的条件下生长，从而获得高产稳产。一般是先安排好年内的接茬，再安排年间的轮换顺序。

四、病虫草控制技术

保护性耕作制度直接影响到作物本身及其农田环境，也影响到田间生态系统中生物种群结构和组成。耕作方式影响最大的是土壤环境以及土壤生物种群，因而杂草、地下害虫、土传病害病原菌种群等，都将发生不同的变化，特别是以秸秆为生存场所的害虫和病原菌的增加，可能导致一些病虫害种类增多、危害加重。而从宏观的角度分析，大范围地实现保护性耕作对整个农业生态环境都会产生较大的影响，对于迁飞性害虫（如黏虫、草地螟、蝗虫）、气传病害（如小麦锈病、白粉病、赤霉病等）的发生均会产生较大的影响。

（一）保护性耕作条件下的草害发生规律

杂草的种类、分布及危害程度与环境条件、耕作制度等关系密切。与传统耕作相比，保护性耕作在耕作方式和农田生态环境方面的变化，在一定程度上有利于杂草发生和造成危害，秸秆或残茬留田有利于杂草种子积累，少免耕使杂草不能及时掩埋，因此，农田杂草危害增加是保护性耕作农田的共性。

保护性耕作农田杂草发生、危害和防除与传统耕作农田明显不同，前人总结了以下4个特点：①杂草种子主要集中在1~10cm的表层土壤，杂草发生早，出草浅而整齐。②多年生杂草发生量增加，种类增加，防除难度加大，这是由于多年生杂草常常有很大的地下根茎繁殖体，免耕不能像翻耕那样对其进行撕扯、切割、暴晒。此外，保护性耕作农田一般在苗前或苗期喷除草剂，而此时多年生杂草的地上部分刚刚开始生长，由于庞大的地下营养体对除草剂的稀释作用，喷到叶片上的除草剂很难使整个营养体死亡。③保护性耕作比传统耕作农田杂草危害更严重，除草剂用量增加，可能导致残留加大，污染环境。④保护性耕作缺乏专用除草剂和抗除草剂的作物品种。

山东省农业大学的李增嘉、甘肃农业大学的黄高宝等分别以定位 5 年和 7 年以上的保护性耕作试验地块为研究对象，开展了详细的调查工作，系统研究了华北小麦-玉米一年两作及陇中黄土高原旱地保护性耕作小麦、豌豆田的杂草发生规律，为保护性耕作的草害防治奠定了基础。

（二）保护性耕作条件下的病害发生规律

一般认为，保护性耕作条件下土传病害和苗期病害有加重的趋势。大量秸秆覆盖地表特别适合侵染作物残体和在作物残体生存的病原菌。这些病原菌寄生在植物组织上，当作物成熟后，作物残体作为这些病原菌的生存场所度过腐生阶段，下茬作物种植后侵染下茬作物。把作物残体留在农田表面，会延缓作物残体降解，增加病原菌生存和侵染的时间。因此，以作物残体为生的病原菌大量增加，土传病害加重。近年来，灰斑病、弯孢菌叶斑病、纹枯病、茎基腐病和顶腐病危害区域和程度呈增加趋势。

（三）保护性耕作条件下的虫害发生特点

前人的研究表明，免耕比较有利于在土壤中越冬越夏害虫的发生，其危害会加重。秸秆覆盖和免耕播种为地下害虫提供了较好的生存环境，特别是以植物秸秆腐烂物为食物的地下害虫（如蝼蛄）增多，小麦吸浆虫、叶螨的数量、危害的程度有加重趋势。

华北平原夏玉米区保护性耕作的广泛采用，会促使玉米、小麦、杂草共生性虫害的发生，并造成危害。在小麦收获后及时带茬播种玉米，使得在小麦和麦田杂草上危害的蓟马、灰飞虱（传播粗缩病）在夏玉米出苗后，立即转移到玉米幼苗上危害，这也是近年来玉米田苗期蓟马和粗缩病危害严重的原因之一。小麦收获后，小麦全蚀病菌丝体除在小麦残茬上越夏外，还可以再次侵染夏玉米，并在其根部越夏蔓延。另外，过去次要病虫害可能上升为主要病虫害，老病虫害严重回升。通过对河北省的调查发现，大面积推行保护性耕作后，气传病害如小麦赤霉病菌、小麦叶枯病危害加重，发生面积明显增加。随着秸秆还田，小麦吸浆虫、黏虫、玉米螟的危害也有加重的趋势。山东省农业大学李增嘉、韩惠芳等对定位 5 年以上地块的地下害虫进行了详细的调查工作。

（四）保护性耕作病虫草害综合防治策略

目前，保护性耕作技术体系中防治病虫草害主要依靠化学防治，但是从技术发展和生产实际需要的角度来分析，必须发展和完善保护性耕作农田病虫草害的综合防治技术。

首先，通过农机与农艺技术结合能够有效地预防和减轻病虫草害。免耕播种、深松、秸秆覆盖和作物栽培管理等各项技术措施都会影响农田生态环境以及病虫草害的发生，通过间作、混作、套作，增加覆盖度和覆盖时间，抗病（虫）品种合理布局、不同作物的轮作以及水肥管理，可以较好地预防和控制病虫害，减少农药的使用。其次，保护性耕作农田病虫草害种类繁多，防治方法和施用药剂不同，单一使用机械施药不可能同时防治多种病虫草害，必然造成施药量增多和人工成本增加。因此，只有充分发挥农业防治、生物防治的作用，实现多种综合防治措施才能减少化学农药的使用，持续控制病虫草害，实现保护性耕作节本增效和保护环境的目标。随着生物技术的发展，许多新型生物农药、转基因抗病（虫）作物品种已经实现了产业化，部分生物农药完全可以替代化学农药，结合新的抗病（虫）品种的种植以及其他防治措施的应用，病虫草害的防治已经逐渐摆脱了对化学农药的依赖。病虫草害防治技术的发展已经为实现保护性耕作条件下病虫草害综合防治奠定了基础。

1. 加强病虫草害发生规律以及综合防治策略的研究

保护性耕作是可持续发展的重大措施，明确新耕作条件下病虫草害的发生规律是制定防治策略以及开发新技术的基础。根据我国实际情况，有必要在我国不同农业生态区开展保护性耕作长期定位试验，深入调查研究保护性耕作条件下病虫草害的发生规律，制定适合不同地区、不同种植模式中的防治策略以及病虫草害监测预报方法。

2. 探索保护性耕作条件下病虫草害综合防治技术

根据作物不同生长期，在多种病虫草害同时存在的情况下确定主要危害的病虫草害种类，研究一种方法兼治多种病虫草害和综合利用各种方法的技术。根据病虫草害发生情况，确定农业防治、生物防治或化学防治的技术路线和实施方法，研究病虫草害应急防治与持续控制相结合的综合治理技术。

3. 加强化学防治与生物防治技术研究

筛选高效、低毒、低成本、低残留的化学（生物）农药品种及其使用技术，协调化学防治与生物防治的矛盾。在保护性耕作农田病虫草害防治上，充分发挥农业防治和生物防治的优点，加强以轮作和水肥管理为重点的病虫草害农业防治技术研究，开展利用生物农药防治病虫草害和利用天敌防治虫害的生物防治技术研究，引用、消化和吸收国内外病虫草害防治的新技术、新品种，建立适合保护性耕作特点的综合防治技术体系。

五、绿色种植技术

（一）保护性作物布局

农作物按它们的水土保持效能分为中耕作物、密植作物和多年生作物三种类型：

1. 中耕作物 如玉米、高粱、棉花、马铃薯、烟草等，其行株距离较大，植株对地面的覆盖度小。经常中耕松土、连年种植常促使土壤结构被破坏，导致径流量和冲刷量加大，引起土壤侵蚀。

2. 密植作物 如小麦、大麦、谷子、糜子、大豆、花生等禾谷类和豆类作物，此类作物保持水土的作用较好。

3. 多年生作物 如草木樨、苜蓿、沙打旺、小冠花等，此类作物覆盖面积大，覆盖时间长，能缓冲雨滴冲击地面，根系能穿插挤压土壤，形成团聚体，大量有机质还田，改良土壤结构，使土壤具有良好的渗透性，水土保持作用最大。

栽培密植作物、多年生作物等有利于水土保持。在作物布局中，应尽可能避免防侵蚀能力差的中耕作物长期连作。在可能的条件下，最好把防侵蚀作用强的牧草同一年生作物结合起来。美国早期研究资料表明，中耕作物插入密播作物，在中等坡地上能有效地控制径流和侵蚀，每年土壤侵蚀吨数，休闲为 $140t/hm^2$，连作棉花为 $50t/hm^2$，玉米与覆盖作物二年轮作为 $25t/hm^2$，玉米、棉花、小麦与胡枝子轮作为 $20t/hm^2$。我国甘肃天水水土保持试验站于 1951—1957 年进行草田轮作对比试验，轮作地的冲刷量平均减少 26.2%。在一个山区坡地上，为了保持水土，一般是坡上部造林，中下部种植果树，坡底种植一年生作物。

（二）间作、混作和套作

间作、混作、套作可以增加地面覆盖度，延长覆盖时间，减轻水土流失，是山区丘陵保持水土的重要措施。据陕西延安水土保持站 1957 年的资料显示，苏丹草单作时，覆盖度为 70%，与草木樨间作时，覆盖度为 90%，覆盖度的增加可减弱雨水对土壤的冲击，减少水土流失。据天水水土保持试验站（1956）测定，扁豆与青稞混作比扁豆单作时的水土流失量要少 90%。

在平原风沙区，除建立农田防护林以外，营造刺槐等薪炭林，发展泡桐，实行农桐间作；发展苹果、梨、葡萄、枣、桃、杏等果树，实行果农间作；发展紫穗槐、柠条、簸箕柳、沙柳等灌木，乔、灌、草等相配合，种植绿肥牧草；发展沙打旺、草木樨、苜蓿、田菁、柽麻等，选择适沙性较强、避风沙效果较好的小麦、谷子、棉花、花生、瓜类等作物，实行粮、经济作物、菜、肥间作轮作。建立起林草农复合层片生物结构，增加植被覆盖，利用植物防风固沙，改善田间小气候，稳定近地面大气层水热动态，是风沙区农田保护的根本措施。

平原风沙区种植绿肥牧草，实行粮肥间作，也是稳产增收的有效措施。草类、灌丛防风固沙效果明显。"寸草遮大风"，就是在 $2\sim3m$ 高度内的起沙风中，贴近地表的流沙，只要有"寸草"生长，就可以被截留下来而不至于有移袭危害。封沙育草，栽植灌木，可以固定风沙流。河南开封刘堂牧场于 1980 年在 $800hm^2$ 飞沙地上种植沙打旺，产鲜草量为 $1\,000\sim2\,000kg/hm^2$，沙打旺的适应性好，生命力强，在风沙危害严重的情况下，不少禾苗干枯，而沙打旺却生长苗壮。

（三）带状种植

带状种植就是条带种植，是沿着坡地等高线划分成若干条带，在各条带上交互和轮流种植密生作物与疏生作物或牧草。这样，在空间上是带状间作，在时间上是草田轮作。保护性作物覆盖着地面，能防止雨水对地面的冲击，减缓径流，拦截泥沙，阻拦疏生作物带冲下来的水土，防止土壤侵蚀。带状种植的条带最好符合于等高线，在坡度较大时，最好和梯田相结合。在地陡、雨量多而强度大、土壤紧实、吸水性能小的地区，条带应窄一些；在条件相反的地区，条带应宽一些。例如坡度为 $12°～15°$ 时，可设置 $10～20m$ 宽的条带，坡度为 $15°～20°$ 时，条带宽度只宜为 $5～10m$。

带状间作有农作物带状间作与草田带状间作两种。农作物带状间作就是用疏生作物（如玉米、高粱、棉花等）和密生作物（如小麦、大麦、谷子、糜子等）成带状相间种植。带的宽度一般为 $3～5m$。草田带状间作就是用牧草与农作物成带状相间种植，防蚀增产效果更好。玉米地对水土流失的控制力较差，苜蓿地可截留较多的水土，玉米与苜蓿呈带状交替种植，既有利于机械耕作，又利于减少水土流失。据辽宁阜新市水土保特站（柳洪学等，1983）观测，实行草田（苜蓿、草木樨）与高粱带状间作后，其径流量比高粱单作减少 78%，冲刷量减少 92%。

（四）农林结合，建立农田防护林

种植业与林业均是第一性植物生产，两者都是独立的生产部门。成片、成带的森林对附近的农田保护可带来一些有利的影响，但也有一定的副作用。与一年生作物间的群体关系相似，农林复合群体也存在着互补与竞争。

1. 农田防护林的有益作用

（1）在山区坡地上保护水土。植树造林由于增加了植被覆盖率，因而可以减弱地表径流，降低雨水对地面的冲击，减少水土流失，涵养水源。据调查，在森林覆盖下，树冠的截雨率（截雨量占降水量的百分比）可达 10% 以上，地表的枯枝落叶有强大的吸水力，$1kg$ 的枯枝落叶可吸收 $2～5kg$ 的水。据测定，在 $10°$ 的坡地上，枯枝落叶层内的水流速度仅为裸地的 $1/40$，土壤的透水性也有很大改善，林地土壤的透水性是草地和农田土壤的 $3～10$ 倍。另据有关资料记载，在茂密的森林中，降水量的 15% 在林地表面被蒸发，$50\%～80\%$ 的雨水可以渗入土壤。渗入土壤的水分其中一部分保留在土层中，另一部分变成地下水。据陕西省原黄龙水土保持试验站观测，林区比非林区减少径流 78%，减少侵蚀 94%。

（2）减低风速，抗御风沙灾害。风沙区农田风蚀严重，易旱易热，漏水漏肥，地力瘠薄，必须采取措施，造林种草，防风固沙，培养地力，增强土壤的保水保肥能力。一般在林带下风向 $4～15$ 倍树高距离可减低风速 $10\%～40\%$。

（3）改变了农田小气候。由于林带使风速和涡流交换显著减弱，因而降低了带间农田的可能蒸发量，土壤含水量显著增加，林带和作物蒸腾水分吹失较少，空气湿度相应提高，平均提高3%～5%。在冬季夜间，由于林带减少了对流热量交换的损失，林带有增暖作用，可提高地温约1℃。而在作物旺盛生长的夏季或白天，由于蒸腾消耗大量热能，不仅无增暖作用，反而低于无林地1～2℃。据山西资料显示，在林带有效防护范围内平均地表温度提高0.4℃，防风最佳处温度提高0.5℃，作物初期温度可提高1.5℃，作物整个生长期可增加积温60℃，但盛叶期有降低趋势。

2. 林带对农田的不利影响

（1）"胁地"作用。即高大树木遮阴下，附近农田受光时间短，热量减少，水分、养分消耗多，因而减低了附近农作物的产量。据禹城改碱站测定，1hm²杨树年蒸腾水分约15 000t。印度G. S. Dhillon指出，南北向种植的桉树（高20m），对树东的小麦、水稻的影响距离分别为57m和23m，使其分别减产12%～15%与0.5%～30%；对树西的小麦、水稻的影响距离分别为36m和15m，使其分别减产1%～47%与0.2%～64%。一般东西向林带的北侧农作物发育推迟10～15d，南侧作物发育早，但干旱、温度高，植株矮小。不同情况下，胁地表现不同，一般林带受威胁程度排序为：东侧>西侧，北侧>南侧，秋作物>夏作物，旱地>水浇地，瘦地>肥地。不同作物耐胁程度排序为：水稻>蔬菜>小麦>玉米>大豆>棉花>谷子>甘薯。

（2）农田小气候改变，对作物有正作用，也有副作用。林下农田温度降低，对玉米、棉花等喜温作物的生长发育是不利的。由于树木蒸腾水分比大田作物一般多1倍以上，因而造成了近林带处作物的生理干旱。

森林是否有助于增加降水，是一个有争议的问题。多数学者认为，大范围内的降水决定于太阳辐射和大气环流，森林增加的水汽是微不足道的。黄秉维（1982）提出，大气中水汽含量并不是降水的决定因素，水汽进入上空后，平均经过8～12d才向地表下降。他得出，如果地球上的森林全部消失，蒸发量减少只相当于全球蒸发量的1.5%。

3. 农田防护林建设技术要点

护田林带通常由主林带和副林带两部分组成。主林带的方向与主要害风垂直，副林带一般又垂直于主林带。田块上配置的主林带和副林带组成林网，在林网内每块田块的主林带和副林带就形成一个网格。护田林只有由多数林网所组成时，其减低风速从而改善一系列小气候条件的作用才是稳定与显著的。

相邻两个主林带的距离称为林带的间距，通常以主要树种达到壮龄时林带平均高度（H）的倍数来表示，一般主林带间距不应超过带高的25倍。如果带间距小于500m，防风效果则大为增加，但胁地作用也将增大。副林带间距可大到最适于农机田间作业的距离。网格面积如控制在50 hm²以内，效果更加显著。

　　林带以通风结构较紧密结构为好。园林带郁闭度较小，可以允许 30%～50% 的气流从林带顶上绕过，气流下降较缓，不至于造成大的涡流，不会引起作物倒伏或形成雪堆。林带通风度的数值用林带透风面积与林带总的垂直面积的百分比表示，一般为 30%，通风度适宜的林带的防风作用最大。

　　林带的树种要适应当地的土壤和气候条件，也要符合经济上的要求，具有良好的向上生长的能力，树冠发达，根系强大而不在表土蔓延，不给农作物带来病虫害。一般护田林选配以下三类树种：①主要树种。植株高大的乔木，如箭杆杨、毛白杨、橡树、桦树等，形成上层树冠，起主要防风作用。②伴生树种。亚乔木树种，如五角枫、刺槐、加拿大杨等，树冠较低，形成中间郁闭层，并对主要树种起天然整枝作用。③灌木树种。如紫穗槐、柠条等，在下层起挡风作用，并郁闭地面，防止杂草丛生，几种树种合理搭配，形成混交林，比单一树种稳定，防风效果好。

　　为了充分发挥农田防护林的作用，必须密切结合条田（方田）化、渠网化、路网化的建设进行布局设计，既达到网内农田全面受益，又起到护路、护渠的综合防护作用，并节约用地。

第三节　中国保护性农业技术特征

　　我国的保护性耕作是结合我国国情的具有中国特色的保护性耕作，与国外保护性耕作相比具有自身的特点。

一、多熟高产

　　我国人多地少，粮食安全问题始终是我国农业的核心问题，稳产高产、促进粮食增产，确保我国的粮食安全是我国保护性耕作的重要内容。因此，在耕地面积持续减少、粮食播种面积比重仍将下降的情况下，要实现未来粮食生产目标，只有继续提高复种指数和大幅度提高粮食耕地的年单产水平。据王志敏等的测算，到 2030 年，耕地可能减少到 8 833.3 万 hm^2，若复种指数提高到 170%，粮食播种面积比重在 70%、65%、60% 三种不同的水平下，粮食播种面积分别为 $10\ 512×10^4hm^2$、$9\ 760.7×10^4hm^2$、$9\ 010.0×10^4hm^2$，生产 6.4 亿 t 粮食需达的单产分别为 6 090kg/hm^2、6 555kg/hm^2 和 7 110kg/hm^2，分别比目前单产水平增长 39%、50%、62%；生产 7.2 亿 t 粮食需达的单产分别为 6 855kg/hm^2、7 380kg/hm^2 和 7 995kg/hm^2，分别比目前单产水平增长 57%、68% 和 83%。因此，确保粮食安全，是中国保护性农业的基本特征。例如，20 世纪 70 年代中国农业大学根据当时华北小麦-玉米两熟区的生产实际，率先系统地开展了玉米覆盖免耕的机理、技术模式和推广研究，其目的是解决小麦-玉米两熟农时传统耕作费时费力等问题。这项技术实现了改传统翻耕为免耕覆盖，节约农时，使华北部分不能实施一年两熟的地区实现了一年两熟栽培，也改变了传统的"三夏"大忙的景象，华北地区夏玉米普遍增产。

二、类型多样

我国地域辽阔，从东南沿海到西北内陆，生态类型多样，区域生态条件、土壤类型、生产投入、作物种类千差万别，因此，农业生产中存在的问题各不相同；同时，我国种植制度多样，轮作模式多样，熟制从一熟到多熟，集约化程度高，由此导致了我国保护性耕作技术模式多样化、类型复杂，产生了与区域特征、熟制类型相适应的具有显著地方特色的不同保护性农业模式与类型。例如：与区域相应的东北平原保护性农业模式、华北平原保护性农业模式、西北干旱半干旱区保护性农业模式、长江中下游性保护性农业模式等；与熟制和作物类型相适应的东北一熟区保护性农业模式、黄淮海小麦-玉米两熟区保护性农业模式、稻田（稻麦两熟或双季稻）保护性农业模式等。而国外绝大多数国家保护性耕作是在一熟体系下进行的，与国外相比较，我国保护性耕作技术模式种类多、类型多，呈多元化发展的态势。

三、耕地和机械规模小，秸秆产生量大

由于土地自然条件造成的我国耕地类型多样，有平原农田，也有丘陵梯田，再加上人多地少，导致我国绝大部分地区耕地规模小，除东北和新疆的部分农场耕作机械和欧美国家类似外，其他大部分地区机械规模小、动力小，同时，南方西南部分地区机械化水平低，这种国情导致了我国保护性耕作机械规模小。

保护性耕作主要的内容之一是秸秆的管理。但由于我国复种指数高，单位农田内秸秆生产量大，因此，在保护性耕作秸秆处理技术上，国外保护性耕作的秸秆全覆盖处理技术并不完全适用于我国。如何因地制宜地对秸秆进行处理，建立多元的秸秆利用技术体系，是我国保护性耕作技术存在的重要问题。

四、系统性强

我国的保护性耕作技术是与我国种植制度相适应发展起来的，更强调体系和系统，是保护性耕作技术与其他轮作技术、高产栽培及其配套技术的合理组配，同时，也是考虑到农村与农民生计发展的综合技术体系。高旺盛等提出的保护性耕作制，就是基于中国保护性耕作技术的特征，他们认为保护性耕作制是在保护性种植制度的基础上，以保护水土资源和农田生态健康为核心，建立土壤多元轮耕技术和多元化覆盖技术体系，减少水土侵蚀，改善农田生态功能，保持稳定持续的土地生产力和经济效益，并得到社会广泛应用的可持续农作系统。因此，我国保护性农业

的发展在于进一步改变传统意义上的单一机械化少免耕或者高留茬覆盖等为主的主流认识，使得该项技术由单一向集成化转型，将保护性耕作制建设与机械、耕作、种植、管理等技术环节统筹考虑，形成技术标准与规范，不断提高保护性耕作制的科学化与标准化。

第四章
中国保护性农业区域分布与实践

第一节　中国保护性农业的分布

一、中国保护性农业与熟制划分及作物分布

中国的保护性农业是与耕作制度相适应而建立发展起来的，因此，与中国耕作制度的区划高度契合，可以说，有什么样的耕作制度，就有什么样的保护性农业技术模式与技术体系。

不同农区在气候、土壤、地貌、植被等自然条件与位置、交通、农村经济状况、人地比、农林牧状况、产量水平等社会经济条件上，作物种类、作物结构和熟制类型上都具有显著的区域特征。1987年，在我国农业资源综合考察和农业区划工作基础上，根据热量、水分、地貌、社会经济条件、熟制和作物类型，以大田作物为主，国内16所农业院校和科研单位共同编制出版了《中国耕作制度区划》一书，将我国耕作制度分为3个带，12个一级区，38个二级区。在此基础上，2005年，中国农业大学刘巽浩和陈阜在编著的《中国农作制》中，将我国耕作制度划分为10个一级区和41个亚区。其中，3个带主要为：一熟带，>0℃积温4 000～4 200℃以下的地区；二熟带，>0℃积温4 000～4 200℃至5 900～6 100℃的地区；三熟带，>0℃积温5 900～6 100℃以上的地区。12个一级区分别为：①青藏高原区喜凉作物一熟轮歇区；②北部中高原半干旱喜凉作物一熟区；③北部低高原易旱喜温作物一熟区；④东北平原丘陵半湿润喜温作物一熟区；⑤西北干旱灌溉一熟兼二熟区；⑥黄淮海平原丘陵水浇地二熟旱地二熟一熟区；⑦西南高原山地旱地二熟一熟水田二熟区；⑧江淮平原麦稻两熟区；⑨四川盆地水旱二熟兼旱三熟区；⑩长江中下游平原丘陵水田三熟二熟区；⑪东南丘陵山地水田旱地二熟三熟区；⑫华南丘陵平原晚三熟热三熟区。中国耕作制度分区概况见表4-1。

表 4-1　中国耕作制度分区概况

区号	年均温度/℃	≥10℃积温/℃	年降水量/mm	作物组成	复种指数/%	主要复种类型
I	0.2～8.5	500～2 300	40～600	青稞占优势，兼小麦、豌豆、油菜	90.0	一熟轮歇
II	2.0～8.0	1 500～3 000	300～480	杂粮春麦为主，兼马铃薯、胡麻、谷糜	90.2	一熟休闲
III	5.0～12.0	2 800～4 000	360～630	春冬小麦、玉米、谷糜并重，兼高粱、向日葵、胡麻、油菜	100.8	一熟
IV	−1.0～9.0	1 800～3 600	480～870	玉米为主，兼大豆、春麦、水稻、高粱、谷子、甜菜	99.7	一熟
V	4.0～13.0	2 500～4 400	50～400	春冬小麦为主，兼玉米、棉花、甜菜、向日葵	97.2	一熟兼填闲
VI	8.5～15.0	3 500～4 800	460～950	冬小麦、玉米、为主，兼棉花、薯类、大豆、花生、谷子	149.2	小麦/玉米（棉花、豆类），小麦-玉米（谷子、薯类），棉花、花生一熟
VII	12.0～18.0	3 000～5 600	600～1 400	玉米、水稻、冬小麦、薯类、油菜，并兼蚕豆、烟叶	157.7	小麦（油菜、蚕豆）-玉米（薯类、水稻）二熟，兼玉米、甘薯一熟
VIII	14.0～17.0	4 600～5 300	900～1 200	单季水稻、小麦、棉花为主，兼油菜、薯类、大豆	183.7	小麦（油菜）-水稻，小麦/棉花，小麦-玉米（甘薯）
IX	15.0～18.0	4 600～5 900	950～1 300	单季水稻、小麦为主，兼玉米、薯类、油菜、柑橘、甘蔗	189.1	小麦（油类）-水稻，小麦-玉米（甘薯），小麦/玉米/甘薯
X	15.0～19.0	5 000～6 100	1 000～1 600	双季稻占优势，兼小麦、棉花、油菜、绿肥	228.8	小麦（油菜、绿肥）-水稻-水稻，小麦/棉花
XI	16.0～22.0	5 300～6 800	800～1 900	双季水稻占优势，兼玉米、甘薯、绿肥、油菜、冬麦、柑橘	180.0	冬闲（小麦、油菜、绿肥）-水稻-水稻，玉米-甘薯
XII	21.0～25.0	6 500～9 000	1 100～2 500	双季稻占优势，兼薯类、玉米、豆类、油菜、花生	180.5	冬闲（油菜、甘薯）-水稻-水稻，玉米-甘薯（花生、大豆）

二、中国保护性农业重点区域及其耕作制度特征

　　根据中国不同农区耕作制度特点、自然生态和社会经济条件、耕作制度存在问题与发展方向不同，结合实际生产中对保护性农业发展的实践，2009 年农业部、国家发展和改革委员会组织编制了《保护性耕作工程建设规划（2009—2015 年）》，提出了我国的六个保护性农业类型区，即东北平原垄作区、东北西部干旱风沙区、西北黄土高原区、西北绿洲农业区、华北长城沿线区和黄淮海两茬平作区。并依据各类型区

的气候、土壤、种植制度特点和保护性耕作技术需求，明确了各类型区主体示范推广的保护性耕作技术模式。

（一）东北平原垄作区

1. 区域特点

东北平原垄作区主要包括东北中东部的三江平原、松辽平原，辽河平原和大小兴安岭等区域，涉及黑龙江、吉林、辽宁三省的 178 个县（场），总耕地面积 2.06 亿亩。本区年降水量 500～800mm，气候属温带半湿润和半干旱气候类型；年平均气温 −5～10.6℃，气温低、无霜期短。东部地区以平原为主，土壤肥沃，以黑土、草甸土、暗棕壤为主；西部地形以漫岗丘陵为主，间有沙地、沼泽，土壤以栗钙土和草甸土为主。种植制度为一年一熟，主要作物为玉米、大豆、水稻，是我国重要的商品粮基地，机械化程度较高。

2. 主要问题与技术需求

本区以雨养农业为主，季节干旱，尤其春季干旱是作物生产的重要威胁；土壤耕作以垄作为主，耕层较浅，土壤肥力退化现象比较严重。本区保护性耕作的主要技术需求包括：以垄作为基础，有效解决土壤低温及作物安全成熟问题；蓄水保墒，有效应对春季干旱威胁；采用秸秆根茬覆盖及少免耕等措施，解决土壤肥力下降问题；地表覆盖，解决农田风蚀、水蚀问题。

（二）东北西部干旱风沙区

1. 区域特点

本区主要包括东北三省西部和内蒙古东部四盟 83 个县（场），总耕地面积 1.28 亿亩。本区地形以漫岗丘陵为主，间布沙地、沼泽，土壤以栗钙土和草甸土为主。年降水量 300～500 mm，气候属温带半干旱气候类型，年平均气温 3～10℃。种植制度为一年一熟，主要作物为玉米、大豆、杂粮和经济林果。

2. 主要问题与技术需求

东北西部干旱风沙区土地资源丰富，面临的主要问题是受地形和干旱、大风气候影响，春季干旱严重，土地退化和荒漠化趋势加剧，生态脆弱。本区保护性耕作的主要技术需求包括：留茬覆盖，提高地表覆盖度和粗糙度，解决冬春季节的农田风蚀问题；蓄水保墒，有效应对春季干旱威胁问题，提高作物出苗率；秸秆还田及耕作措施调节，提高土壤肥力。

（三）西北黄土高原区

1. 区域特点

本区西起日月山，东至太行山，南靠秦岭，北抵阴山，主要涉及陕西、山西、甘肃、宁夏、青海等省（区）的 195 个县（场），总耕地面积 1.17 亿亩。该区域海拔1 500～4 300m，地形破碎，丘陵起伏，沟壑纵横；土壤以黄绵土、黑垆土为主；年降水量 300～650mm，气候属暖温带干旱半干旱类型；种植制度主要为一年一熟，主要作物为小麦、玉米、杂粮。

2. 主要问题与技术需求

本区坡耕地比重大，是我国乃至世界上水土流失最严重、生态环境最脆弱的地区，其中黄土高原沟壑区的侵蚀模数高达 4 000～10 000t/km²；降雨少且季节集中，干旱是农业生产的严重威胁。本区保护性耕作的主要技术需求包括：以增加土壤含水率和提高土壤肥力为主要目标的秸秆还田与少免耕技术；以控制水土流失为主要目标的坡耕地沟垄蓄水保土耕作技术、坡耕地等高耕种技术；以增强农田稳产性能为主要目标的农田覆盖抑蒸抗蚀耕作技术。

（四）西北绿洲农业区

1. 区域特点

本区主要包括新疆和甘肃河西走廊、宁夏平原的 164 个县（场），总耕地面积 0.57 亿亩。本区地势平坦，土壤以灰钙土、灌淤土和盐土为主。海拔 700～1 100m，气候干燥，年降水量 50～250mm，属中温干旱、半干旱气候区；光热资源和土地资源丰富，但没有灌溉就没有农业，新疆、河西走廊地区依靠周围有雪山及冰雪融溶的大量雪水资源补给，而宁夏灌区则可引黄灌溉。种植制度以一年一熟为主，是我国重要的粮、棉、油、糖、瓜果商品生产基地。

2. 主要问题与技术需求

本区的主要问题是灌溉水消耗量大，地下水资源短缺，并容易造成土壤次生盐渍化；干旱、沙尘暴等灾害频繁，土地荒漠化趋重，制约农业生产的可持续发展。本区域保护性耕作的主要技术需求包括：以维持和改善农业生态环境为主要目标，通过秸秆等地表覆盖及免耕、少耕技术应用，有效降低土壤蒸发强度，节约灌溉用水，增加植被和土壤覆盖度，控制农田水蚀和荒漠化。

（五）华北长城沿线区

1. 区域特点

本区属风沙半干旱区的农牧交错带，主要包括河北坝上、内蒙古中部和山西雁北等地区的 66 个县，总耕地面积 0.64 亿亩。每年春季在强劲的西北风侵蚀下，少有植被的旱作农田，土壤起沙扬尘而成为危害华北生态环境的重要沙尘源地。本区地势较高，海拔 700～2 000m，天然草场和土地资源丰富；土壤以栗钙土、灰褐土为主；气候冷凉，干旱多风，年均温 1～3℃，年均风速 4.5～5.0m/s，年降水量 250～450mm。种植制度一年一熟，主要作物为小麦、玉米、大豆、谷子等。

2. 主要问题与技术需求

本区的主要问题是冬春连旱，风沙大，土壤沙化和风蚀问题严重，生态环境非常脆弱，造成农田生产力低而且不稳定。本区域保护性耕作的主要技术需求包括：增加地表粗糙度，减少裸露，减少或降低风蚀、水蚀，抑制起沙扬尘，遏制农田草地严重退化、沙化趋势；覆盖免耕栽培，减少或降低农田水分蒸发，蓄水保墒、培肥地力、提高水分利用效率等。

（六）黄淮海两茬平作区

1. 区域特点

本区主要包括淮河以北、燕山山脉以南的华北平原及陕西关中平原，涉及北京、天津、河北中南部、山东、河南、江苏北部、安徽北部及陕西关中平原等8个省份480个县（场），总耕地面积3.8亿亩。本区气候属温带-暖温带半湿润偏旱区和半湿润区，年降水量450～700mm，灌溉条件相对较好。农业土壤类型多样，大部分土壤比较肥沃，水、气、光、热条件与农事需求基本同步，可满足两年三熟或一年两熟种植制度的要求，主要作物为小麦、玉米、花生和棉花等，是我国粮食主产区。

2. 主要问题与技术需求

本区农业生产面临的主要问题是"小麦-玉米"两熟制的秸秆利用问题已为农业生产的一大难题，出现大量秸秆焚烧现象；化肥、灌溉、农药的机械作业投入多，造成生产成本持续加大；用地强度大，农田地力维持困难；灌溉用水多，水资源短缺，地下水超采严重。本区保护性耕作的主要技术需求包括：农机农艺技术结合，有效解决小麦、玉米秸秆机械化全量还田和作物出苗及高产稳产问题；改善土壤结构，提高土壤肥力，提高农田水分利用效率，节约灌溉用水；利用机械化免耕技术，实现省工、省力、省时和节约费用等。

第二节　中国保护性农业的主要技术模式

由于我国各农区的自然生态条件不同，面临的问题也各有区别，因此所形成的保护性农业技术模式也存在较大不同，依据我国现有的六个重点保护性农业类型区，分别阐述其主要的技术模式。

一、东北平原垄作区

（一）留高茬原垄浅旋灭茬播种技术模式

通过农田留高茬覆盖越冬，既有效减少冬春季节农田土壤风蚀，又可以增加秸秆还田量，提高土壤有机质含量。其技术要点是：玉米、大豆等作物秋收后农田留30cm左右的高茬越冬；翌年春播时浅旋灭茬，并尽量减少灭茬作业的动土量，采用旋耕施肥播种机进行原垄精量播种；保持垄形，苗期进行深松培垄、追肥及植保作业。此模式近年逐步优化为"秸秆全覆盖还田等行距原垄种植技术模式"［东北（双辽市）秸秆全覆盖还田等行距原垄种植技术模式见图4-1］，当地人称此模式为"双辽速度"，其主要技术为：将秸秆粉碎或整秆覆盖在地表，翌年开春，不动土，直接在原根茬旁用免耕播种机播种，苗期用窄犁钩进行一次追肥，既可除去行间杂草，又可防止植株后期脱肥，等行距种植便于收割机作业。

图 4-1　东北（双辽市）秸秆全覆盖还田等行距原垄种植技术模式

（二）留高茬原垄免耕错行播种技术模式

该模式适用于宽垄种植模式，通过留高茬覆盖越冬减少农田土壤风蚀，并提高农作物秸秆还田量。其技术要点是：垄宽一般为 70～100cm，作物秋收后农田留 30cm 左右的残茬越冬；翌年春播时在原垄顶错开前茬作物根茬进行免耕播种；保持垄形，苗期进行深松培垄、追肥及植保作业。

近年来，中国科学研究院、中国农业大学和吉林省农业科学研究院等单位的研究人员，围绕玉米秸秆全覆盖，在此模式的基础上，逐步探索建立起"秸秆全覆盖还田宽窄行种植技术模式"[东北（梨树县）秸秆全覆盖还田宽窄行种植技术模式见图 4-2]，此模式又被称为"梨树模式"。该模式主要采用宽窄行种植模式，窄行上两垄玉米一般间隔 40cm，宽行间隔 80cm，上面覆盖秸秆。第二年，80cm 的宽行中间取 40cm 种植玉米，上年的窄行变宽行堆秸秆。

图 4-2　东北（梨树县）秸秆全覆盖还田宽窄行种植技术模式

（三）留茬倒垄免耕播种技术模式

该模式通过留茬覆盖越冬控制农田土壤风蚀，并增加农作物秸秆还田量。其技术要点是：作物秋收后农田留 20～30cm 的残茬越冬；翌年春播时，采用免耕施肥播种机，错开上一茬作物根茬，在垄沟内少免耕播种；苗期进行中耕培垄、追肥及植保作业，深松作业可结合中耕或收获后进行。

（四）水田少免耕技术模式

该模式适用于重黏土、草炭土、低洼稻田，秋季免耕板茬越冬，春季轻耙或浅旋少耕整地，通过秸秆及根茬还田增加土壤有机质含量，并节约稻田灌溉用水。其技术要点是：在灌水轻耙前撒施底肥或原茬不动旋耕施肥，沿整地苗带进行插秧；插秧后免耕轻耙；加强生育期管理，尤其重视免耕轻耙前期生育稍缓问题。

二、东北西部干旱风沙区

（一）留茬覆盖免耕播种技术模式

该模式通过留茬覆盖越冬控制农田土壤风蚀，并增加农作物秸秆还田量，提高土壤蓄水保墒能力。其技术要点是：采用免耕施肥播种机进行茬地播种；苗期进行水肥管理及病虫草害防治；作物收获后，留高茬覆盖越冬，留茬高度 30cm 左右。

（二）旱地免耕坐水种技术模式

在东北西部半干旱区，作物播种期间降水量少，土壤表面蒸发强度大，耕层土壤含水量低，不能满足作物种子发芽，即使种子发芽，幼苗也难以正常生长，形不成壮苗，严重影响作物产量。坐水种技术是东北半干旱区为应对区域"十年九春旱"的一项重要的保苗措施，是一种局部有限灌溉技术，即在播种的同时将适量水灌入种沟或种坑内，创造适合种子发芽出苗的土壤水分小环境，达到抗旱保苗的作用。

该模式应用免耕措施减少秋季和早春季节动土，有效控制冬春季节农田土壤风蚀，保障播前土壤水分良好，并通过人工增水播种，提高作物出苗率。其技术要点是：采用免耕施肥坐水播种机进行破茬带水播种；苗期进行中耕追肥培垄，以及病虫草害防治；作物收获后，秸秆覆盖以留高茬形式为主，留茬高度 30cm 左右。

图 4-3 黑龙江省明水县农民采用免耕施肥坐水播种机进行破茬带水播种

图 4-3 为黑龙江省明水县农民采用免耕施肥坐水播种机进行破茬带水播种。

三、西北黄土高原区

（一）坡耕地沟垄蓄水保土耕作技术模式

该模式主要针对在黄土旱塬区坡耕地的水土流失问题，采用沟垄耕作法及沟播模式，提高土壤透水、贮水能力，拦蓄坡耕地的地表径流，促进降水就地入渗，减轻农田土壤冲刷和养分流失。其技术要点是：沿坡地等高线相间开沟筑垄，采用免耕沟播机贴墒播种；加强苗期水肥管理，控制病虫害；作物收获后秸秆还田，并进行深松。

甘肃东乡县 15 万亩双垄沟播玉米见图 4-4。

图 4-4　甘肃东乡县 15 万亩双垄沟播玉米

（二）坡耕地留茬等高耕种技术模式

该模式主要适用于黄土丘陵沟壑区坡耕地，通过等高耕作法（横坡耕作）减轻与防止坡耕地水土流失和沙尘暴危害，控制坡耕地地表径流，强化土壤水库集蓄功能。其技术要点：采用小型免耕沟播机沿等高线播种，苗期追肥和植保；收获后留茬免耕越冬，留茬高度 15cm 以上。

（三）农田覆盖抑蒸抗蚀耕作技术模式

该模式主要应用秸秆覆盖、地膜覆盖、沙石覆盖等形式，主要在作物生长期、休闲期与全程覆盖等不同覆盖时期，促进雨水聚集和就地入渗、增加农田地表覆盖、抑制土壤水分蒸发、减轻农田水蚀与风蚀。其技术要点是：因地制宜选择适合的覆盖材料和覆盖数量；免耕施肥播种或浅松播种，保证播种质量；进行杂草及病虫害防治。

四、西北绿洲农业区

（一）留茬覆盖少免耕技术模式

该模式利用作物秸秆及残茬进行覆盖还田，采用免耕施肥播种或旋耕施肥播种，有效减少频繁耕作对土壤结构造成的破坏，控制土壤蒸发，增加土壤蓄水性能，并减轻农田土壤侵蚀。其技术要点是：前茬作物收获时免耕留茬覆盖或秸秆粉碎还田，土壤封冻前灌水，休闲覆盖越冬；翌年春季根据地表茬地情况进行免耕播种或带状旋耕播种，一次完成播种、施肥和镇压等作业；生育期根据需要进行病虫草害防治和灌溉。

（二）沟垄覆盖免耕种植技术模式

该模式利用作物残茬等覆盖，采用沟垄种植并结合沟灌技术，应用免耕施肥播种，有效减少耕作次数和动土量，在控制土壤水分蒸发的同时减少灌溉水用量，并控制农田土壤侵蚀。其技术要点：冬季灌水，春季采用垄沟免耕播种机或采用垄作免耕播种机在垄上免耕施肥播种，苗期追肥、植保、灌溉，采用沟灌方式进行灌溉。

五、华北长城沿线区

（一）留茬秸秆覆盖免耕技术模式

该模式利用作物秸秆及残茬进行冬季还田覆盖，有效控制水土流失和增加土壤有机质，采用免耕施肥播种减少动土并保障春播时土壤墒情。其技术要点是：秋收后留茬秸秆覆盖，播前化学除草，免耕施肥播种；生育期病虫害防治，机械中耕及人工除草。

（二）带状种植与带状留茬覆盖技术模式

该模式主要适用于马铃薯种植区，重点针对马铃薯种植动土多、农田裸露面积大及风蚀沙尘严重问题，通过马铃薯与其他作物条带间隔种植技术与带状留茬覆盖技术减少土壤侵蚀。其技术要点是：马铃薯按照常规种植方式，其他作物采用免耕施肥播种机在秸秆或根茬覆盖地免耕播种；苗期管理中重点采用人工、机械及化学措施进行草害防控；作物收获后，留高茬免耕越冬，留茬高度 20cm 以上。

华北马铃薯带状间作留茬模式见图 4-5。

图 4-5　华北马铃薯带状间作留茬模式

六、黄淮海两茬平作区

（一）小麦-玉米秸秆粉碎还田免耕直播技术模式

该模式将小麦机械化收获粉碎还田技术、玉米免耕机械直播技术、玉米秸秆机械化粉碎还田技术，以及适时播种技术、节水灌溉技术、简化高效施肥技术等集成，实现简化作业、减少能耗、降低生产成本、培肥地力、节约灌溉用水目的。其技术要点包括：采用联合收割机收获小麦，并配以秸秆粉碎及抛撒装置，实现小麦秸秆的全量还田；玉米秸秆粉碎机将玉米秸秆粉碎 1～2 遍，使玉米秸秆粉碎翻压还田；小麦、玉米实行免耕施肥播种技术，播种机要有良好的通过性、可靠性，避免被秸秆杂草堵塞，影响播种质量；进行病虫草害防治，用喷除草剂、机械锄草、人工锄草相结合的方式综合治理杂草。

（二）小麦-玉米秸秆粉碎还田少耕技术模式

该模式同样以应用小麦机械化收获粉碎还田技术、玉米秸秆机械化粉碎还田技术为主，但在玉米秸秆处理及播种小麦时，采用旋耕播种方式，实现简化作业、降低生产成本、秸秆全量还田培肥地力、节约灌溉用水的目的。其技术要点包括：采用联合收割机收获小麦，并配以秸秆粉碎及抛撒装置，实现小麦秸秆的全量还田，免耕播种玉米，机械除草、化学除草；秋季玉米收获后，秸秆粉碎旋耕翻压还田并播种小麦；进行病虫草害防治和合理灌溉。

小麦-玉米秸秆粉碎还田少耕技术模式见图4-6。

图 4-6　小麦-玉米秸秆粉碎还田少耕技术模式流程

（三）小麦-玉米留高茬周年免耕技术模式

根据少免耕技术理论要求，在传统小麦、玉米秸秆利用的基础上，结合世界银行/全球环境基金项目的实施，系统探讨了小麦-玉米留高茬周年免耕技术模式（流程见图4-7），取得了粮食稳产增产条件下，减少农机作业2～3次，降低农田温室气体排放30％以上的良好效果。该模式主要技术流程与关键技术如下：

1. 周年两季免耕，种肥同播、小麦、玉米秸秆留高茬全量还田

小麦收获时选用联合收割机作业，留30cm左右的高茬（图4-8a），将粉碎后的小麦秸秆均匀地抛撒在地表，用免耕机具在麦行间直接播种夏玉米，种肥同播，夏玉米呈60cm等行距排列，玉米品种应进行种子包衣，生育时期100天以上，光合效率高，耐密植，抗逆性强。玉米籽粒采用机械收获后，秸秆自然矗立于地面，到适宜播

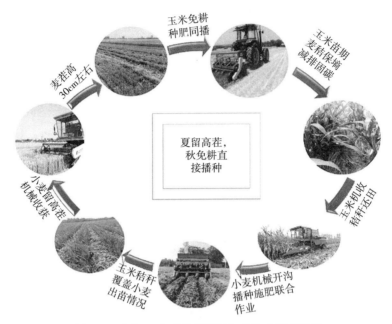

图 4-7　小麦-玉米留高茬周年免耕技术模式流程

种期，采用少免耕播种机械直接播种小麦，种肥同播（图 4-8b），小麦宽窄行布局，秸秆宽行集中覆盖，窄行播种小麦，行距 12cm 左右，肥料深施、种子侧播（图 4-8c），播后镇压，小麦品种应选用高产优质、抗逆性强的半冬性品种。

图 4-8　留高茬玉米小麦出苗、种肥同播、肥料深施种子侧播
a. 夏留高茬　b. 种肥同播　c. 肥料深施、种子侧播

2. 采用免缠绕一体化免耕播种，装备农机农艺融合

小麦和玉米播种均采用种肥同播一体化作业机械，将切秆碎土、秸秆还田、秸秆覆盖、化肥深施和种子沟播五大流程融为一体，一次完成切秆碎土（占地30%～40%）、秸秆宽行覆盖（25cm）、窄行土壤分离（12～14cm）、深沟施肥（15～20cm）、侧播镇压等多项作业。与传统播种模式相比，该模式在保证小麦、玉米出苗

质量的前提下，减少机械进地次数 1～2 次，节约成本 110～220 元/亩。

第三节 中国典型保护性农业模式研究与实践

一、小麦-玉米两熟（叶县）保护性农业研究与实践

（一）区域地理位置及主要气候特征

叶县位于河南省中南部、黄淮平原与伏牛山余脉结合部，是黄淮海平原典型的两茬平作区，处暖温带和亚热带气候交错的边缘地区，具有明显的过渡性特征。春暖、夏热、秋凉、冬寒，四季分明，日照充足。年平均气温 15.2℃，年总日照时数 1 915h 左右，年降水总量为 720mm，年无霜期日数 260d 左右。

（二）区域主要农作物分布及熟制类型

叶县土地总面积约 207 万亩，耕地面积 118 万亩左右。土壤有黄棕壤、沙黑土、潮土和褐土四大类，分别占总耕地面积的 77.53%、10.1%、12.35% 和 0.02%，常年粮食作物总播种面积 186 万亩，是传统的农业大县，产粮大县。小麦、玉米是叶县最主要的粮食作物，两作物播种面积和产量分别占粮食作物播种总面积和总产量的 96% 和 95%。小麦-玉米周年两熟是叶县最典型的种植方式，常年复种指数达 180% 以上。

（三）区域农业发展主要问题

随着农业集约化程度及土地利用程度的不断提高，该区域资源环境压力不断加大，面临着有机碳损失严重以及氮肥施用量大、资源利用效率低、温室气体节能减排潜力巨大的现实需求。据统计，叶县常年秸秆产量在 100 万 t 以上，80% 左右的秸秆直接粉碎还田，其中，小麦、玉米秸秆还田面积占比高达 93%。在生产资料投入上，年化肥施用量折纯量约为 10.06 万 t，亩均使用量 81.95kg；农药使用量达 0.08 万 t，亩均使用量 0.62kg；大、中、小机械装备种类齐全，年农业机械总功率达 80 万 kW，肥料利用效率一直在 30% 左右。

（四）叶县-小麦玉米保护性农业模式与技术研究与实践

在保障粮食产量的前提下，实现节能与固碳减排，并进行示范与减排效果评价，是实现粮食安全可持续发展的重要战略选择。2016—2020 年，围绕"气候智慧型主要粮食作物生产"的总体要求与目标，以保护性耕作技术筛选为核心，配套固碳减排新型肥料的筛选和减排增效新型种植模式的应用，系统开展了叶县小麦-玉米新技术与新模式筛选示范。通过 5 年的研究、示范与实践，构建了叶县小麦-玉米周年免耕保护性农业模式——"叶县模式"。从 2016 年开始，这一模式先后在河南豫北的滑县、豫中的建安区、豫西的洛阳市、豫南的方城县，以及山东省、山西省和河北省的局部地区进行示范推广，示范面积 50 余万亩。周年增产 1.13%，增加产值 7.92%，温室气体增温潜势（GWP）降低 44.03%，每亩节约化肥用量 20%，肥料利用效率

提高 5.31%，节约成本 1 650 元/hm²。该模式提高了农业投入品的利用效率和农机作业效率，减少作物系统碳排放，增加农田上壤碳储量，建立气候智慧型作物生产体系，增强项目区作物生产对气候变化的适应能力，推动农业生产中的节能减排，为作物持续生产和应对气候变化提供了成功经验和典范案例。

1. 叶县小麦玉米不同保护性耕作与化肥减施配套技术试验研究

（1）试验设计。试验在叶县龙泉乡牛杜庄村进行。0～20cm 和 20～40cm 耕层土壤中有机质含量分别为 8.338g/kg 和 5.879g/kg，全氮含量分别为 961.259g/kg 和 724.796g/kg，0～20cm 土层中速效磷和速效钾含量分别为 26.454mg/kg、168.027mg/kg。设耕作方式和施氮量双因素处理，采用裂区试验，在玉米季秸秆全量粉碎还田的基础上，设耕作方式为主区，分别为 PT：翻耕、RT：旋耕、NT：免耕 3 种耕作方式，副区为施氮量处理，设氮肥减施（LN）：120kg/hm²、常规施氮（CN）：220kg/hm² 2 个施氮量；设 4 个处理组合，大区对比，每区面积（50 m×18 m）。基肥、追肥比例为 5∶5，其他管理同高产大田。田间试验设计与气体采集装置见图 4-9。试验分别于越冬期（Re）、拔节期（Jo）、开花期（Fl）、灌浆期（Fi）、成熟期（Ma）5 个时期对土壤酶活性及 CH_4、CO_2、N_2O 排放通量等指标进行了测定。田间试验设计与气体采集装置见图 4-9。

图 4-9　田间试验设计与气体采集装置

（2）耕作方式和减氮处理对土壤酶活性的影响。

①耕作方式和减氮处理对土壤脲酶活性的影响。不同土壤间脲酶活性以单位时间（d）单位重量（g）土壤产生的 NH_3-N 量计。冬小麦返青期至成熟期间，脲酶活性呈现出先升高再降低，再升高再降低的趋势（图 4-10）。脲酶活性随季节而变化，在拔节期和灌浆期出现峰值。其中，拔节期土壤脲酶活性最高，开花期达到最低。2015—2016 年，0～20cm 和 20～40cm 土层脲酶活性最大值均出现在拔节期的 RT＋CN 处理，分别为 1.774/（g·d）和 1.046mg/（g·d）。2016—2017 年，0～20cm 和 20～40cm 土层脲酶活性最大值分别出现在拔节期的 RT＋CN 处理和灌浆期的 PT＋CN 处理，分别为 1.645mg/（g·d）和 0.883mg/（g·d）。在拔节期及之前，3 种耕作方式两两之间的脲酶活性存在极显著差异，拔节期之后差异显著性降低。在小麦成熟期，氮肥减施（LN）与常规施氮（CN）处理的脲酶活性达显著性差异。综合连续两年数据，与 PT＋CN 处理相比，NT＋LN、RT＋LN、PT＋LN、NT＋CN 处

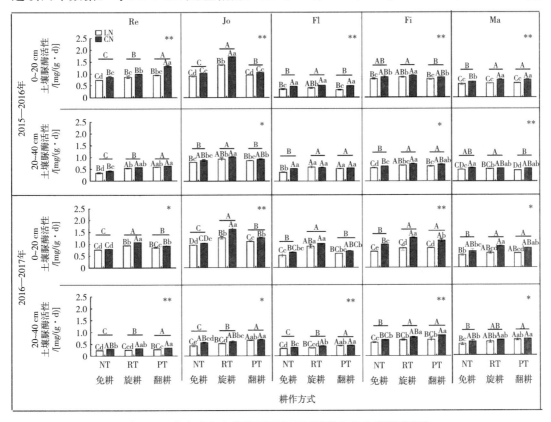

图 4-10 小麦季各生育期不同土层不同处理的土壤脲酶活性

注：1. 柱子上方的字母代表差异显著性，大写字母表示 $P<0.01$，小写字母表示 $P<0.05$。有相同字母则表示在对应水平上差异不显著。

2. 短线上的字母表示 NT、RT 和 PT 处理间在 $P<0.01$ 水平上的差异显著性。

3. 小图右上角表示 LN 与 CN 处理间的差异显著性，＊表示 $P<0.05$，＊＊表示 $P<0.01$，下同。

理的脲酶活性分别平均降低了 27.38%、8.12%、14.73%、13.41%、RT+CN 处理平均增加了 7.96%。

②耕作方式和减氮处理对土壤蔗糖酶活性的影响。不同土壤间蔗糖酶活性以单位时间（d）单位重量（g）土壤产生的葡萄糖量计。冬小麦返青期至成熟期间，土壤蔗糖酶活性总体呈现出先升高再降低，之后缓慢升高的趋势（图 4-11），在小麦拔节期最高，开花期最低。在不同土层中，正常施氮和减氮处理间，土壤蔗糖酶活性普遍达到差异显著水平或极显著水平，且 0～20cm 土层大于 20～40cm 土层。2015—2016 年和 2016—2017 年，0～20 cm 土层中 3 种耕作方式的蔗糖酶活性各时期均表现为 NT＞RT＞PT，而在 20～40cm 土层中，不同耕作方式间的蔗糖酶活性主要表现出 NT＜RT＜PT。综合两年数据，与 PT＋CN 处理相比，NT＋LN、RT＋LN、PT＋LN 处理的整体土壤蔗糖酶活性分别降低了 10.96%、9.9%、10.01%，NT＋CN、RT＋CN 处理土壤蔗糖酶活性分别增加 2.04%、1.65%。

（3）耕作方式和减氮处理对温室气体排放通量的影响

①耕作方式和减氮处理对 CH_4 气体排放通量的影响。由图 4-12 可知，不同处理下，小麦田甲烷排放通量均为负值，表明麦田对 CH_4 主要为吸收。小麦返青期到成

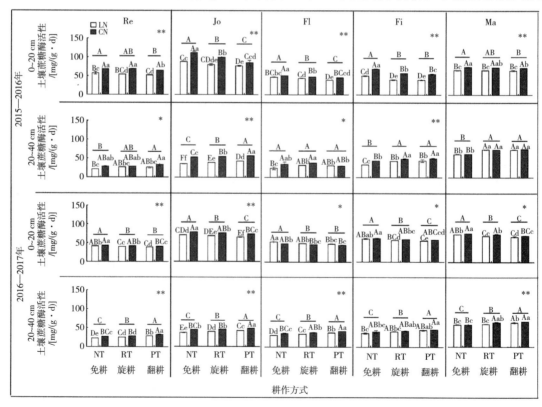

图 4-11　小麦季各生育期不同土层不同处理的土壤蔗糖酶活性

熟期，CH_4 的排放通量随小麦生育期的进行，呈现出先降低后升高再降低的趋势。在拔节期，CH_4 排放通量有最小值，且正常施氮和氮肥减施处理间差异均达到显著水平。不同耕作方式之间的排放通量，除 2015—2016 年开花期（Fl）外，则呈现出 NT＞RT＞PT。两个氮肥用量之间减氮吸收 CH_4 能力大于常规施氮，在拔节期差异最为显著。

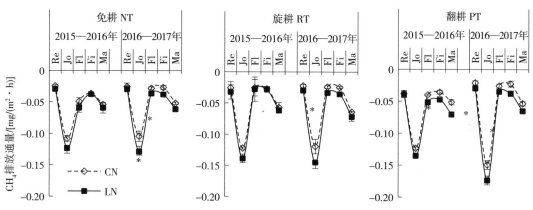

图 4-12　耕作方式和减氮处理对 CH_4 排放通量的影响

$*P<0.05$，$**P<0.01$，下同。

②耕作方式和减氮处理对 CO_2 气体排放通量的影响。由图 4-13 可知，麦田对 CO_2 气体主要表现为排放，排放通量趋势为先升高，后降低。在小麦返青期至成熟期间，CO_2 排放通量在拔节期出现排放高峰，且不同氮处理间均到达差异显著或极显著。耕作方式之间呈现出 NT＜RT＜PT。氮肥减施（LN）与常规施氮（CN）处理下的 CO_2 排放通量，整体呈现出 LN＜CN，尤其在拔节期存在显著性差异。在拔节期，NT、RT 和 PT 下的 LN 与 CN 处理的 CO_2 排放通量相比，第一年分别降低 5.87％、8.82％和 15.70％，第二年分别降低 4.14％、5.97％和 10.15％。

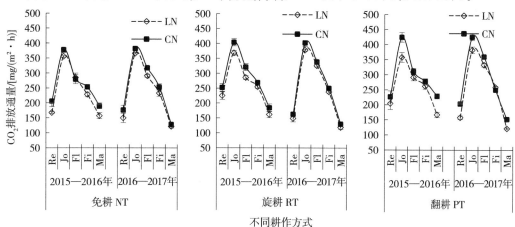

图 4-13　耕作方式和减氮处理对 CO_2 排放通量的影响

③耕作方式和减氮处理对 N_2O 气体排放通量的影响。由图 4-14 可以看出，N_2O 排放通量趋势也表现为先升高，后下降，最后趋于平稳的趋势。N_2O 在拔节期时排放速率最快。与传统的翻耕（PT）相比，第一年 NT 和 RT 能明显降低麦田 N_2O 排放通量 13.53% 和 1.60%，第二年分别降低 15.69% 和 4.82%。LN 与 CN 处理在拔节期差异最显著。第一年，NT、RT、PT 3 种耕作方式下，LN 处理下 N_2O 排放速率依次降低 27.83%、22.25%、16.70%，第二年分别降低了 13.25%、26.73% 和 18.79%。

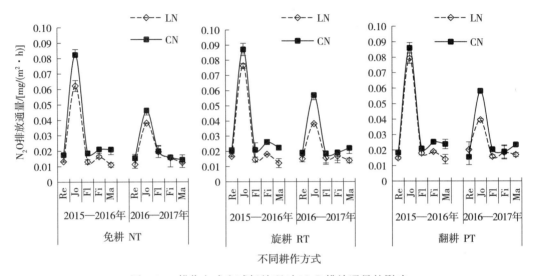

图 4-14　耕作方式和减氮处理对 N_2O 排放通量的影响

④土壤酶活性与气体排放通量的相关性分析。两年小麦季内土壤脲酶活性和蔗糖酶活性与温室气体排放通量的相关关系分别如图 4-15 和图 4-16 所示。其中，0～20cm 土层脲酶活性变化范围为 0.33～1.77mg/（g·d），蔗糖酶活性变化范围为 39.00～111.21mg/（g·d）。土壤脲酶活性与旋耕减氮和旋耕常规施氮处理中，CH_4 排放通量之间存在显著负相关关系，与其他处理的相关性均未达到显著水平；虽然土壤-作物系统 CO_2 排放通量随土壤脲酶活性增加表现出上升趋势，但没有达到显著水平；LN 条件下，NT 和 RT 处理中土壤脲酶活性与 N_2O 排放通量存在显著相关关系，RT+CN 处理下土壤脲酶活性与 N_2O 排放通量呈极显著正相关，其他处理之间相关关系不显著。各处理间土壤蔗糖酶活性与 CH_4 排放通量存在显著负相关相关系，相关系数为 -0.841～-0.694；蔗糖酶活性与 N_2O 排放通量之间存在显著正相关关系，相关系数为 0.671～0.818；虽然 CO_2 排放通量随土壤蔗糖酶活性增加整体呈上升趋势，但两者之间相关性不显著。

20～40cm 土层脲酶活性变化范围为 0.23～1.05mg/（g·d），蔗糖酶活性变化范围为 21.60～73.05mg（g·d）。其中，除 PT+CN 处理 20～40cm 土层脲酶活性与

N_2O 排放通量之间相关系数为 0.583，未达到显著水平外，其他处理两者之间的相关关系均达到显著水平；虽然整体上 CH_4 排放通量随脲酶活性降低而减小，CO_2 排放通量随土壤脲酶活性增强而变大，但均未达到显著水平；土壤蔗糖酶活性与 CH_4、CO_2 及 N_2O 排放通量之间相关关系均不显著。

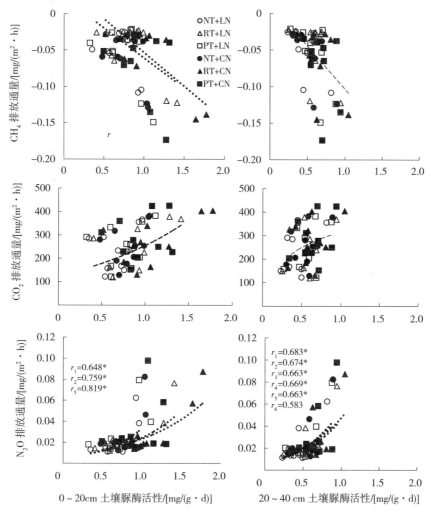

图 4-15 土壤脲酶活性与温室气体排放通量的关系

注：r 下标的 1、2、3、4、5、6 分别代表 NT+LN、RT+LN、PT+LN、NT+CN、RT+CN 和 PT+CN 处理；＊代表 $P<0.05$；＊＊代表 $P<0.01$，下同。

⑤小麦-玉米保护性种植与传统方式的产量效益比较。从表 4-2 可以看出，不同种植模式中，小麦产量为 7 245～7 920kg/hm²，保护性耕作模式较农户对照 2017—2018 周年减产 1.87％，2018—2019 周年增产 1.18％。从周年产值来看，保护性耕作模式较农户对照 2017—2018 周年减少产值 1.90％，2018—2019 周年增加产值 0.96％；2019—2020 周年产量农户模式和保护下耕作模式分别为 14 989kg 和

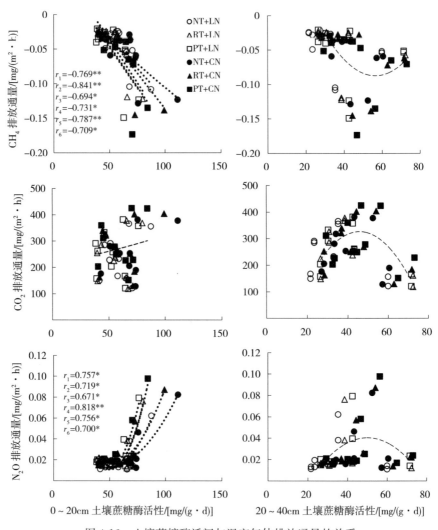

图 4-16　土壤蔗糖酶活性与温室气体排放通量的关系

15 334kg，保护性耕作模式增产 2.3%；周年产值保护下耕作模式较农户模式增加产值 2.26%。3 年的试验数据表明，保护性耕作可以实现产量和产值的增加，在前期产量虽有降低，但是经过一段时间的保护性耕作后，可以提高麦玉轮作的周年产量。

表 4-2　小麦-玉米保护性农业生产模式产量效益比较

示范年份	模式	小麦产量/(kg/hm²)	玉米产量/(kg/hm²)	周年产量/(kg/hm²)	小麦产值/元	玉米产值/元	周年产值/元
2017—2018	CK	7 920	7 290	15 210	17 424	14 142.6	31 566.6
	CA	7 740	7 185	14 925	17 028	13 938.9	30 966.9
2018—2019	CK	7 380	7 005	14 385	16 236	13 589.7	29 825.7
	CA	7 245	7 305	14 550	15 939	14 171.7	30 110.7

（续）

示范年份	模式	小麦产量/ (kg/hm²)	玉米产量/ (kg/hm²)	周年产量/ (kg/hm²)	小麦产值/ 元	玉米产值/ 元	周年产值/ 元
2019—2020	CK	7 530	7 459	14 989	16 566	14 470.5	31 036.5
	CA	7 650	7 684	15 334	16 830	14 906.9	31 737.0

注：小麦按收购价 2.2 元/kg、玉米按收购价 1.94 元/kg 计算；CK 为农户常规对照，CA 为保护性农业耕作模式。

⑥小麦-玉米保护性种植与传统方式的投入和收益比较见表 4-3。

表 4-3　小麦-玉米保护性种植与传统方式的投入和收益比较

投入	常规耕作小麦/ (元/hm²)	免耕小麦/ (元/hm²)	玉米/ (元/hm²)
种子	1 125	1 125	675
化肥	2 400	2 400	1 650
农药	300	600	450
机械	2 400	750	675
管理费用	900	1 200	450
收割	750	750	1 200
投入总计	7 875	6 825	5 100

同行项目专家对保护性耕作技术进行田间指导见图 4-17。

图 4-17　同行项目专家对保护性耕作技术进行田间指导

2. 保护性耕作配套固碳减排新型肥料试验研究

（1）试验设计。2016—2020 年，在河南叶县进行试验，试验共设 5 个处理：①普通尿素（U）；②尿素＋脲酶抑制剂（U＋HQ）；③尿素＋硝化抑制剂（U＋DCD）；④尿素＋脲酶抑制剂＋硝化抑制剂（U＋HQ＋DCD）；⑤包膜尿素（PCU）。处理重复 3 次，随机排列，小区面积 60m²（6m×10m），各小区之间留有 50cm 的间隙。试验中氮（N）、磷（P_2O_5）、钾（K_2O）的用量分别为 225kg/hm²、75kg/hm² 和 150kg/hm²。施肥时施用抑制剂，抑制剂与肥料均匀混合，所用抑制剂为 HQ（脲酶抑制剂）和 DCD（硝化抑制剂），其用量分别为尿素用量的 0.5%、5%，磷肥、钾肥统一做底肥一次性施入，氮肥分底肥和追肥 2 次施入，60%作基肥，40%在小麦拔节期进行追施。

（2）结果与分析。

①不同抑制剂＋氮肥施用对土壤氮素转化的影响。

A. 对土壤铵态氮浓度的影响。图 4-18 中与 U 处理相比，U＋HQ 处理除施肥前期土壤 NH_4^+-N 浓度低于普通尿素处理，苗期（10 月 28 日）以后，脲酶抑制剂的添加则可以提高土壤 NH_4^+-N 含量；U＋DCD 的施肥措施下，土壤中 NH_4^+-N 浓度始终高于普通尿素处理，表明硝化抑制剂很好地发挥了抑制作用，让土壤中 NH_4^+-N 浓度水平得到了提升。U＋HQ＋DCD 和 PCU（包膜肥料）模式都可以提高 NH_4^+-N 浓度，但 PCU 更能维持肥效持久，在小麦成熟期（5 月 29 日）土壤仍保持较高的 NH_4^+-N 浓度。

不同的氮肥调控措施中，土壤 NH_4^+-N 浓度均出现两个峰值，第一次是播种（10 月 28 日）后基肥分解，导致 NH_4^+-N 浓度的上升，第二次峰值出现在追肥之后（4 月 2 日），环境温度及土壤水分均充分满足尿素的分解条件，尿素迅速分解从而导致 NH_4^+-N 的浓度大幅提升，而氮肥调控措施又使得 NH_4^+-N 得以长时间保存，与 U 处理相比，U＋HQ、U＋DCD、U＋HQ＋DCD 和 PCU 处理的 NH_4^+-N 浓度分别提高 49.15%、86.18%、65.18%和 4.05%。在小麦的返青期（2 月 26 日）和拔节期（3 月 27 日），施包膜尿素的样地土壤 NH_4^+-N 浓度保持较高的水平，发挥了控释肥料肥效调节的作用。

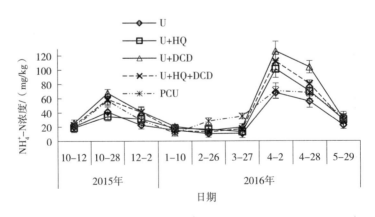

图 4-18　不同处理土壤铵态氮浓度动态变化

B. 对土壤硝态氮浓度的影响。与 U 处理相比，同一时期抑制剂添加和高分子包膜尿素 PCU 处理的土壤 NO_3^--N 浓度较低（图 4-19），表明 HQ、DCD 和 PCU 均可以抑制土壤铵态氮向硝态氮的氧化转化，使土壤硝态氮浓度有所降低，以 HQ 和 DCD 配施抑制效果最好，NO_3^--N 浓度最大降低幅度为 56.14%。

小麦生长过程中，所有处理中的 NO_3^--N 浓度从施基肥播种后不断上升直至出现峰值，随后小麦的生长期推进逐渐下降，最后在拔节期各处理间 NO_3^--N 浓度几乎达到一样的水平。尿素施入土壤后，在脲酶的作用下分解生成 NH_4^+-N，NH_4^+-N 很容易被氧化为 NO_3^--N，此时土壤中硝态氮的含量大大升高。然而土壤中的 NO_3^--N 累积后，通过淋失、被吸收和反硝化损失等多种途径后，不同处理土壤的 NO_3^--N 降到相近水平。而在追肥后，尿素进入土壤后，又经过新一轮的水解转化，最终在小麦收获期趋于平稳。

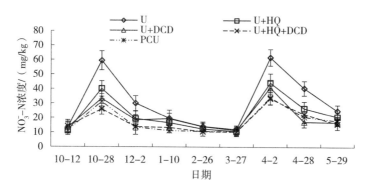

图 4-19　不同处理土壤硝态氮浓度动态变化

②不同氮肥调控措施对土壤酶活性的影响。

A. 土壤脲酶活性的动态变化。如图 4-20 所示，小麦进入返青期（2 月 26 日）之后，不同的氮肥调控措施下土壤脲酶的活性都不同程度增加，在追肥过后（4 月 2 日）出现峰值。追肥后增大了反应底物的浓度，同时土壤中的 NH_4^+-N 浓度也急剧升高，加速了土壤有机体的分解，土壤中有机质的含量不断增加，土壤脲酶的活性也呈现升高的趋势。

不同生长期，U＋HQ 处理土壤脲酶活性在所有处理中均为最低，表明 HQ 很好地发挥了对脲酶的抑制作用。U＋DCD、U＋HQ＋DCD 处理在追肥后也不同程度地降低了土壤脲酶活性。PCU 在追肥后，脲酶活性出现最大值 234.51mg/（g·d），表明 PCU 肥料追肥后，温度、水分等环境条件满足其分解条件，养分迅速释放，从而大幅提高土壤脲酶活性。

B. 土壤蔗糖酶活性的动态变化。蔗糖酶活性可以表征土壤肥力水平，其活性大小能够反映土壤养分供给水平，是土壤中碳的转化速度和呼吸强度高低的体现。

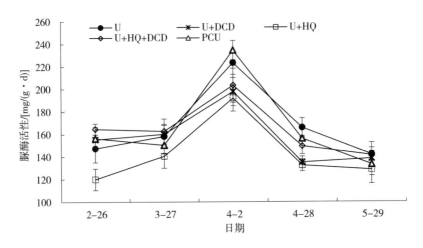

图 4-20　主要生长期土壤脲酶活性

图 4-21 中小麦从返青期（2 月 26 日）到拔节期（3 月 27 日），所有处理中土壤蔗糖酶的活性都有所减低，表明小麦进入返青期后生长迅速，不断消耗土壤养分，从而导致蔗糖酶活性的下降。随着追肥后养分的供给，小麦生长旺盛，地下根系发达且生物及微生物活动旺盛，激发了蔗糖酶的活性，U 和 PCU 处理下土壤蔗糖酶活性在追肥出现峰值，分别为 0.58mg/（g·d）和 0.38mg/（g·d）。然而 U＋HQ、U＋DCD 和 U＋HQ＋DCD 处理下土壤蔗糖酶活性峰值出现却表现出滞后性。

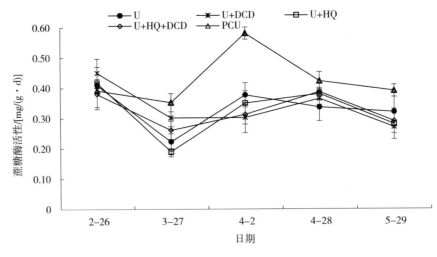

图 4-21　主要生长期土壤蔗糖酶活性

③不同氮肥调控措施对农田温室气体 N_2O 和 CH_4 排放通量的影响。

A. 农田 N_2O 排放通量季节变化特征

小麦生长季 N_2O 排放通量变化如图 4-22 所示。在小麦播种后（2016 年 10 月 21

日），田间土壤水分及温度条件适宜，施入土壤中的肥料分解速度较快，而此时小麦幼苗的土壤养分吸收能力较弱从而导致氮素剩余，从而为 N_2O 的生成提供了充足的氮源。随着小麦对氮素吸收能力的增强及氮源数量的减少，N_2O 排放通量也逐渐减少，在小麦越冬期排放通量最低，最小排放通量仅为 0.01mg/（$m^2 \cdot h$）。小麦进入返青期后，随着气温的逐步回升，N_2O 的排放通量也有所升高，在追肥后迅速增高，并出现排放峰值。随后 N_2O 的排放量逐渐降低，直到小麦成熟时，排放强度降至较低水平。

N_2O 排放通量较大的时期分布在秋季播种后（2016 年 10 月 21 日）和追肥后（2017 年 4 月 2 日）两个时期。播种后期 N_2O 的排放量较高的原因是受土地耕翻、基肥施入等因素的影响较大，而追肥后 N_2O 的排放峰值的出现则与追肥增加反应底物浓度和灌溉息息相关。在小麦整个生长过程中 U+DCD、U＋HQ＋DCD 措施相较于普通尿素 U，均不同程度降低了 N_2O 的排放通量，表明 DCD 的施加，对土壤硝化作用产生抑制作用，从而减少 N_2O 排放。普通尿素 U 模式下 N_2O 排放峰值最大为 0.18mg/（$m^2 \cdot h$），而 U+DCD 排放峰值仅为 0.11mg/（$m^2 \cdot h$）。

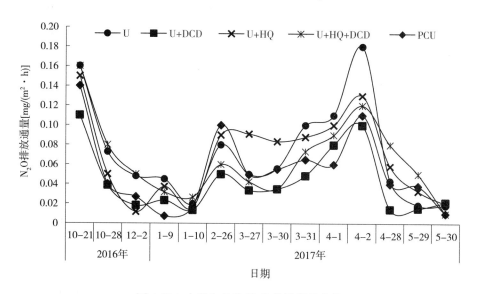

图 4-22 小麦生长季 N_2O 排放通量变化

B. 农田 CH_4 排放通量季节变化特征。从农田小麦生长季 CH_4 排放通量变化（图 4-23）中可以看出，在小麦的整个生长过程中，农田 CH_4 排放曲线波动起伏较大，交换通量均表现为吸收。小麦刚播种后，不同氮肥调控措施下麦田对 CH_4 的吸收通量较大，这可能是由于翻耕等措施使得土壤结构蓬松，土壤中氧气含量充足，CH_4 氧化菌活性较高而产 CH_4 菌活性在此时受到抑制，土壤对 CH_4 氧化作用较强。在 CH_4 排放曲线中，不同处理 CH_4 的吸收量在灌溉后（4 月 2 日）均下降，这可能跟灌溉后土壤含水率（19.30%）较高，致使土壤中有效空隙减少，人气中 CH_4 和 O_2 向土壤迁移运动受到阻碍，扩散量减少，反应底物和 O_2 的缺乏使得 CH_4 氧化菌活性下降，从而导致 CH_4 的吸收量也下降。另外，此时 CH_4 的吸收量下降的另一个可能原因是追肥后，土壤中 NH_4^+ 的含量升高，过多的 NH_4^+ 与 CH_4 发生竞争，共同争夺甲烷氧化酶的活性位点，从而导致土壤氧化吸收 CH_4 的能力下降。

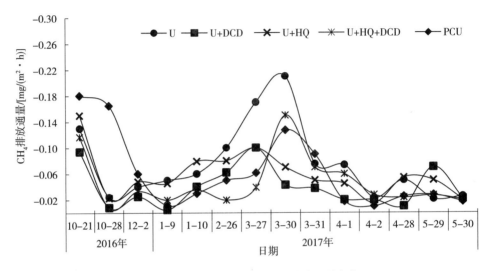

图 4-23　农田小麦生长季 CH_4 排放通量变化

C. 不同氮肥调控措施对温室气体累积排放量的影响。由表 4-4 可知，不同的氮肥调控措施较尿素施肥 U 均有效减少了 N_2O 累积排放量，减排效果呈现 U+DCD>PCU>U+HQ>U+HQ+DCD 的规律，分别降低了 62.24%、51.88%、13.05% 和 5.40%。CH_4 的累积吸收量最大发生在 U 处理的农田里，累积吸收量为 4.77kg/hm²，其他氮肥措施作用下，农田 CH_4 吸收量均低于 U 处理，并都达到显著水平（$P<0.05$），U+HQ+DCD 措施下 CH_4 吸收量最小，仅为 1.53kg/hm²。

表 4-4　不同处理温室气体累积量

不同处理	N_2O/（kg/hm²）	CH_4/（kg/hm²）
U	4.41±0.12 a	−4.77±0.09 a
U+HQ	3.83±0.05 b	−3.05±0.15 b
U+DCD	1.67±0.06 d	−2.32±0.10 b
U+HQ+DCD	4.17±0.51 a	−1.53±0.02 c
PCU	2.12±0.06 c	−2.20±0.05 b

注：同一列中，不同字母表示差异达到显著水平（$P<0.05$）。

④不同氮肥调控措施对小麦产量及温室气体排放强度的影响。

A. 不同氮肥调控措施下小麦产量及其构成因素。不同的氮肥调控措施对小麦产量及其构成因素的影响结果如表 4-5 所示。不同的氮肥措施均显著提高了小麦的穗数（$P<0.05$），以 U＋HQ 的增加作用最大，是 U 的 1.17 倍，其他 3 种措施下小麦穗数呈现 U＋HQ＋DCD＞U＋DCD＞PCU。U 处理下小麦的穗粒数最大为 48.60 粒，U＋HQ＋DCD 模式下小麦穗粒数最小为 39.40 粒。除了 PCU 穗粒数与 U 处理差异不显著外，U＋HQ 和 U＋DCD 均显著低于 U（$P<0.05$）。小麦千粒重在不同处理间没有显著差异（$P<0.05$），表明不同的氮肥调控措施对小麦千粒重的影响作用不大，小麦千粒重从大到小排序依次为 U（43.67g）＞U＋HQ（43.46g）＞U＋DCD（43.09g）＞U＋HQ＋DCD（42.35g）＞PCU（42.29g）。综合小麦穗数、穗粒数、千粒重等产量构成因素，得到不同处理下小麦的产量。产量结果显示，U＋DCD 和 PCU 处理下，小麦的产量均比 U 处理的高，分别是普通尿素处理的 1.04 和 1.01 倍，且 U＋DCD 与 U 间差异显著，但 PCU 与 U 差异不显著（$P<0.05$）。U＋HQ＋DCD 可导致小麦减产 9.91%，减产量为 749.62kg/hm²。U＋HQ 也造成小麦减产，但未达到显著差异水平（$P<0.05$）。

表 4-5 不同处理小麦产量及产量构成因素

不同处理	穗数/（万穗/hm²）	每穗粒数/粒	千粒重/g	产量/（kg/hm²）
U	419.23c	48.60a	43.67a	7 562.92b
U＋HQ	491.38a	41.30c	43.46a	7 497.73b
U＋DCD	465.58ab	46.00b	43.09a	7 844.13a
U＋HQ＋DCD	480.28a	39.40c	42.35a	6 812.76c
PCU	451.63b	47.20ab	42.29a	7 662.64ab

注：同一列中，不同字母表示差异达到显著水平（$P<0.05$）。

B. 不同氮肥调控措下温室气体全球增温潜势及排放强度。全球增温潜势可以用来估测及比较不同气体的排放对气候系统的潜在影响，而温室气体的排放强度很好地评价单位产量的温室气体的排放，反映出环境效益和生产效益的协调统一性。

由图 4-24 和图 4-25 可以看出，不同的氮肥调控措施对温室气体全球增温潜势及排放强度产生重要影响，全球增温潜势及排放强度均显著降低（$P<0.05$），其中 PCU 的作用最强，使温室气体全球增温潜势及温室气体排放强度分别降低了 34.68%、35.53%，很好地发挥了减排的效果。其他 3 种措施下全球增温潜势及排放强度表现出 U＋HQ＞U＋DCD＞U＋HQ＋DCD 和 U＋HQ＋DCD＞U＋HQ＞U＋DCD 的趋势。

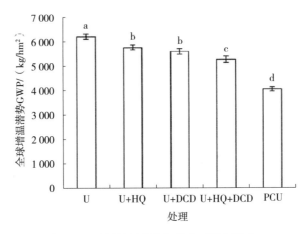

图 4-24　不同处理温室气体全球增温潜势

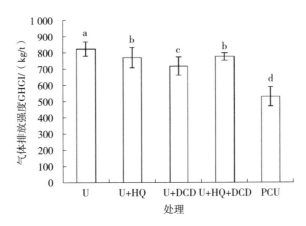

图 4-25　不同处理温室气体排放强度

⑤不同氮肥调控措施下农田温室气体排放相关因素分析

由表 4-6 可以得到，N_2O 排放通量与 NH_4^+-N 含量、NO_3^--N 含量相关分析结果显示，N_2O 排放通量与 NH_4^+-N 在不同水平上均存在正相关关系，而与 NO_3^--N 含量均呈极显著正相关（$P<0.01$），也表明氮肥施用对农田土壤 N_2O 排放的促进作用，同时，参与氮肥氮素转化的脲酶，也与 N_2O 排放通量呈极显著正相关（$P<0.01$）。本研究中麦田作为 CH_4 的汇，其吸收通量与 NH_4^+-N 含量之间存在极显著负相关关系，NO_3^--N 含量也与 CH_4 吸收通量存在显著（$P<0.05$）或极显著相关关系（$P<0.01$）。

表4-6 麦田温室气体排放通量与铵、硝态氮含量及土壤酶活性的相关性分析

	U			U+HQ			U+DCD			U+HQ+DCD			PCU		
	CO_2	N_2O	CH_4	CO_2	N_2O	CH_4	CO_2	N_2O	CH_4	CO_2	N_2O	CH_4	CO_2	N_2O	CH_4
铵态氮 NH_4^+-N	0.546*	0.575*	-0.662**	0.398	0.617*	-0.877**	0.518*	0.519*	-0.855**	0.358	0.901**	-0.118	0.574*	0.827**	-0.772**
硝态氮 NO_3^--N	0.355	0.684**	-0.717**	0.210	0.719**	-0.927**	-0.091	0.816**	-0.589*	0.209	0.914**	-0.082	0.137	0.876**	-0.836**
脲酶	0.042	0.896**	-0.357	-0.158	0.714**	-0.681**	-0.494	0.932**	-0.151	-0.372	0.734**	0.113	-0.150	0.726**	-0.540*
蔗糖酶	0.011	0.402	-0.250	0.234	0.269	-0.084	0.063	0.192	0.083	0.344	0.377	0.280	-0.015	0.618*	-0.232

**表示在 0.01 水平上显著相关，*表示在 0.05 水平上显著相关。

（3）结论。

①与施普通尿素 U 相比，不同的氮肥调控处理 U＋HQ、U＋DCD、U＋HQ＋DCD 和 PCU 均可提高土壤 NH_4^+-N 含量，降低土壤 NO_3^--N 含量，发挥良好的氮素调控作用。提高 NH_4^+-N 含量上，U＋DCD 作用效果最好，而在抑制 NH_4^+-N 向 NO_3^--N 转化上，HQ 和 DCD 的协同作用效果最好。在小麦生长过程的不同时期，不同的氮肥调控措施均抑制土壤的硝化作用，土壤表观硝化率均小于普通尿素 U 措施。

②小麦进入返青期后，随着气温的上升，土壤脲酶活性逐渐升高，在追肥后出现峰值，相较于 U，脲酶抑制剂、硝化抑制剂的添加可不同程度降低土壤脲酶活性，其中以 U＋HQ 的抑制效果最明显。不同的氮肥调控措施中仅有 PCU 可以明显提高土壤蔗糖酶活性，其他抑制剂添加措施对土壤蔗糖酶活性的影响作用规律性不明显。

③不同氮肥调控措施下，2 种温室气体中 N_2O 在整个小麦生长季都表现为大气的源，而 CH_4 则表现库的作用。N_2O 的排放通量结果显示，U＋DCD 及 U＋HQ＋DCD 控制措施相较于普通尿素 U 降低了 N_2O 的排放，对土壤硝化作用起到了较好的抑制作用。在整个小麦生长季，农田 CH_4 排放通量曲线波动较大，在小麦刚播种时期，吸收能力较强，而在灌溉后吸收通量下降。不同氮肥调控措施下农田温室气体累积排放量分析结果表明：不同的氮肥调控措施较尿素施肥 U 均有效减少了 N_2O 累积排放量，减排效果呈现 U＋DCD＞PCU＞U＋HQ＞U＋HQ＋DCD 的规律。CH_4 的累积吸收量最大发生在 U 处理的农田里，其他氮肥措施作用下，农田 CH_4 吸收量均低于 U 处理，并都达到显著水平（$P<0.05$）。

④不同的氮肥调控措施对小麦产量及其构成因素的影响结果分析表明：不同的氮肥措施均显著提高了小麦的穗数（$P<0.05$）。小麦的穗粒数最大值出现在 U 处理中，最小值出现在 U＋HQ＋DCD 中。小麦千粒重不同处理间差异不显著（$P<0.05$），从大到小依次为 U＞U＋HQ＞U＋DCD＞U＋HQ＋DCD＞PCU。综合小麦穗数、穗粒数、千粒重等产量构成因素，得到产量结果为：U＋DCD 和 PCU 措施下，小麦的产量分别是普通尿素 U 处理的 1.04 和 1.01 倍，U＋HQ＋DCD 可导致小麦减产 9.91％，U＋HQ 也造成小麦减产，但未达到显著差异水平（$P<0.05$）。不同的氮肥调控措施均显著降低温室气体全球增温潜势及排放强度（$P<0.05$），其中 PCU 的作用最强，使全球增温潜势及排放强度分别降低了 34.68％、35.53％，其他 3 种措施下全球增温潜势及排放强度表现出 U＋HQ＞U＋DCD＞U＋HQ＋DCD 和 U＋HQ＋DCD＞U＋HQ＞U＋DCD 的结果。

⑤不同氮肥调控措施下农田温室气体排放因素分析表明：农田土壤作为大气中 N_2O 的最主要释放源，氮肥是旱作农田土壤 N_2O 排放的最主要来源，N_2O 排放通量与 NH_4^+-N 在不同水平上均存在正相关关系，而与 NO_3^--N 含量均呈极显著正相关

（$P<0.01$）。参与氮肥氮素转化的脲酶，也与 N_2O 排放通量极显著正相关（$P<0.01$）。本研究中麦田作为大气 CH_4 的汇，CH_4 吸收通量与 NH_4^+-N 含量呈极显著负相关，而 NO_3^--N 含量也与 CH_4 吸收通量存在显著（$P<0.05$）或极显著相关关系（$P<0.01$）。

⑥综合考虑不同氮肥调控措施对土壤氮素转化、温室气体排放及小麦产量的影响，U＋DCD 和 PCU 措施较常规尿素 U 措施有明显的优势，在该区域今后的实际生产中，可以尝试采用氮肥配施硝化抑制剂和包膜尿素的途径，追求经济效益与农田生态建设的和谐统一。

3. 基于保护性耕作的减排增效新型种植筛选与试验研究

（1）试验设计。试验期间采用随机区组设计共设置了 3 个处理，即小麦-玉米、小麦-大豆、小麦-花生轮作模式，每个处理 3 个重复，共 9 个小区，每个小区 1 亩。小麦季和玉米季氮肥施用量均为 $220kg/hm^2$，基肥与追肥比为 5：5；大豆氮肥施用量为 $70kg/hm^2$，基肥一次性施入；花生氮肥施用量为 $140kg/hm^2$，基肥与追肥比为 6：4。所有作物磷肥和钾肥用量一致，均作为基肥一次性施入，分别施入磷 $46kg/hm^2$ 和钾 $50kg/hm^2$；整个轮作周期内，灌溉 2 次，其他管理措施同当地常规管理措施。

基于保护性耕作的减排增效新型种植模式田间试验见图 4-26。

图 4-26　基于保护性耕作的减排增效新型种植模式田间试验

（2）结果与分析。

①不同模式下的温室气体排放通量分析。自项目实施以来，即 2016—2017 和 2017—2018 两个轮作周年，进行了两个完整的轮作周年观测，2015—2017 年 3 种轮作模式系统 CH_4 和 N_2O 排放通量特征如图 4-27 所示。

旱地农田是大气 CH_4 的汇已经有大量报道。本观测结果与前人研究基本一致，两个轮作周年中 CH_4 交换通量均时有吸收，时有排放，整体上表现为大气 CH_4 净汇，尤其在小麦播种期、小麦拔节期和玉米抽雄期吸收最为明显，吸收峰值可达 0.12mg/（m^2·h）。这主要是与这些时期的气候条件有关系，温度高同时无明显降水，干燥透气的土壤环境有利于 CH_4 氧化菌的活性。

土壤 N_2O 排放在这两个轮作周年之间表现明显差异，第一轮作年主要集中在夏玉米季，花生处理的 N_2O 排放峰值达到了 $9\,000\mu g/（m^2·h）$，而第二轮作周年峰值排放主要集中在小麦播种期，峰值为 $430\mu g/（m^2·h）$，仅为第一年峰值的 $1/20$。这可能是由于第一年施肥后往往伴随降水，从而导致土壤水分含量较高，大量氮素经反硝化过程释放所致。

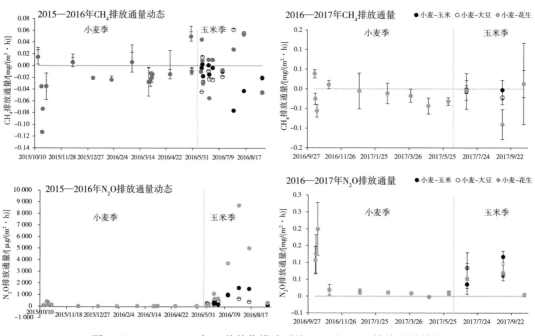

图 4-27　2015—2017 年 3 种轮作模式系统 CH_4 和 N_2O 排放通量特征

从 2017—2018 全年来看，3 种种植模式下的甲烷排放速率不尽相同。在小麦季主要呈现吸收作用，而在高温多雨的夏季，小麦-花生田和小麦-大豆田有排放趋势，小麦-玉米田则仍然保持吸收趋势（图 4-28）。3 种种植模式的 N_2O 排放通量主要发生

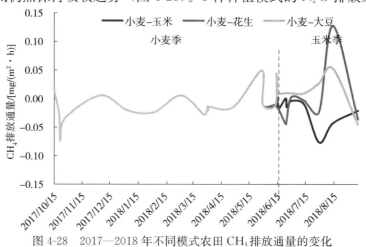

图 4-28　2017—2018 年不同模式农田 CH_4 排放通量的变化

在夏季 6～8 月（图 4-29）。N_2O 排放主要受施肥、降雨、温度的共同作用驱动，在 10 月初小麦基肥期和 6 月中旬玉米基肥期，由于没有灌溉，其 N_2O 排放并不明显。不同种植模式 N_2O 排放通量大小排序为：小麦-玉米＞小麦-大豆＞小麦-花生种植模式。

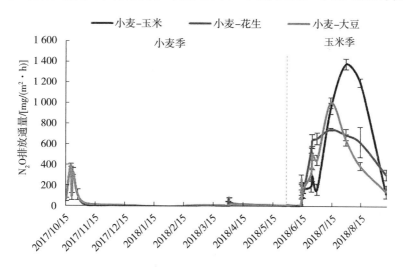

图 4-29 2017—2018 年不同模式农田 N_2O 排放通量的变化

②不同种植模式对 GHGs 净效应及排放强度的影响。表 4-7 为 2015—2018 年非 CO_2 温室气体年排放量及其强度的测试结果。从表中 CH_4 排放总量来看，3 种种植模式在 2015—2016 年和 2017—2018 轮作周年的排放量分别介于 -1.25～-0.44 和 -4.30～$-1.06kg/hm^2$，小麦-玉麦种植模式下 2017—2018 轮作周年较 2015—2016 轮作周年 CH_4 碳汇能力有所降低，小麦-大豆和小麦-花生种植模式均有不同程度的提高，分别增加了 3.3 和 8.8 倍。N_2O 排放总量的规律与 CH_4 不尽相同，3 种种植模式在第一年排放差异明显，小麦-花生种植模式排放总量最高，达 $57.63kg/hm^2$，小麦-大豆最低，为 $9.05kg/hm^2$。而第二年 3 种种植模式年排放总量均较第一年有不同程度下降，降幅达 7%～87%，尤其是小麦-花生轮作模式最为明显。

全球增温潜势（GWP）常常用来评价某种温室气体在一定时间尺度范围内的增温潜力，即每千克某种温室气体在 100 年范围内相当于多少千克 CO_2 的增温效应。IPCC 报告显示，在 100 年尺度范围内，CH_4 和 N_2O 的增温效应分别为 CO_2 的 25 倍和 298 倍。据此，我们的结果显示 3 种种植模式的 GWP 在 2015—2016 轮作周年和 2017—2018 轮作周年分别为 2 686～44 271 和 2 872～3 986。

表 4-7 2015—2018 年非 CO_2 温室气体排放量及其强度的测试结果

处理	$CH_4/$（kg/hm^2）	$N_2O/$（kg/hm^2）	GWP*/（kg/hm^2）	产量 t/hm^2
2015—2016 轮作周年				
小麦-玉米	-1.25 ± 0.13	14.96 ± 0.84	4 427$\pm$396	15.50

处理	$CH_4/$（kg/hm^2）	$N_2O/$（kg/hm^2）	$GWP^*/$（kg/hm^2）	产量 t/hm^2
小麦-大豆	-0.44 ± 0.13	9.05 ± 0.89	$2\ 686\pm419$	12.76
小麦-花生	-0.44 ± 0.13	11.23 ± 0.90	$3\ 336\pm421$	11.85
		2016—2017 轮作周年		
小麦-玉米	-1.16 ± 0.11	11.78 ± 0.64	$3\ 481.44\pm452$	16.87
小麦-大豆	-1.18 ± 0.14	8.73 ± 0.58	$2\ 572.04\pm345$	11.66
小麦-花生	-2.37 ± 0.17	7.56 ± 0.59	2193.63 ± 432	12.68
		2017—2018 轮作周年		
小麦-玉米	-1.06 ± 0.01	8.59 ± 0.65	$3\ 986\pm266$	18.12
小麦-大豆	-1.91 ± 0.10	8.40 ± 0.43	$3\ 366\pm134$	9.10
小麦-花生	-4.30 ± 0.35	7.49 ± 0.28	$2\ 872\pm194$	11.49

* GMP 为 CH_4 和 N_2O 折算为相同重量 CO_2 造成全球增温的能力表示，其计算公式为：$GMP=25\times CH_4+298\times N_2O$，式中，25 和 298 为 100 年增温潜势系数。

（3）结论。通过两年的田间观测，我们发现麦玉种植模式中的 CH_4 和 N_2O 年排放量分别为 $-1.25\sim1.06kg/hm^2$ 和 $8.59\sim14.96kg/hm^2$，其全球增温潜势为 $3\ 986\sim6\ 964kg/hm^2$。相比之下，小麦-大豆种植模式从非 CO_2 温室气体排放总量的角度来看，较传统麦玉模式具有较强的温室气体减排效果。因此，小麦-大豆和小麦-花生两种种植模式均是可以作为推荐当地农户应用的气候智慧型作物生产模式。

二、稻麦两熟（怀远）保护性农业研究与实践

（一）区域地理位置及主要气候特征

怀远县地处淮河流域中游、位于安徽省中北部、蚌埠市西侧、淮北平原的南部，地处北亚热带至暖温带的过渡带，兼有南北方气候特点，属北亚热带湿润性季风气候，气候相对温和，四季分明，光、热较为充足。无霜期长，全年无霜期约 220 天。年平均日照时数大约为 2 200h，作物生长活跃期的日照率为 $52\%\sim56\%$，全年太阳辐射总量约为 $0.4\times10^6 J/cm^2$，$5\sim9$ 月的太阳辐射总量约占年辐射总量的 53%。多年年平均气温为 $15.4\℃$，$\geqslant0\℃$ 生理积温 $5\ 229.8\℃$，$\geqslant10\℃$ 活跃积温 $4\ 812.5\℃$，年均日较差 $9.1\℃$。年平均降水量约 900mm，雨热同期，$6\sim8$ 月降水量约占全年的 50%。

（二）区域主要农作物分布及熟制类型

怀远县土地面积约为 $2.4\times10^5 hm^2$，全县耕地面积为 $1.478\times10^5 hm^2$，其中常用耕地 $1.26\times10^5 hm^2$，水田 $5.17\times10^4 hm^2$，水浇地 $6.87\times10^4 hm^2$，耕地的灌溉保证率在 50% 以上。怀远是农业大县，是全国的商品粮基地，农作物主要有小麦、水稻、

山芋、花生、油菜等，粮食总产量常年稳定在 120 万 t 左右，其中，小麦种植面积 180 万亩，水稻种植面积 90 万亩，是典型的稻麦两熟种植区。

（三）区域农业发展主要问题

该区域的资源环境压力不断加大，面临着有机碳损失严重以及氮肥施用量大、资源利用效率低、温室气体节能减排潜力巨大的现实需求。据统计，2016 年，怀远县总化肥（折纯）施用量为 11.95 万 t，其中氮肥 4.99 万 t，磷肥 1.81 万 t，钾肥 1.39 万 t，复合肥 3.59 万 t。自 2005 年以来，怀远县农药用量快速增加，从 2005 年的 1 599t 上升到 2016 年的 2 038t；农用塑料薄膜和农用柴油量基本保持不变。播种施肥强度达 457.83kg/hm^2，远超出全国 351.05kg/hm^2 的水平。另外，该区域的稻麦产量高，秸秆量大，但农机、农艺不配套，秸秆还田量不高，影响作物出苗。

（四）怀远稻麦两熟保护性农业模式与技术研究

针对稻麦两熟区秸秆还田难、资源利用率低、温室气体排放量高、耕地质量退化、资源利用率低等问题，于 2015 年 11 月至 2017 年 11 月在怀远县万福镇重点开展秸秆还田、少免耕为主的保护性耕作技术，水稻-小麦两熟模式下不同固碳减排新肥料，水稻-油菜、水稻-绿肥、水稻-冬闲农田固碳减排新模式的试验研究、试验与示范工作。

1. 稻麦两熟保护性耕作技术试验

针对项目区秸秆还田难、耕地质量退化，资源利用率低、温室气体排放量高等问题，本项目于 2015 年 11 月至 2017 年 11 月重点在小麦-水稻种植模式下开展作物秸秆还田、少免耕为主的保护性耕作技术试验研究，比较不同土壤耕作方式（免耕、旋耕、翻耕）与秸秆还田方式对小麦及水稻产量、资源利用效率、温室气体排放的影响。

（1）试验设计。试验采用裂区设计，试验设计见表 4-8。小区面积为 60m^2，试验中部分处理需做埂包膜，小区四周设置宽约 1m 的保护行。各小区秸秆还田和肥料管理：试验肥料施用氮肥为尿素（46% N），磷肥为普通过磷酸钙（14% P$_2$O$_5$），钾肥为氯化钾（60% K$_2$O），两季作物种植及肥水管理均按照当地高产模式进行。

水稻季：总施氮量 310kg/hm^2，基肥：追肥＝6：4，其中追肥包括拔节肥和穗肥各半；P$_2$O$_5$ 78.75kg/hm^2、K$_2$O 108kg/hm^2 作为基肥一次性施入。小麦季：每亩施氮量约 240 kg/hm^2，播种量为每亩 24kg，采用基肥：追肥（拔节肥）＝7：3 进行，其中 P$_2$O$_5$ 94.5kg/hm^2、K$_2$O 135kg/hm^2 作为基肥施入。T5、T8 处理：水稻施氮量 264 kg/hm^2，栽插规格为 25cm×13.3cm。小麦季施氮量为 198kg/hm^2，播种量为每亩 30kg。

产量及产量构成：水稻收获前按照平均有效穗数（普查 50 穴）取样 5 穴，考察穗粒结构（穗粒数、空瘪粒、千粒重）。选择有代表性区域实收 1m^2，计算实产。小麦在收获前调查单位面积穗数，随机选取 8～10 穴进行考种（实粒数，千粒重），收割 1m^2 测实产。

干物质积累：考种结束后，上述样品按茎鞘、叶、穗分装，置于 105℃烘箱杀青

0.5h，然后80℃烘至恒重，称重。

温室气体排放测定：采用静态暗箱-气相色谱法，定期监测温室气体排放，每7d一次。

表4-8　试验设计

处理编号	试验处理
T1	秸秆全量还田，水稻翻耕旋耕＋小麦旋耕
T2	秸秆全量还田，水稻翻耕旋耕＋小麦免耕
T3	秸秆全量还田，水稻旋耕＋小麦旋耕
T4	秸秆全量还田，水稻旋耕＋小麦免耕
T5	秸秆全量还田，增密减氮，水稻旋耕＋小麦旋耕
T6	秸秆不还田，水稻旋耕＋小麦旋耕
T7	秸秆不还田，水稻旋耕＋小麦免耕
T8	秸秆不还田，增密减氮，水稻旋耕＋小麦旋耕
T9	秸秆不还田，水稻翻耕旋耕＋小麦旋耕
T10	秸秆不还田，水稻翻耕旋耕＋小麦免耕

（2）结果与分析

①稻麦两熟保护性耕作技术对产量的影响。分析不同耕作措施对周年作物产量的影响（图4-30），结果表明，对于小麦季，秸秆不还田条件下，旋耕和免耕处理对小麦产量的影响不同。与旋耕相比，秸秆不还田免耕处理增加了小麦产量，两年趋势一致。但秸秆全量还田条件下，趋势则相反。与免耕相比，2016年秸秆全量还田下旋耕处理的小麦产量增加了6.1%，两年趋势一致。对于水稻季，秸秆不还田条件下，旋耕处理水稻产量略高于翻耕处理；但秸秆全量还田条件下，与旋耕处理相比，2016年翻耕处理水稻产量增加了约8.4%，2017年却降低了约7.0%，两年处理间差异均未达到显著水平。年际间水稻产量变化趋势不太一致，可能是由于秸秆还田在短期内增产效应不明显，而且受耕作方式影响，土壤中微生物及养分供应未达到平衡状态。从周年产量上来讲，秸秆全量还田下，翻耕处理的两年平均周年作物产量比旋耕处理降低了约1.7%，处理间差异不显著。结果表明，小麦季旋耕处理有利于提高小麦产量，而水稻季翻耕和旋耕措施对水稻的产量影响不明显。但考虑周年秸秆还田量较大，建议采取隔季翻耕或水稻季隔年翻耕（即水稻季翻一年旋一年）。

②稻麦两熟保护性耕作技术对干重的影响。比较2016年不同耕作模式对小麦和水稻干重的影响（图4-31），结果表明，秸秆全量还田下，无论小麦季旋耕还是免耕，水稻季翻耕处理增加了周年干重。与旋耕处理相比，小麦季免耕处理小麦干重略有增加，但水稻季翻耕处理的水稻干重则提高了12.6%，其中穗干重增加了15.4%。

③稻麦两熟保护性耕作技术对温室气体排放的影响。通过比较不同耕作措施对田

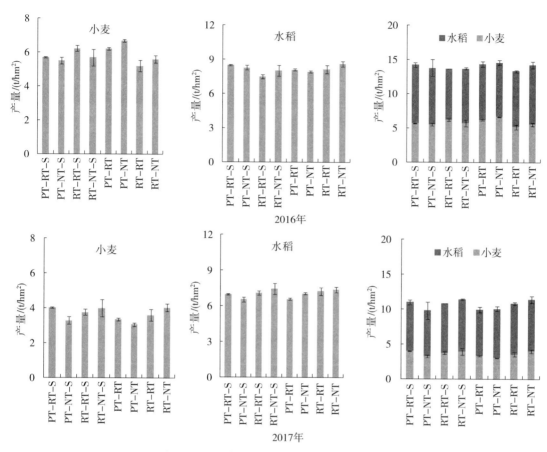

图 4-30　不同耕作措施对周年作物产量的影响

注：横坐标从左向右依次为 PT-RT-S，秸秆全量还田，水稻翻耕、旋耕＋小麦旋耕；PT-NT-S，秸秆全量还田，水稻翻耕、旋耕＋小麦免耕；PT-RT-S，秸秆全量还田，水稻旋耕＋小麦旋耕；PT-NT-S，秸秆全量还田，水稻旋耕＋小麦免耕；PT-RT，秸秆不还田，水稻翻耕、旋耕＋小麦旋耕；PT-NT，秸秆不还田，水稻翻耕、旋耕＋小麦免耕；PT-RT，秸秆不还田，水稻旋耕＋小麦旋耕；PT-NT，秸秆不还田，水稻旋耕＋小麦免耕。下同。

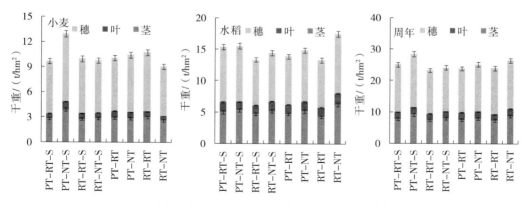

图 4-31　2016 年不同耕作措施对植株干重的影响

间 CH_4 排放的影响（图 4-32），结果表明，与秸秆不还田相比，秸秆全量还田增加了

水稻季 CH_4 排放量（4.4%），小麦季 CH_4 排放量无明显变化规律。秸秆全量还田条件下，2016 年水稻季翻耕处理的稻田甲烷排放略高于旋耕处理（约 4.4%），处理间差异不显著；但 2017 年却显著降低了约 12.9%，两年平均 CH_4 排放量降低了 6.8%。因 CH_4 排放量主要来源于水稻季排放，各处理间的周年 CH_4 排放量变化趋势与水稻季基本一致。

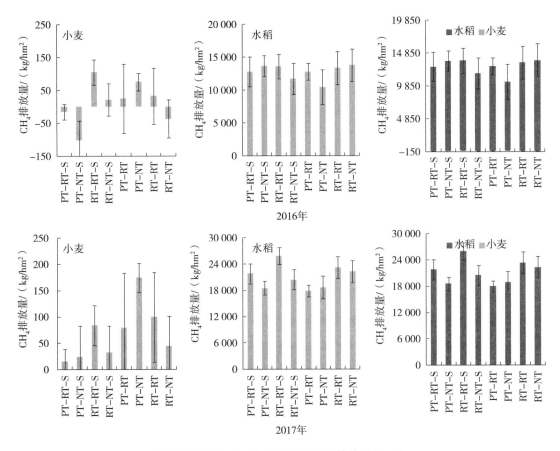

图 4-32　不同耕作措施对田间 CH_4 排放量的影响

田间氧化亚氮排放主要受小麦季排放量影响。对于小麦季，秸秆全量还田后 N_2O 排放量有所降低，两年趋势一致（图 4-33）。与秸秆不还田相比，2016 年秸秆全量还田条件下小麦季 N_2O 排放量降低了约 44.6%，2017 年降低了约 0.6%。通过比较小麦季耕作措施对田间 N_2O 排放的影响发现，旋耕处理降低了小麦季 N_2O 排放量，尤其是水稻季同为旋耕处理时。水稻季各处理间 N_2O 排放量无明显变化。周年 N_2O 排放规律与小麦季基本一致。

通过比较不同耕作措施对周年作物全球增温潜势的影响（表 4-9），结果表明，与秸秆不还田相比，秸秆全量还田下小麦季全球增温潜势降低了约 10.1%，但水稻季

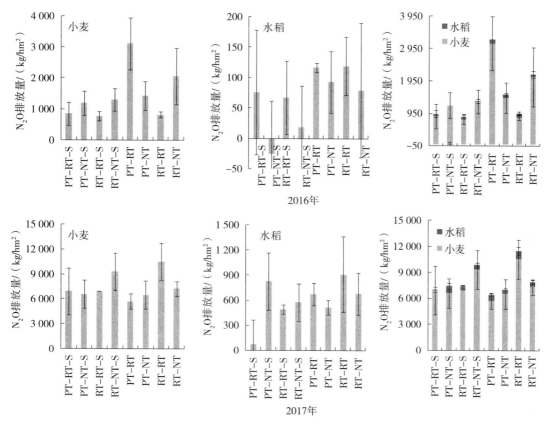

图 4-33　不同耕作措施对田间 N_2O 排放量的影响

增加了约 3.5%，周年秸秆全量还田后两年平均全球增温潜势变化不大（增加 0.6%）。进一步比较不同耕作方式差异发现，与旋耕处理相比，小麦季免耕处理两年平均 GWP 增加了 17.0%，水稻季翻耕处理则降低了 6.9%；周年 GWP 大小排序为 RT-RT-S＞RT-NT-S＞PT-RT-S≈PT-NT-S。

表 4-9　不同耕作措施对周年作物全球增温潜势的影响

单位：kg/hm²

处理	2016 年			2017 年		
	小麦	水稻	周年	小麦	水稻	周年
PT-RT-S	844.2b	12 878.6a	13 723b	6 954.4a	21 877.4a	28 832a
PT-NT-S	1 093.6b	13 652.1a	14 746ab	6 626.7a	19 380.3a	26 007a
RT-RT-S	878.2b	13 677.8a	14 556ab	7 075.8a	26 362.1a	33 438a
RT-NT-S	1 333.7b	11 763.7a	13 097b	9 370.5a	21 041.0a	30 411a
PT-RT	3 144.7a	12 939.9a	16 085a	5 795.3a	18 588.9a	24 384a

（续）

处理	2016 年			2017 年		
	小麦	水稻	周年	小麦	水稻	周年
PT-NT	1 510.9ab	10 541.0a	12 052b	6 696.2a	19 205.3a	25 901a
RT-RT	865.7b	13 503.6a	14 369ab	10 643.7a	24 175.3a	34 819a
RT-NT	2 042.6ab	13 861.9a	15 904a	7 319.5a	23 006.1a	30 326a

综合考虑作物产量及全球增温潜势，与常规秸秆不还田 RT-RT 处理相比，PT-RT-S、PT-NT-S、RT-RT-S 和 RT-NT-S 处理两年平均的周年作物单位产量温室气体排放量分别降低了约 18.3%、15.4%、7.2% 和 14.7%，其中以水稻季翻耕和小麦季旋耕处理的减排效果最佳，不同耕作措施对周年作物单位产量温室气体排放的影响见表 4-10。

表 4-10　不同耕作措施对周年作物单位产量温室气体排放的影响

单位：kg，以 CO_2 计

处理	2016 年		2017 年	
	小麦	水稻	小麦	水稻
PT-RT-S	0.15b	1.51a	1.92a	3.13a
PT-NT-S	0.20b	1.74a	2.03a	2.98a
RT-RT-S	0.14b	1.83a	1.89a	3.77a
RT-NT-S	0.24ab	1.47a	2.48a	2.82a
PT-RT	0.51a	1.61a	1.74a	2.85a
PT-NT	0.23ab	1.32a	2.21a	2.74a
RT-RT	0.17b	1.65a	3.05a	3.35a
RT-NT	0.35ab	1.62a	1.85a	3.10a

基于以上结果，对于水旱两熟地区，秸秆全量还田下采取水稻季翻耕＋旋耕，小麦季旋耕或者免耕的耕作模式有利于维持产量，同时降低田间温室效应。

2. 稻-麦两熟保护性耕作配套减排新肥料筛选试验

（1）试验设计与处理。针对项目区秸秆还田难、资源利用率低及温室气体排放高等问题，于 2015 年 11 月至 2017 年 11 月在怀远县万福镇重点开展水稻-小麦轮作模式下不同固碳减排新肥料对水稻生长特性及稻田温室气体排放影响的研究，比较秸秆还田与不还田措施下，减排材料［生物炭、硫酸铵、硝化抑制剂双氰胺（DCD）］等对作物生长发育与产量、水肥效率及农田增碳减排效应。

①小麦季试验设计。试验分主处理和副处理，其中，主处理为 S：水稻秸秆全量还田；NS：水稻秸秆不还田；副处理为施用硝化抑制剂（DCD）和未施 DCD。处理分别为 T1：常规施肥；T2：常规施肥＋DCD（水稻季＋生物炭）；T3：常规施肥＋

DCD（水稻季＋硫酸铵）。另外，增加秸秆燃烧还田处理（T4），设置空白处理（CK）。小麦播种后埋入底座。在小区四周设置宽约 1m 的保护行。

氮肥为尿素（46％ N）和硫酸铵（21％ N），磷肥用过磷酸钙（12％ P_2O_5），钾肥氯化钾（60％ K_2O）。当地常规施肥是尿素和 45％的三元复合肥混合经折算 N、P、K 含量，推算出氮肥、磷肥、钾肥所需的实物量：尿素 525kg/hm²（N 每亩约 14kg），过磷酸钙 750kg/hm²（P_2O_5 每亩约 6kg），氯化钾 187.5kg/hm²（K_2O 每亩 7.5kg）。根据试验要求，DCD 的用量是尿素的 3％。尿素施肥方法为基肥：追肥＝7：3，其中追肥在拔节期一次施入，过磷酸钙和氯化钾作为基肥一次施入。

②水稻季试验设计。试验采用裂区设计，分主处理和副处理。其中：主处理为小麦秸秆全量还田（S）和不还田（NS）；副处理为常规施肥（T1）；常规施肥＋生物炭（T2）；常规施肥＋硫酸铵（T3）。另外，增加秸秆燃烧还田处理（T4），设置空白处理（CK）。小区面积为 3 m×5 m ＝ 15 m²，小区间作田埂（30cm），用塑料薄膜深入田土犁底层之下，双面包裹，以防窜肥。水稻移栽后埋入底座，同时在田埂与底座间安置栈桥，以避免田间行走对土壤的扰动，影响取气效果。在试验区四周设置宽约 1m 的保护行。

田间管理：氮肥为尿素（46％ N）和硫酸铵（21％ N），磷肥用过磷酸钙（14％ P_2O_5），钾肥用氯化钾（60％ K_2O）；按照当地常规施肥水准：尿素 675kg/hm²（N 每亩约 20.7kg），过磷酸钙 562.5kg/hm²（P_2O_5 每亩约 5.25kg），氯化钾 180kg/hm²（K_2O 每亩约 7.2kg/亩）。根据试验要求，生物炭用量为 0.5kg/m²，尿素施肥方法为基肥：追肥＝6：4，其中追肥包括拔节肥和穗肥各半，过磷酸钙和氯化钾作为基肥一次施入。若施入硫酸铵，则常规施肥中全部由硫酸铵替换，保证总纯氮量不变，其中过磷酸钙和氯化钾的施肥量和使用方法保持一致。秸秆燃烧还田处理为地上部秸秆进行燃烧处理后以草木灰的形式施入。

③田间考察与指标测定。土壤理化性状：水稻（或小麦）收获后，采用五点梅花取样法取 0～20cm 土样，测定土壤基础地力；待小麦收获后，各小区按照同样的方法取 0～20cm 土样。测定土壤全氮、有机质、有效 P、速效 K、pH 等基础理化性状。

产量及产量构成：水稻收获前按照平均有效穗数（普查 50 穴）取样 5 穴，考察穗粒结构（穗粒数、空瘪粒、千粒重）。选择有代表性区域实收 1m²，计算实产。水稻在收获前调查单位面积穗数，随机选取 8～10 穴进行考种（实粒数，千粒重），收割 1m² 测实产。

干物质积累：考种结束后，上述样品按茎鞘、叶、穗分装，置于 105℃烘箱杀青 0.5h，然后于 80℃烘至恒重，称重。

温室气体监测：采用静态暗箱-气相色谱法，定期（每周一次）测定 CH_4、N_2O 等温室气体。

（2）结果与分析。

①稻-麦两熟保护性耕作配套减排新材料对产量的影响。不同减排新材料对周年作物产量的影响见图 4-34。结果表明，与秸秆不还田相比，秸秆全量粉碎还田下作物产量略有降低（1.7%），但处理间差异不显著。在秸秆不还田条件下，与常规施肥 T2 处理（CF）相比，小麦季增施硝化抑制剂（双氰胺）之后，2016 年和 2017 年 T3 （CF＋DCD）两年产量变化较小，T4（CF＋DCD＋AS）处理产量最高；水稻季增施生物炭产量有所增加，但增施硫酸铵增产效果不明显；从周年上来讲，小麦季增施硝化抑制剂（双氰胺）和水稻季增施生物炭处理（CF＋DCD＋B）周年产量最高，且与常规施肥相比，两年平均周年产量提高了约 4.7%。当秸秆全量粉碎还田时，与常规施肥相比，小麦季增施硝化抑制剂双氰胺 T6 和 T7 处理均提高了小麦产量；水稻季增施生物炭产量有所增加，但增施硫酸铵后产量变化较小。从周年产量来讲，与常规施肥相比，秸秆全量还田下小麦季增施硝化抑制剂（双氰胺）和水稻季增施生物炭处

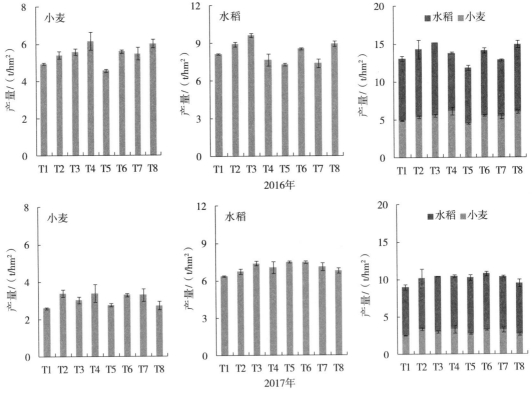

图 4-34　不同减排新材料对周年作物产量的影响

注：T1：不施氮肥（CK）；T2：常规施肥（CF）；T3：小麦季常规施肥＋双氰胺，水稻季常规施肥＋生物炭（CF＋DCD＋B）；T4：小麦季常规施肥＋双氰胺，水稻季常规施肥＋硫酸铵（CF＋DCD＋AS）；T5：秸秆还田，常规施肥（CFS）；T6：两季秸秆均还田，小麦季常规施肥＋双氰胺，水稻季常规施肥＋生物炭（CFS＋DCD＋B）；T7：两季秸秆均还田，小麦季常规施肥＋双氰胺，水稻季常规施肥＋硫酸铵（CFS＋DCD＋AS）；T8：常规施肥，秸秆焚烧还田（CF＋BS）。下同。

理（CFS＋DCD＋B）周年产量增加了约 12.6％。秸秆焚烧还田对作物的产量影响趋势不明显。两年小麦产量变化较大，这主要与 2016 年水稻收获后持续降雨，导致小麦播种质量和出苗率不高有关。

②稻-麦两熟保护性耕作配套减排新材料对植株干重的影响。比较 2017 年不同减排新材料对植株干重的影响（图 4-35），结果发现，秸秆不还田处理下，小麦季使用硝化抑制剂（双氰胺）和水稻季使用生物炭处理（CF＋DCD＋B）的干重最大，与常规施肥处理相比，周年植株总干重增加了约 11.5％。对于秸秆全量粉碎还田，T6 处理（CFS＋DCD＋B）小麦和水稻干重均最高，T7 处理（CFS＋DCD＋AS）的干重则有所下降；秸秆焚烧还田有利于增加小麦和水稻干重，这表明无论秸秆还田与否，小麦季施用硝化抑制剂（双氰胺）和水稻季施用生物炭模式的作物生产力较高。秸秆全量还田对小麦和水稻植株干重的影响有所不同。与秸秆不还田相比，秸秆全量还田下小麦总干重增加了约 4.8％，而水稻和周年总干重分别降低了约 5.9％ 和 3.4％，处理间差异不显著。

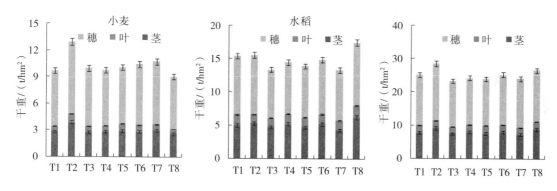

图 4-35　2017 年不同减排新材料对植株干重的影响

③稻-麦两熟保护性耕作配套减排新材料对温室气体排放量的影响。周年 CH_4 排放量主要受水稻季 CH_4 排放量的影响，受小麦季 CH_4 排放量影响较小。结果表明（图 4-36），小麦季 CH_4 排放量受硝化抑制剂的影响不大，差异主要集中在水稻季。秸秆不还田处理下，与常规施肥相比，2016 年增施生物炭和硫酸铵降低了水稻季稻田 CH_4 排放量，其中以生物炭的减排效应较为明显。秸秆全量粉碎还田下，增施生物炭和硫酸铵，2016 年 CH_4 排放量变化不大，但 2017 年两者均降低了稻田 CH_4 的排放量。与常规施肥相比，秸秆全量还田下增施生物炭和硫酸铵均有利于水稻季 CH_4 排放量的降低，两者使 CH_4 排放量分别降低了 2.6％和 10.0％。

周年 N_2O 排放主要集中于小麦季。不同减排新材料对 N_2O 排放的影响见图 4-37。结果表明，当秸秆不还田时，与常规施肥相比，增施 DCD（CF＋DCD＋B 和 CF＋DCD＋AS）显著降低了小麦季 N_2O 排放，CF＋DCD＋B 和 CF＋DCD＋AS 处理下 N_2O 排放量降低幅度分别为 38.8％和 10.4％；当秸秆全量还田下，与常规施肥处理相

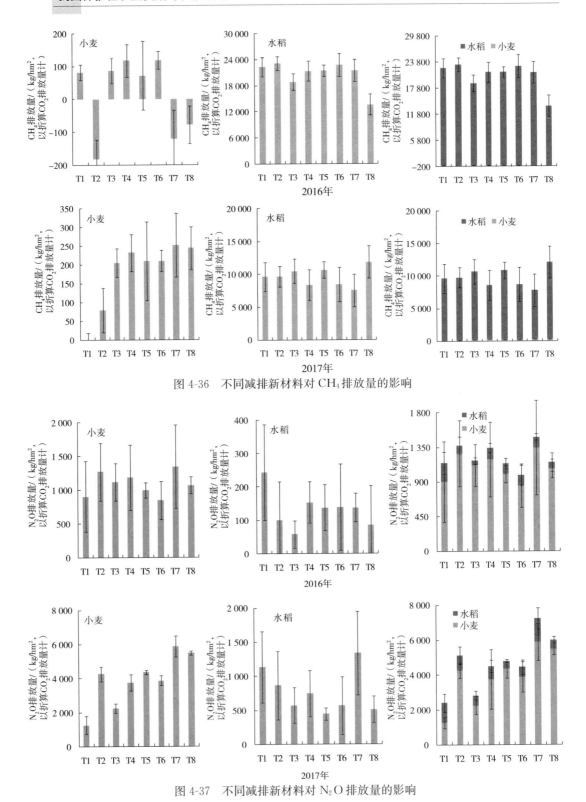

图 4-36　不同减排新材料对 CH_4 排放量的影响

图 4-37　不同减排新材料对 N_2O 排放量的影响

比，仅 CFS＋DCD＋B 处理下小麦季 N_2O 排放量降低了约 11.7%，但 CFS＋DCD＋AS 处理小麦季 N_2O 反而增加了约 35.0%，可能水稻季增施硫酸铵会改变小麦季土壤理化性状，导致小麦季 N_2O 排放量增加。水稻季 N_2O 排放量无明显变化趋势。从周年上来讲，秸秆全量还田下，小麦季增施硝化抑制剂＋水稻季增施生物炭均有利于 N_2O 排放量的降低。

比较不同减排新材料对周年全球增温潜势的影响（表 4-11），结果发现，秸秆不还田条件下，与常规施肥相比，增施硝化抑制剂（双氰胺）有降低周年全球增温潜势的趋势。当秸秆全量还田时，与常规施肥模式相比，2017 年 CFS＋DCD＋B 处理的GWP 显著降低了约 16.4%，CFS＋DCD＋AS 则仅下降了 4.1%，未达到显著差异；且 2016 年各处理间差异不显著。进一步比较减排新材料对小麦和水稻单位产量的温室气体排放量的影响（表 4-12），结果发现，无论秸秆还田与否，小麦季增施硝化抑制剂（双氰胺）和水稻季增施生物炭均有利于降低单位产量温室气体排放量。

表 4-11　减排新材料对小麦和水稻全球增温潜势的影响

单位：kg/hm^2

处理	2016 年			2017 年		
	小麦	水稻	周年	小麦	水稻	周年
CK	986.6a	22 591.9a	23 578 a	1 268.9c	10 754.2a	12 023 c
CF	1 088.8a	2 3301.0a	24 390 a	4 334.5abc	10 552.7a	14 887 ab
CF＋DCD＋B	1 204.8a	18 955.1a	20 160 a	2 468.3bc	11 032.8a	13 501 abc
CF＋DCD＋AS	1 308.9a	21 538.9a	22 848 a	3 993.5abc	9 093.4a	13 087 bc
CFS	1 071.8a	21 573.7a	22 645 a	4 568.6ab	11 098.4a	15 667 ab
CFS＋DCD＋B	968.8a	22 902.3a	23 871 a	4 087.4abc	9 012.8a	13 100 bc
CFS＋DCD＋AS	1 225.0a	21 580.0a	22 805 a	6 139.9a	8 884.0a	15 024 a
CF＋BS	993.7a	13 756.8a	14 751 a	6 088.2a	12 360.8a	18 449 a

表 4-12　减排新材料对小麦和水稻单位产量温室气体排放量的影响

单位：kg，以 CO_2 计

处理	2016 年		2017 年	
	小麦	水稻	小麦	水稻
CK	0.21a	2.78a	0.50c	1.68a
CF	0.21a	2.62a	1.34abc	1.57a
CF＋DCD＋B	0.21a	1.97a	0.80bc	1.49a
CF＋DCD＋AS	0.21a	3.03a	1.10abc	1.28a
CFS	0.23a	2.95a	1.70ab	1.39a
CFS＋DCD＋B	0.18a	2.68a	1.44abc	1.22a

（续）

处理	2016 年		2017 年	
	小麦	水稻	小麦	水稻
CFS+DCD+AS	0.22a	2.94a	1.85a	1.23a
CF+BS	0.16a	1.55a	2.10a	1.83a

基于以上结果，秸秆全量还田条件下，该项目区小麦季增施硝化抑制剂（双氰胺，纯氮用量的 3%）和水稻季增施生物炭（0.5kg/m²），有利于实现周年作物稳产，并降低温室气体排放。

3. 农田固碳减排新模式筛选与示范

针对项目区耕地质量退化、资源利用率低、温室气体排放高等问题，本项目于 2015 年 11 月至 2017 年 11 月重点开展不同轮作模式研究，在现有水稻-小麦模式基础上，根据当地作物系统和生态环境特征，增加水稻-油菜、水稻-紫云英、水稻-冬闲田等复种轮作模式，比较不同模式的作物产量、资源效率、农田温室气体排放的差异。

（1）试验设计与处理。试验设置 4 种轮作模式处理，S1：水稻-小麦；S2：水稻-油菜；S3：水稻-紫云英；S4：水稻-冬闲田。为方便田间农事操作，同一种轮作模式下，重复之间间距 30cm，不起土埂。按照当地的秸秆还田模式，水稻季整田时先翻耕后旋耕，小麦、油菜、紫云英采取少免耕措施。每个处理 3 次重复，共计 12 个小区，小区面积 225m²。

供试肥料和施肥管理：氮肥为尿素（46% N），磷肥为过磷酸钙（14% P_2O_5），钾肥为氯化钾（60% K_2O）。田间考察与测定指标如下。

作物周年产量：水稻收获前按照平均有效穗数（普查 50 穴）取样 5 穴，考察穗粒结构（穗粒数、空瘪粒、千粒重）。选择有代表性区域实收 1m²，计算实产。小麦在收获前调查单位面积穗数，随机选取 8～10 穴进行考种（实粒数，千粒重），收割 1m² 测实产。油菜收获前选取长势一致植株取样 5 穴，考察每株角果数、每角果粒数和千粒重，选择有代表性区域实收 1m²，计算实产。紫云英则在同时期（同季作物收获前）选取 1m² 测定地上部生物量。最后计算作物周年产量及经济效益。

干物质积累：每季作物于成熟期取样，调查干物质积累量；田间取 20 株单茎作为样品，称取鲜重后放入烘箱，于 105℃杀青 15min。然后在 80℃烘至恒重后取出，称干重，计算干物质积累速率。

土壤理化特性：测定土壤全氮、有机质、有效 P、速效 K、pH 等理化性状。

温室气体检测：采用静态暗箱-气相色谱法，测定 CH_4、N_2O 等温室气体，每隔 7d 左右采集一次气样。

不同处理肥料施用情况见表 4-13。

表 4-13　不同处理肥料施用情况

作物	面积/m²	田间施肥方案/（kg/小区）						
		基肥			复混肥	分蘖肥 尿素	拔节肥 尿素	穗肥 尿素
		尿素	普钙	KCl				
水　稻	225	9.1	12.7	4.05	—	—	3	3
小　麦	225	7	14.3	4.2	—	—	3	—
油　菜	225	—	—	—	10	—	—	—
紫云英	225	—	—	—	10	—	—	—
冬　闲	225	—	—	—	—	—	—	—

注：复混肥规格为 N：P_2O_5：K_2O＝24%：12%：6%。

（2）结果与分析

①农田固碳减排新模式产量效应。比较不同复种轮作模式对水稻季产量的影响（图 4-38），结果发现，在冬季作物秸秆全量还田条件下，与水稻-冬闲轮作模式相比，2016 年水稻-小麦、水稻-油菜、水稻-紫云英模式的水稻产量分别增加了约 4.8%、5.6%和 11.0%。2017 年除水稻-小麦模式下水稻产量高于冬闲模式外，水稻-油菜和水稻-紫云英模式均低于冬闲模式，这主要是由于 2016 冬季作物播种后遭遇冷害低温，严重降低了油菜和紫云英出苗率，绿肥作物盛花期生物量不高，导致 2017 年水稻季产量有所下降。

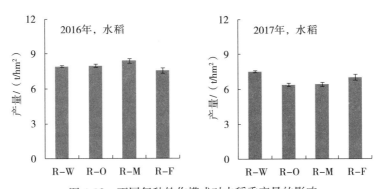

图 4-38　不同复种轮作模式对水稻季产量的影响

注：R-W：水稻-小麦；R-O：水稻-油菜；R-M：水稻-紫云英；R-F：水稻-冬闲。下同。

②农田固碳减排新模式温室气体排放效应。通过比较不同复种轮作模式对田间 CH_4 排放的影响（图 4-39），结果表明，CH_4 排放量主要来源于水稻季排放，冬季田间 CH_4 排放规律不明显。与水稻-冬闲轮作模式相比，2016 年水稻-小麦、水稻-油菜和水稻-紫云英的周年 CH_4 排放量分别增加了 69.7%、40.6%和 25.5%；2017 年除了水稻-小麦模式降低了 22.1%外，水稻-油菜和水稻-紫云英模式分别增加了 32.3%和 24.6%。这表明，以紫云英作为冬季作物，可有效降低水稻季 CH_4 排放。

不同复种轮作模式对 N_2O 排放的影响见图 4-40。结果表明，N_2O 排放量主要来

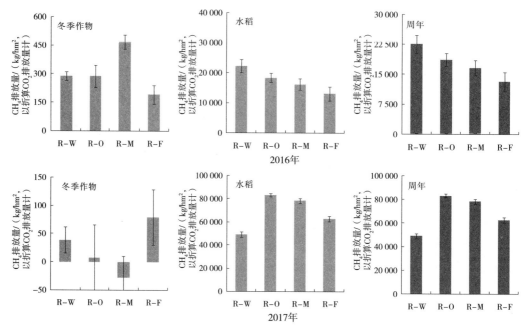

图 4-39 不同复种轮作模式对田间 CH_4 排放的影响

源于稻茬作物季的排放。因 2017 年冬季作物受冷害影响，仅对 2016 年进行比较。与水稻-冬闲轮作模式相比，2016 年水稻-小麦、水稻-油菜和水稻-紫云英的周年 N_2O 排放量分别增加了 113.6%、11.4% 和 8.4%；2017 年水稻-小麦、水稻-油菜和水稻-紫云英模式分别降低了 28.0%、38.8% 和 3.6%。

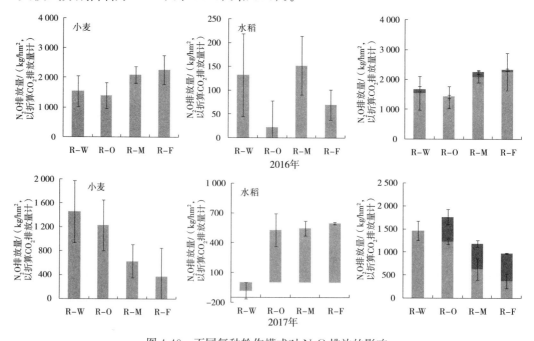

图 4-40 不同复种轮作模式对 N_2O 排放的影响

比较不同复种轮作模式对周年作物全球增温潜势的影响（表 4-14），结果表明，与水稻-冬闲轮作模式相比，2016 年水稻-小麦、水稻-油菜和水稻-紫云英的周年 GWP 排放量分别增加了 55.2%、28.8% 和 20.1%；2017 年除水稻-小麦模式降低了 21.1% 外，水稻-油菜和水稻-紫云英模式分别增加了 33.1% 和 24.6%。进一步比较不同复种轮作模式对水稻季单位产量温室气体排放的影响（表 4-15），结果发现，与水稻-冬闲轮作模式相比，2016 年水稻-小麦、水稻-油菜和水稻-紫云英的单位产量温室气体排放量分别增加了 63.4%、35.2% 和 14.0%。这表明，冬季作物种植紫云英的减排效应比较明显。

表 4-14　不同复种轮作模式对周年作物全球增温潜势的影响

单位：kg/hm^2

处理	2016 年		2017 年	
	冬季作物	水稻	冬季作物	水稻
R-W	1 836.5a	22 440.0a	1 498.3a	48 952.1a
R-O	1 693.4a	18 455.7a	1 237.8a	83 837.9a
R-M	2 409.1a	16 395.9a	601.8b	79 052.6a
R-F	2 454.8a	13 192.4a	452.0b	63 481.2a

注：R-W，水稻-小麦；R-O，水稻-油菜；R-M，水稻-紫云英；R-F，水稻-冬闲。下同。

表 4-15　不同复种轮作模式对水稻季单位产量温室气体排放的影响

单位：kg/hm^2，以 CO_2 计

处理	2016 年		2017 年	
	冬季作物	水稻	冬季作物	水稻
R-W	0.36	2.82a	0.51	6.45b
R-O	—	2.34a	—	13.0a
R-M	—	1.97a	—	12.30a
R-F	—	1.73a	—	9.01ab

③农田固碳减排新模式田间示范效果。本任务于 2018 年在项目区开展新模式验证示范，考虑到项目区水稻收获季节阴雨天气增加、气温偏低，以及紫云英耐渍性差等问题，选择水稻-小麦、水稻-油菜、水稻-毛苕子（同为豆科，耐渍性强），每种模式各 15 亩，按照当地的秸秆还田模式，水稻季整田时先翻耕后旋耕，小麦采用旋耕方式，油菜和毛苕子采取少免耕措施，水稻季肥料用量参照当地高产模式，冬季绿肥不施肥料，监测并比较了水稻产量、温室气体排放等指标。

比较不同种植模式对水稻季产量和温室气体排放的影响（表 4-16），结果发现，与冬季种植小麦相比，怀远试验点冬季种植油菜、毛叶苕子的水稻产量分别增加了 21.8%、12.6%；冬季种植绿肥显著降低了水稻季 CH_4 排放量、GWP 和 GHGI，

N_2O 处理间差异不显著。与水稻-小麦模式相比，水稻-油菜模式的排放量、GWP 和温室气体排放强度（GHGI）分别下降了 31.4％、32.6％和 5.3％，水稻-毛叶苕子模式则分别下降了 37.8％、35.0％和 42.2％。总的来说，水旱两熟区冬种绿肥作物（油菜、毛叶苕子）的增产减排效果明显。

表 4-16　不同种植模式对水稻季产量和温室气体排放的影响

处理	产量/ (t/hm²)	CH_4 排放量/ (kg/hm²)	N_2O 排放量/ (kg/hm²)	全球增温潜势 (GWP) / (kg/hm²)	温室气体排放强度 (GHGI) / [kg/ (hm²·kg)]
R-W	8.7b	208.3a	0.49a	5 560.6a	0.64a
R-O	10.6a	142.8b	0.11a	3 745.6b	0.35b
R-H	9.8a	129.5b	0.83a	3 613.2b	0.37b

注：R-W，水稻-小麦；R-O，水稻-油菜；R-H，水稻-毛叶苕子。

4. 保护性农业模式集成与示范

（1）试验设计。试验设置常规模式、耕作优化模式、种植优化模式和保护性农业模式，田间观察与指标测定为：产量及产量构成因素。成熟期调查每平方米的有效穗数和穴数，计算每穴平均有效穗数，然后按照平均有效穗数取样 5 穴，考察每穗总粒数、瘪粒数和千粒重，计算结实率；实收 1m²，去杂后按照标准含水率 14％计算实产；氮素利用效率；氮肥偏生产力；每千克氮素生产籽粒的重量；经济效益分析；记录水稻经济产量、农资投入（种子、化肥、农药、机械、灌溉等），计算农户收益；基于生命周期评价（LCA）法测算碳排放总量和碳足迹。

常规模式：水稻季使用插秧机进行机插，于 6 月 1 日左右软盘播种育秧，6 月 23 日左右移栽，栽插密度为 30cm×12cm，每穴 4～6 棵苗，11 月初收获。氮肥使用尿素（46％ N），用量为 675kg/hm²，磷肥使用过磷酸钙（14％ P_2O_5），用量为 562.5kg/hm²，钾肥使用氯化钾（60％ K_2O），用量为 100kg/hm²。尿素施肥方法：基肥：追肥＝6∶4，其中追肥包括拔节肥和穗肥各半，过磷酸钙和氯化钾作为基肥一次施入。移栽后清水浅插，高峰苗期看苗情晒田，后期干湿交替灌溉。小麦季进行机条播，11 月底、12 月初播种，6 月上旬收获。氮肥使用尿素（46％ N），用量为 480kg/hm²，磷肥使用过磷酸钙（14％ P_2O_5），用量为 625kg/hm²，钾肥使用氯化钾（60％ K_2O），用量为 167kg/hm²。整地时，施入氮肥 45kg/hm² 作为基肥，越冬期和拔节期分别追施腊肥和拔节肥 88kg/hm² 和 88kg/hm²，施用肥料类型为尿素。在拔节期追施氯化钾 44 kg/hm²。钾肥和磷肥基施。

耕作优化模式：水稻季采用翻耕＋旋耕整地，机插秧的方式。于 6 月 1 日左右软盘播种育秧，6 月 23 日左右移栽，栽插密度为 30cm×12cm，每穴 4～6 棵苗，11 月初收获。氮肥使用尿素（46％ N），用量为 675kg/hm²，磷肥使用过磷酸钙（14％ P_2O_5），用量为 562.5kg/hm²，钾肥使用氯化钾（60％ K₂O），用量为 100kg/hm²。尿素施肥方法：基肥∶追肥＝6∶4，其中追肥包括拔节肥和穗肥各半，过磷酸钙和氯化钾作为基肥一次施入。采取旱耕水管的方式，上水前耕整土地，上薄水层搅浆，墩田后移栽。移栽后清水浅插，高峰苗期看苗情晒田，后期干湿交替灌溉。小麦季进行旋耕机条播一体作业，11月底、12月初播种，6月上旬收获。氮肥使用尿素（46％ N），用量为 480kg/hm²，磷肥使用过磷酸钙（14％ P₂O₅），用量为 625kg/hm²，钾肥使用氯化钾（60％ K₂O），用量为 167kg/hm²。整地时，施入氮肥 45kg/hm² 作为基肥，越冬期和拔节期分别追施腊肥和拔节肥 88kg/hm² 和 88kg/hm²，施用肥料类型为尿素。在拔节期追施氯化钾 44kg/hm²。钾肥和磷肥基施。

种植优化模式：水稻季旱直播作业，于6月5日左右采用旋耕施肥播种镇压开沟一体机进行播种，用种量每亩 24kg，11月初收获。基肥施用复合肥（15∶15∶15）750kg/hm²，分蘖肥和穗肥的氮肥分别施用尿素 225kg/hm² 和 375kg/hm²，基肥∶分蘖肥∶穗肥＝5∶2∶3。磷肥和钾肥均作为基肥一次施入。播种后上水，浸润 0.5h，待出苗后覆水，之后干湿交替。做好田间杂草防控，以及病虫害的防治工作。冬季种植绿肥作物，水稻收获前 10d 左右，人工撒种进行套播（每亩 3kg 左右），水稻收获时秸秆留高茬还田，同时开丰产沟，每 3m 开一条排水沟，田块四周挖围沟，必要时田块中央垂直丰产沟、挖腰沟，及时排除田面积水。整个生育期不施肥，必要时看植株长势适量补充氮肥（尿素）每亩 3～5kg。

保护性农业模式：水稻季采用免耕直播的方式。直播前 20d 左右使用除草剂灭草（防止除草剂对水稻造成药害），之后淹水 5cm 左右促进绿肥腐解。播种前 2～3d 进行封闭除草，播前保持田面湿润（无明显水层），进行人工撒播，每亩用种量 3.5～4.5kg，11月初收获。基肥施用复合肥（15∶15∶15）750kg/hm²，分蘖肥和穗肥的氮肥分别施用尿素 225kg/hm² 和 375kg/hm²，基肥∶分蘖肥∶穗肥＝5∶2∶3。磷肥和钾肥均作为基肥一次施入。灌溉方式同种植优化模式，采取干湿交替的水分方式（注意保证播种期、分蘖期、拔节孕穗期、扬花灌浆期作物需水）。登记种植绿肥作物毛叶苕子。水稻收获前 10～15d，人工撒种进行免耕套播（每亩 3kg 左右），水稻收获时秸秆留高茬还田，同时开丰产沟，每 3m 开一条排水沟，田块四周挖围沟，必要时田块中央垂直丰产沟、挖腰沟，及时排除田面积水。整个生育期不施肥。

（2）结果与分析。

①产量及产量构成。比较不同稻作模式对水稻产量和产量构成的影响（表4-17），结果表明，与常规模式相比，耕作优化模式、保护性农业模式和种植优化模式水稻产量均有所增加，分别增加了 1.7％、3.4％和 1.7％，处理间差异未达到显著水平。进一步比较产量构成因素发现，耕作优化模式、保护性农业模式和种植优化模式的有效穗数和结实率均高于常规模式，三者有效穗数分别增加了 2.3％、6.4％和 5.3％，千

粒重则分别增加了5%、1.7%和2.0%；但穗粒数和千粒重略低，与常规模式相比，耕作优化模式、保护性农业农时和种植优化模式的穗粒数分别降低了20.3%、10.6%和15.3%，千粒重则分别降低了1.3%、2.6%和1.3%。

表4-17 不同稻作模式对水稻产量和产量构成的影响

处理	产量/（t/hm²）	有效穗数/（m²）	穗粒数/个	结实率/%	千粒重/g
常规模式	11.8±0.2a	430.1±16.5a	110.6±3.8a	91.9±0.9b	31.1±0.4a
耕作优化模式	12.0±0.3a	440.1±14.1a	88.1±3.4b	96.5±0.4a	30.7±0.0a
保护性农业模式	12.2±0.3a	457.5±23.4a	98.9±3.6ab	93.5±0.8ab	30.3±0.2a
种植优化模式	12.0±0.7a	452.8±27.5a	93.7±3.2ab	93.7±0.5ab	30.7±0.5a

注：数字后不同字母表示显著差异达0.05水平。

②氮肥利用效率。比较不同稻作模式对水稻季氮肥偏生产力的影响（图4-41），结果表明，与常规模式相比，耕作优化模式、保护性农业模式和种植优化模式水稻季氮肥偏生产力均有所增加，分别增加了2.4%、32.2%和30.0%，其中，保护性农业模式和种植优化模式均显著高于常规模式。这可能主要与保护性农业模式和种植优化模式氮素用量有关，两处理均增加了直播的播种密度，同时降低了20%的氮肥用量。

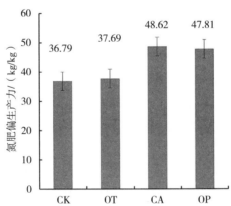

图4-41 不同稻作模式对水稻季氮肥偏生产力的影响
注：CK，常规模式；OT，耕作优化模式；CA，保护性农业模式；OP，种植优化模式。下同。

③碳排放和碳足迹。不同稻作模式对水稻季碳排放总量和碳足迹的影响见图4-42，结果表明，与常规模式相比，耕作优化模式投入品排放略有增加（5.2%），保护性农业模式和种植优化模式投入品排放则呈降低趋势，分别降低了9.5%和6.6%；对于CH_4排放，保护性农业模式和种植优化模式显著低于常规模式和耕作优化模式，降低幅度均为44.4%；对于N_2O排放，保护性农业模式和种植优化模式显著低于常规模式和耕作优化模式，降低幅度均为21.6%；保护性农业模式的碳排放总量最低，为每亩561.2kg（以折算CO_2排放计）。

与常规模式相比，耕作优化模式、保护性农业模式和种植优化模式碳足迹均呈下降趋势，分别显著降低了 1.4%、37.4% 和 35.8%，以保护性农业模式的碳足迹最低。

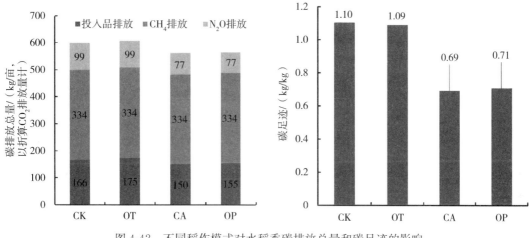

图 4-42　不同稻作模式对水稻季碳排放总量和碳足迹的影响

④经济效益分析。不同稻作模式下水稻季经济效益与产出情况比较见表 4-18，结果表明，常规模式、耕作优化模式、保护性农业模式和种植优化模式水稻季净收益分别为 899.2 元/亩、909.9 元/亩、997.1 元/亩、990.7 元/亩，以保护型农业模式净利润最高。按照当年水稻收购价 2.52 元/kg 计算，4 个模式的经济收益分别为 1 974.6元/亩、2 023.3元/亩、2 045.9元/亩、2 012.1元/亩，以保护型农业模式经济收益最高。不同模式的生产投入差异主要集中在人工费用、整地费用、灌溉费用和肥料投入等方面，尤其在整地费用和人工费用投入较高。对于生产成本投入，不同模式的生产成本投入大小排序依次为：耕作优化模式＞常规模式＞保护性农业模式＞种植优化模式，其中耕作优化模式投入达 1 113.4元/亩。

若不考虑土地转让带来的地租，农户自家种植时，水稻季净收益以保护性农业模式最高，达1 604.1元/亩，其次为种植优化模式，常规模式和耕作优化模式最低；对于冬季作物，因保护性农业模式和种植优化模式冬季绿肥，仅种子投入为 60 元/亩，无收益根据土壤特性及生产方式选择合理的种植模式。

表 4-18　不同稻作模式下水稻季投入与产出情况比较

| 模式 | 生产投入/（元/亩） | | | | | | | | | 产量/（kg/亩） | 效益/（元/亩） | 净收益/（元/亩） | 农户自家种植净收益＊/（元/亩） |
	地租	种子	化肥	农药	人工	灌溉	除草剂	收获	整地	合计				
水稻季														
常规模式	500	44.4	180	90	76	45	25	70	45	1 075.4	783.6	1 974.6	899.2	1 475.2
耕作优化模式	500	44.4	180	90	74	45	25	70	85	1 113.4	802.9	2 023.3	909.9	1 483.9

（续）

模式	生产投入/（元/亩）										产量/（kg/亩）	效益/（元/亩）	净收益/（元/亩）	农户自家种植净收益*/（元/亩）
	地租	种子	化肥	农药	人工	灌溉	除草剂	收获	整地	合计				
保护性农业模式	500	51.8	160	90	107	45	25	70	0	1 048.8	811.9	2 045.9	997.1	1 604.1
种植优化模式	500	44.4	160	90	87	25	25	70	20	1 021.4	798.4	2 012.1	990.7	1 577.7

* 表示未发生土地转让时的净收益，农户自家土地无需承担地租和人工费用。

以上结果表明，对于怀远项目区，保护性农业模式和种植优化模式有利于维持水稻产量，增加农户水稻季的经济收入，同时降低稻田碳排放和碳足迹。

三、黄淮南片砂姜黑土区保护性农业研究与实践

（一）区域地理位置及主要气候特征

项城市位于河南省东南部，居黄河冲积平原南部，在淮河主要支流沙颍河中游，是黄淮南片砂姜黑土区，属亚热带向暖温带过渡区，为暖温带季风型大陆性气候，气候冷暖适中，兼有南北之长，高温期与多雨期一致，能满足多种植物栽培和生长的需要。项城市年平均气温 14.7℃，年总日照时数 2 158h 左右，年降水总量 850mm，年无霜期日数 219d 左右。

（二）区域主要农作物分布及熟制类型

项城市土地总面积 160.68 万亩，其中耕地面积 98.5 万亩，占全市土地总面积的 62.2%。土壤有砂姜黑土、潮土、黄棕壤土三大类，分别占总耕地面积的 51.7%、44.74%、3.56%，常年粮食作物总播种面积 209.55 万亩，是传统的农业大县、产粮大县。小麦和玉米是项城市最主要的粮食作物，两作物播种面积和产量分别占粮食作物播种面积和总产量的 94.43% 和 85.95%，麦-玉周年两熟是项城市最典型的种植模式。

（三）区域农业发展主要问题

砂姜黑土最大的特点是土质黏重，土壤耕性差，耕作层浅而疏松，犁底层厚而坚实，土壤通透性能差。砂姜黑土的土壤结构特点严重阻碍作物根系的生长活动空间，直接影响作物根系的吸收能力，影响作物生长发育，严重限制作物高产。目前使用的传统土壤耕作方式加速了犁底层的形成，造成土壤通透性差，耕层有机质含量低，应根据砂姜黑土的特点进行技术改良和培肥地力。据统计，项城市常年秸秆产生量在 110 万 t 以上，秸秆综合利用率在 95% 左右，其在生产资料投入上的年化肥施用量折纯量约为 4.7 万 t，亩均化肥使用量 47.66kg；农药使用量达 0.15 万 t，亩均使用量 1.48kg；大中小机械装备种类齐全，年农业机械总动力达 67.29 万 kW，肥料利用效

率在 30% 左右。

(四) 黄淮南片 (项城) 保护性农业技术模式研究与实践

针对砂姜黑土的主要特点，2010—2013 年，在项城市重点开展了不同保护性耕作方式及施氮量对砂姜黑土土壤结构的变化、土壤中氮素的转化特征、冬小麦的氮素利用效率的影响研究，筛选了有利于砂姜黑土区小麦产量和品质形成的保护性耕作方式及施氮量最优组合，从而为砂姜黑土区小麦合理施肥、均衡增产和资源高效利用提供了理论和技术支撑。

1. 试验设计

玉米收获后，将秸秆全量粉碎还田，在地表撒均匀，在此基础上，本试验采用裂区试验设计，主区为 3 种耕作方式，即深松方式 (subsoiling tillage，ST)：小麦播前采用深松旋耕一体机整地，松土深度 35cm；旋耕方式 (rotary tillage，RT)：小麦播前采用旋耕机整地，旋耕深度 10cm；常规方式 (conventional tillage，CT)：小麦播前采用翻耕机，配合圆盘耙整地，翻耕深度 25cm。副区为施氮量，分别设 4 个施氮水平，N0：不施氮 (对照)；N120：施纯氮 120kg/hm^2；N225：施纯氮 225kg/hm^2；N330：施纯氮 330kg/hm^2。共 12 个处理组合，3 次重复，小区面积 130m^2。供试小麦品种为周麦 23，于 2011 年 10 月 20 日和 2012 年 10 月 18 日播种，播种量为 150kg/hm^2，行距 20cm。试验所用氮肥为尿素 (N 含量 46%)，所用磷肥为过磷酸钙 (P$_2$O$_5$ 含量 14%) 857kg/hm^2，所用钾肥为氯化钾 (K$_2$O 含量 60%) 200kg/hm^2。各处理中氮肥的基肥与追肥之比均为 6:4，磷、钾肥全部施基肥，追肥在拔节期配合浇水一次性施入。其他栽培措施按当地高产田管理方式统一进行。

2. 结果与分析

(1) 耕作方式及施氮量对砂姜黑土土壤理化性状和生物学性状的影响。

①耕作方式及施氮量对砂姜黑土土壤理化性状的影响。

A. 耕作方式对不同土层的土壤含水量、容重、密度和总孔隙度的影响。由表 4-19 和表 4-20 可知，在 0~10cm 土层，两年试验均以旋耕方式的土壤容重最小，与其他两个耕作方式差异显著，且土壤含水量和总孔隙度最大，其中 2011—2012 年土壤容重和总孔隙度深松和常规耕作间差异不显著，2012—2013 年土壤容重和总孔隙度在 3 种耕作方式间差异显著，土壤容重大小排序为旋耕<深松<常规，总孔隙度则相反。土壤密度两年均表现为 3 种耕作方式间差异不显著。说明旋耕较其他两种耕作方式可以显著增加根际层土壤孔隙度，而常规翻耕黏土上移增大了表层 (0~10cm) 土壤容重。

在 10~20cm 和 20~40cm 土层，两年均以深松方式土壤容重最小，土壤含水量和总孔隙度最大，且与其他两个耕作方式差异显著，土壤密度除 2011—2012 年 10~20cm 土层深松方式显著大于旋耕和常规耕作方式外，两年间 3 种耕作方式差异均不显著。两年间 10～20cm 土层 3 种耕作方式的土壤含水量、土壤容重和总孔隙度均差异显著，土壤容重大小排序为深松＜常规＜旋耕，土壤总孔隙度和含水量则以深松最大，旋耕最小，而 20～40cm 土层常规和旋耕的土壤含水量、土壤容重和总孔隙度两年均差异不显著。说明深松方式较其他两种耕作方式能显著降低10～20cm 和 20～40cm 土层的土壤容重，增大土壤总孔隙度，提高了土壤的深层贮水能力；旋耕方式较常规耕作能降低 10～20cm 土层土壤容重，但对 20～40cm 土层的影响不大。

表 4-19　耕作方式对不同土层的土壤含水量、容重、密度及总孔隙度的影响（2011—2012 年）

土层/cm	耕作方式	土壤含水量/%	土壤容重/(g/cm³)	土壤密度/(g/cm³)	总孔隙度/%
0～10	常规 CT	17.46a	1.29a	2.33a	44.75b
	深松 ST	18.78a	1.31a	2.33a	43.85b
	旋耕 RT	19.04a	1.22b	2.33a	47.49a
10～20	常规 CT	20.71b	1.48b	2.33a	36.60b
	深松 ST	22.69a	1.39c	2.33a	40.28a
	旋耕 RT	18.37c	1.52a	2.31a	33.97c
20～40	常规 CT	23.82b	1.51a	2.30a	34.37b
	深松 ST	25.59a	1.49b	2.32a	35.87a
	旋耕 RT	24.27b	1.51a	2.31a	34.60b

注：同一栏中不同字母表示差异显著（$P < 0.05$）。

表 4-20　耕作方式对不同土层的土壤含水量、容重、密度及总孔隙度的影响（2012—2013 年）

土层/cm	耕作方式	土壤含水量/%	土壤容重/(g/cm³)	土壤密度/(g/cm³)	总孔隙度/%
0～10	常规 CT	27.34a	1.25a	2.36a	47.19c
	深松 ST	25.63b	1.16b	2.41a	52.14b
	旋耕 RT	27.99a	1.08c	2.45a	55.95a
10～20	常规 CT	25.88b	1.43b	2.28ab	37.24b
	深松 ST	26.71a	1.36c	2.36a	42.26a
	旋耕 RT	25.72b	1.51a	2.19b	31.31c
20～40	常规 CT	30.17b	1.44a	2.25a	36.29b
	深松 ST	30.65a	1.35bc	2.30a	41.33a
	旋耕 RT	30.38ab	1.38ab	2.24a	38.63b

注：同一栏中不同字母表示差异显著（$P < 0.05$）。

　　B. 耕作方式及施氮量对土壤硝态氮和铵态氮供应量的影响。从表 4-21 可以看出，0～20cm 和 20～40cm 土层土壤硝态氮供应量均呈先升后降的趋势，在开花期

（FS）达到最大。由 3 种耕作方式间的比较可得，0～20cm 土层，土壤硝态氮含量在拔节期（JS）和开花期（FS）表现为旋耕＞深松＞常规，且 3 种耕作方式间差异显著，而开花后（AF）各时期均表现为深松最高，常规次之，旋耕最低，且差异显著。20～40cm 土层，从拔节期到成熟期均表现为深松处理土壤硝态氮含量高于其他两种耕作方式，除拔节期与旋耕差异不显著外，其他时期均差异显著；常规耕作方式高于旋耕方式，但各时期均差异不显著。说明旋耕方式能提高小麦生育前期表层土壤（0～20cm）的硝态氮供应量，而深松方式能持续保持小麦整个根系生长层的土壤氮素营养供应量。

3 种耕作方式土壤的硝态氮含量均随施氮量的增加而增加，但增加幅度表现不同。0～20cm 土层，除开花期深松方式和常规耕作为 N225 显著高于 N330 和 N120 外，其余时期各处理均为 N330＞N225＞N120。常规耕作和深松方式在拔节期、花后 10d 和花后 20d 均表现为 N330 显著高于 N225 和 N120，成熟期施氮量之间差异不显著。旋耕方式除开花期 N330 显著高于 N120 和 N225 外，其余时期 N330 和 N225 之间差异不显著，但均显著高于 N120 处理。20～40cm 土层，各时期各处理均表现为土壤硝态氮含量 N330＞N225＞N120。除常规耕作成熟期和旋耕拔节期 3 个施氮量均差异显著外，常规和旋耕均表现出 N330 和 N225 之间差异不显著，但显著大于 N120。深松方式除拔节期和成熟期 N330 和 N225 差异不显著外，其他时期均表现出 N330＞N225＞N120，且差异显著。

双因素方差分析的结果表明，20～40cm 土层，在拔节期（JS）和成熟期（MS）耕作方式和施氮量的互作对土壤硝态氮含量的影响差异不显著。但在 0～20cm 和 20～40cm 土层，其余各时期无论是耕作方式和施氮量中的单一因素还是两者的互作均对土壤硝态氮含量产生了显著或极显著的影响。

表 4-21　耕作方式及施氮量对 0～20cm 和 20～40cm 土层土壤
硝态氮供应量的影响（2011—2012 年）

单位：mg/kg

耕作方式	施氮量	0～20cm					20～40cm				
		JS	FS	AF10	AF20	MS	JS	FS	AF10	AF20	MS
常规 CT	N120	2.49b	7.97b	5.35c	4.35b	4.26a	3.05b	7.84ab	3.60b	3.56c	3.71c
	N225	2.69b	10.75a	6.32b	5.24b	4.55a	6.04a	7.79ab	4.99a	5.38ab	5.22b
	N330	3.80a	8.81b	8.32a	7.68a	4.24a	5.84a	8.43a	5.07a	6.14a	6.36a
	average	2.99Cc	9.18Cc	6.66Ab	5.76Bb	4.35Bb	4.98Bb	8.02Bb	4.55Bb	5.03Aab	5.09Bb
深松 ST	N120	2.41b	9.19b	5.49b	4.72c	4.77b	4.05b	7.79c	4.24b	3.80c	4.53b
	N225	3.08b	12.83a	6.23b	6.27b	5.69a	7.71a	9.41b	4.99b	5.17b	6.62a
	N330	6.08a	9.81b	9.27a	8.76a	6.13a	8.04a	11.10a	7.38a	6.64a	6.14a
	average	3.86Bb	10.61Ab	7.00Aa	6.58Aa	5.53Aa	6.60Aa	9.44Aa	5.54Aa	5.21Aa	5.76Aa

（续）

耕作方式	施氮量	0~20cm					20~40cm				
		JS	FS	AF10	AF20	MS	JS	FS	AF10	AF20	MS
旋耕 RT	N120	2.35b	11.09b	5.30ab	4.96b	3.48b	4.75c	7.50ab	3.85b	3.47b	3.64c
	N225	6.56a	10.58b	5.73a	5.72a	4.70a	6.09b	8.27a	4.97a	5.34a	5.28ab
	N330	6.98a	13.56a	6.06a	5.17a	5.00a	7.14a	8.64a	5.30a	5.78a	6.06a
	average	5.29Aa	11.74Aa	5.70Bc	5.29Bc	4.39Bb	5.99ABa	8.14Bb	4.71Bb	4.86Ab	4.99Bb
耕作方式	F 值	82.69**	23.83**	37.81**	24.50**	22.16**	8.27**	46.54**	11.87**	3.92 *	7.46**
施氮水平	F 值	157.61**	14.49**	137.48**	91.14**	13.16**	33.98**	53.39**	43.14**	230.84**	58.43**
耕作×施氮	F 值	32.42**	12.88**	20.22**	23.18**	3.02 *	1.73	13.67**	6.26**	3.21 *	2.62

注：1. JS：拔节期；FS：开花期；AF10：花后 10d；AF20：花后 20d；MS：成熟期；CT：常规耕作；ST：深松；RT：旋耕。下同。

2. *、**分别表示差异达到 0.05、0.01 显著水平；同一栏中 N0、N120、N225 和 N330 4 行中的小写字母表示 4 个施氮量间差异显著（$P < 0.05$）；不同栏的 average 中的大写字母和小写字母分别表示 3 种耕作方式的 4 个施氮量的平均值之间差异极显著（$P < 0.01$）和显著（$P < 0.05$）。下同。

由表 4-22 可知，0~20cm 土层的土壤铵态氮含量在花后 20d 出现一个高峰，常规耕作不明显，深松方式和旋耕方式较明显，这可能与小麦生育后期秸秆腐解增加了土壤碳源，提高土壤矿化细菌的活性有关。其他时期 0~20cm 和 20~40cm 土层土壤铵态氮供应量在各时期基本保持稳定，通过 3 种耕作方式间的比较可得深松最高，除花后 10d 深松方式与常规差异不显著外，其余时期均显著高于另外两种耕作方式。常规和旋耕之间比较可得，除花后 20d 的小高峰外，基本表现为常规耕作的土壤铵态氮含量高于旋耕，但也存在旋耕高于常规耕作，两者间差异不显著。

3 种耕作方式土壤的铵态氮含量均与施氮量的增加趋势一致，基本表现为 N330＞N225＞N120。常规耕作在 0~20cm 土层，拔节期和花后 20d N330 显著高于另外两个施氮量，在开花期、花后 10d 和成熟期 N330 和 N225 之间差异不显著，但显著高于 N120；20~40cm 土层，从拔节期到花后 10d N330 和 N225 之间差异不显著，但显著高于 N120，花后 20d 和成熟期，N330＞N225＞N120，且差异显著。深松方式在 0~20cm 土层开花期和花后 20d N330 显著高于另外两个施氮量，花后 10d 和成熟期 N330 和 N225 之间差异不显著，但显著高于 N120；20~40cm 土层拔节期、花后 10d 和花后 20d N330＞N225＞N120，且差异显著，开花期和成熟期 N330 和 N225 之间差异不显著，但显著高于 N120。

双因素方差分析的结果表明，在 0~20cm 土层的成熟期以及 20~40cm 土层的拔节期、开花期、花后 20d 和成熟期，耕作方式和施氮量的互作对土壤铵态氮含量的影响差异不显著。0~20cm 和 20~40cm 土层的其余各时期耕作方式和施氮量中的单一因素以及两者的互作均对土壤铵态氮含量产生了显著或极显著的影响。

表 4-22 耕作方式及施氮量对 0～20cm 和 20～40cm 土层
土壤铵态氮供应量的影响（2011—2012 年）

单位：mg/kg

耕作方式	施氮量	0～20cm					20～40cm				
		JS	FS	AF10	AF20	MS	JS	FS	AF10	AF20	MS
常规 CT	N120	4.07b	4.88b	4.53b	4.90c	4.01b	3.86b	4.50b	5.27b	4.20c	4.79c
	N225	4.05b	6.30a	6.37a	6.07a	5.40a	4.11ab	5.57a	6.07a	5.65b	5.32b
	N330	5.25a	6.61a	6.51a	7.58a	5.60a	4.47a	5.81a	6.26a	6.12a	6.03a
	average	4.46Bb	5.93Bb	5.80Aa	6.18Cc	5.01Aa	4.15Bc	5.30Bb	5.86ABa	5.32ABb	5.38Aa
深松 ST	N120	5.72b	6.09b	4.12b	7.50c	4.07b	4.52c	6.63b	5.60c	4.70c	4.65b
	N225	6.73a	6.30a	6.40a	9.06a	5.27a	5.31b	6.98ab	6.31b	5.63b	6.04a
	N330	6.00b	6.80a	6.61a	10.80a	5.57a	5.86a	7.46a	6.79a	6.59a	6.30a
	average	6.15Aa	6.40Aa	5.71ABa	9.12Aa	4.97Aa	5.23Aa	7.02Aa	6.24Aa	5.64Aa	5.66Aa
旋耕 RT	N120	3.57b	5.21b	4.75b	7.70b	4.24b	4.22b	4.92b	3.92c	4.33c	4.75b
	N225	4.11a	6.05b	4.81b	8.18ab	4.68a	4.60ab	5.39ab	5.72b	5.02b	5.12ab
	N330	4.39a	6.37b	5.33a	8.44a	4.93a	5.08a	5.74b	6.49a	5.74a	5.58a
	average	4.02Cc	5.88Bb	4.96Bb	8.11Bb	4.62Ab	4.64Bb	5.35Bb	5.38Bb	5.03Bc	5.15Aa
耕作方式	F 值	125.04**	6.91**	5.58*	86.66**	4.69*	19.05**	33.56**	11.65**	12.56**	3.08
施氮水平	F 值	15.06**	31.41**	21.42**	48.93**	45.46**	14.10**	8.72**	41.37**	103.33**	18.51**
耕作×施氮	F 值	7.72**	2.96*	3.55*	5.89**	2.86	0.80	0.47	4.12*	2.20	1.35

C. 耕作方式及施氮量对土壤全氮含量的影响

由表 4-23 可知，土壤全氮含量 0～20cm 土层高于 20～40cm 土层，0～20cm 土层各处理土壤全氮含量随生育期的推进呈 W 形曲线变化，在花后 20d 最高，20～40cm 土层在花后 10d 达到一个小高峰，其他时期变化不大，土壤全氮含量后期较高可能与秸秆腐解后增加了土壤氮含量有关。

通过 3 种耕作方式间的比较可得，在 0～20cm 土层，全氮含量除拔节期常规耕作最高外，其余时期均表现为深松最高，且在开花期显著高于另外两种耕作方式，常规耕作和旋耕比较，除花后 20d 常规耕作显著高于旋耕外，其余时期二者差异不显著。拔节期旋耕 N330 的土壤全氮含量为该时期所有处理中最高，花后 20d 常规耕作 N330 处理为该时期最高，其余时期均表现为在各个施氮水平均为深松最高。20～40cm 土层，除开花期深松方式略小于旋耕方式，但两者差异不显著外，其余时期均表现为深松方式显著高于另外两种耕作方式。N225 和 N330 水平在开花期旋耕最高，常规耕作最低，其余时期在各个施氮水平均为深松最高。

3 种耕作方式土壤的全氮含量均随施氮量的增加的趋势一致，表现为 N330＞N225＞N120。在 0～20cm 和 20～40cm 土层，不同时期，单一耕作方式的施氮处理间基本表现为 N330 显著高于 N120 处理，但相邻施氮量间差异显著性没有明显规律。

双因素方差分析的结果表明，耕作方式对全氮的影响，除拔节期和花后 10d 的 0～20cm 土层、成熟期的 20～40cm 土层不显著外，其余均显著或极显著。施氮量对土壤全氮的影响除开花期不显著外，其他时期均差生了极显著的影响。但是耕作方式和施氮量的互作对土壤全氮含量的影响除花后 10d 和 20d 极显著外，其余时期均不显著。

表 4-23　耕作方式及施氮量对 0～20cm 和 20～40cm 土层
土壤全氮含量的影响（2011—2012 年）

单位：g/kg

耕作方式	施氮水平	0~20cm					20~40cm				
		JS	FS	AF10	AF20	MS	JS	FS	AF10	AF20	MS
常规 CT	N120	1.69c	0.93b	1.52b	1.58c	1.09a	0.92b	0.93b	1.01c	0.93b	0.79c
	N225	1.72b	1.14a	1.60a	1.69b	1.13a	0.93b	0.94b	1.17b	0.95b	0.94b
	N330	1.86a	1.15a	1.61a	1.86a	1.15a	1.06a	1.03a	1.24a	1.17a	1.08a
	average	1.76Aa	1.07Bb	1.57Aa	1.71ABa	1.12Bb	0.97Bb	0.97Bb	1.14Cc	1.02Bb	0.94Aa
深松 ST	N120	1.71b	1.20a	1.50b	1.66b	1.17b	1.20b	1.16a	1.09c	1.09b	0.79b
	N225	1.72b	1.25a	1.66a	1.75b	1.23b	1.21b	1.17a	1.67b	1.10b	1.11a
	N330	1.80a	1.28a	1.66a	1.78a	1.35a	1.28a	1.17a	1.82a	1.17a	1.16a
	average	1.74Aa	1.25Aa	1.60Aa	1.73Aa	1.25Aa	1.23Aa	1.17Aa	1.52Aa	1.12Aa	1.02Aa
旋耕 RT	N120	1.63b	0.92c	1.42b	1.45b	1.08c	0.96b	1.02b	1.16c	0.81b	0.86b
	N225	1.65b	1.06b	1.56a	1.69a	1.19b	1.00b	1.25a	1.28b	0.88b	0.94a
	N330	1.94a	1.16a	1.56a	1.75a	1.29a	1.14a	1.31a	1.37a	1.02a	1.00a
	average	1.74Aa	1.05Bb	1.55Aa	1.63Bb	1.19ABab	1.03Bb	1.19Aa	1.27Bb	0.90Cc	0.93Aa
耕作方式	F 值	0.14	7.06**	2.32	6.13**	4.66*	22.61**	10.23**	63.19**	42.29**	2.35
施氮水平	F 值	13.42**	2.57	8.14**	30.11**	6.47**	6.49**	2.86	64.16**	21.41**	19.29**
耕作×施氮	F 值	1.76	1.83	0.99	2.68	0.59	0.28	1.51	15.96**	7.59**	1.91

②耕作方式及施氮量对砂姜黑土土壤生物学性状的影响。

A. 耕作方式及施氮量对不同土层小麦根干重的影响。由图 4-43 可知，0～10 cm 土层，小麦根干重 N120 处理下以深松方式最高，常规耕作最低，N225 和 N330 处理均表现为旋耕方式最高，常规耕作最低，且 3 种耕作方式间差异显著。施氮量间比较可得，常规耕作和旋耕方式 N225 处理最高，N120 处理最低，深松方式表现为 N330＞N225＞N120。10～20cm 土层，小麦的根干重 3 个施氮处理均表现为深松最高，旋耕最低，且 3 种耕作方式间差异显著。由施氮量间比较可得，常规耕作 3 个施氮量间差异不显著（P＜0.05），深松方式和旋耕方式表现为 N225 处理和 N330 处理差异不显著但显著高于 N120 处理（P＜0.05）。20～40cm 土层，小麦根干重表现为深松方式显著高于常规耕作和旋耕方式，旋耕方式最低，但 N120 和 N330 处理常规耕作和旋耕方式间差异不显著。施氮量间比较可得，常规耕作 N225 处理最高，N120 最低，深松方式和旋耕方式表现为 N225 处理和 N330 处理差异不显著但显著高于 N120 处理（$P < 0.05$）。

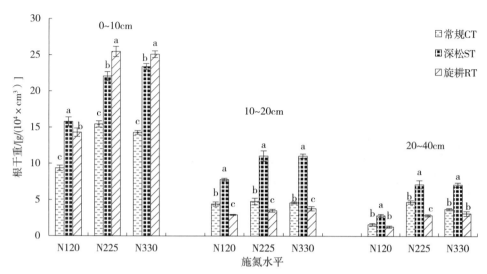

图 4-43 不同耕作方式及施氮量对小麦开花期根干重的影响（2012—2013 年）

注：同一土层的同一施氮水平中不同字母表示耕作方式之间差异显著（$P < 0.05$）

B. 耕作方式及施氮量对根际土壤氨化细菌活性的影响。从图 4-44 可以看出，根际土壤氨化细菌活性随生育时期的推进呈"倒 V"形变化，且变化较为剧烈，在花后 20d 达到峰值。3 种耕作方式比较可得，不施氮条件下，根际土壤氨化细菌的活性由大到小排序为：深松＞旋耕＞常规耕作。在相同施氮水平，深松方式在各时期均为最高，且深松方式 3 个施氮量的均值 [拔节期 268.01μg/（g·d）、开花期 284.74μg/（g·d）、花后 20d 293.55μg/（g·d）、成熟期 268.43μg/（g·d）] 高于常规耕作 [拔节期 262.53μg/（g·d）、开花期 275.74μg/（g·d）、花后 20d 284.35μg/（g·d）、成熟期 262.43μg/（g·d）] 和旋耕方式 [拔节期 265.78μg/（g·d）、开花期 276.58μg/（g·d）、花后 20d 283.08μg/（g·d）、成熟期 265.10μg/（g·d）]，旋耕方式 3 个施氮量的均值在拔节期、开花期和成熟期大于常规耕作，但峰值出现时期旋耕方式小于常规耕作。

不同耕作方式下根际土壤氨化细菌活性的大小对施氮量的响应不同。常规耕作在拔节期和开花期根际土壤氨化细菌活性随施氮量的增加而增加，表现为 N330＞N225＞N120＞N0，但在花后 20d 和成熟期表现为 N225＞N330＞N120＞N0。深松方式除成熟期 N225 最高外，其他时期均表现为随施氮量增加而增加。旋耕方式从拔节期到成熟期均表现为 N225 处理根际土壤氨化细菌活性显著高于其他施氮处理，即在 0～225kg/hm² 的施氮范围，根际土壤氨化细菌活性随施氮量的增加而升高，到 330kg/hm² 又降低。

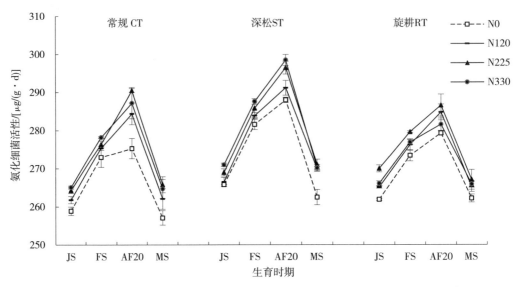

图 4-44　不同耕作方式及施氮量对根际土壤氨化细菌活性的影响（2012—2013 年）

注：JS，拔节期；FS，开花期；AF20，花后 20d；MS，成熟期；CT，常规耕作；ST，深松；RT，旋耕。下同。

C. 耕作方式及施氮量对根际土壤硝化细菌活性的影响。从图 4-45 可以看出，根际土壤硝化细菌活性在拔节期较弱，但到开花期迅速上升，硝化细菌的活性在开花后不同耕作方式的变化规律不同。常规耕作的 4 个施氮水平表现为从开花期到花后 20d 持续升高并达到峰值，之后降低，而深松方式（N0 除外）和旋耕方式均表现为开花期土壤硝化细菌活性最高，之后又降低。通过 3 种耕作方式根际土壤硝化细菌的活性比较可得，在相同施氮水平下，拔节期和开花期的根际土壤硝化细菌活性均为旋耕方

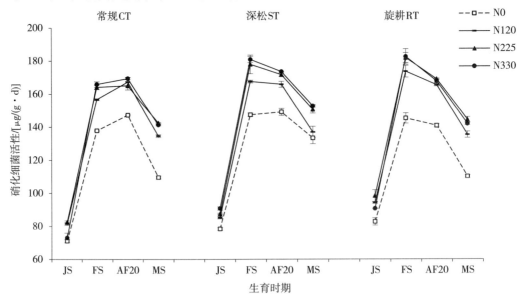

图 4-45　不同耕作方式及施氮量对根际土壤硝化细菌活性的影响（2012—2013 年）

式最高，其次是深松方式，常规耕作最低；花后 20d 和成熟期则表现为深松方式高于另外两种耕作方式，其中花后 20d 常规耕作高于旋耕方式。

施氮量对根际土壤硝化细菌活性产生了明显影响，且不同耕作方式表现不同。3 种耕作方式除拔节期常规耕作和旋耕方式 N225＞N120＞N330＞N0 外，其余均表现出施氮处理高于不施氮处理，且 N225 和 N330 处理高于 N120 处理。常规耕作开花期的根际土壤硝化细菌活性表现为随施氮量的增加而升高，拔节期和成熟期表现为 N225 最高，但与 N330 差异不明显，花后 20d 则表现出 N330＞N120＞N225＞N0。深松方式表现为随施氮量的增加而升高，虽然施氮量间差异较大，但增加幅度逐渐减小。旋耕方式开花期随施氮量的增加而升高，且施氮量间差异较大，花后 20d 和成熟期 N225 略高于 N330。

D. 耕作方式及施氮量对根际土壤反硝化细菌活性的影响。由图 4-46 可知，土壤反硝化细菌的活性，在拔节期最高，从拔节期到开花期迅速下降，之后又缓慢升高，可能是由于开花期是小麦营养生长和生殖生长的关键时期，小麦根系吸收硝酸盐的能力较强，抑制了反硝化细菌的生长。耕作方式间比较可得，在拔节期 4 个施氮水平均表现出常规最高，旋耕最低，且耕作方式间有较大差异。开花期深松方式和旋耕方式差异不大，但均高于常规耕作。花后 20d N225 处理深松和旋耕方式高于常规耕作，N330 处理深松高于旋耕和常规耕作。成熟期除 N0 处理常规耕作高于另外两种耕作方式外，其他施氮水平 3 种耕作方式间差异不大。

不同耕作方式根际土壤反硝化活性随施氮量增加变化趋势不同。拔节期常规耕作和深松均表现出 N225 最高，N0 最低，N120 和 N330 间差异不大，而旋耕方式 N225＞N330＞N120＞N0。花后 20d 3 种耕作方式均表现出 N225＞N330＞N120＞N0，且深松方式的 N225 和 N330 处理以及旋耕 N225 处理花后 20d 高于成熟期。除常规耕作开花期 N330 处理最低，成熟期 N0 最低，深松方式开花期 N225 处理最高，成熟期 N0 最低外，在这两个时期，深松和常规耕作的其他施氮处理间差异不大，旋耕方式开花期和成熟期均表现出 N120＞N225＞N330＞N0。

E. 耕作方式及施氮量对根际土壤脲酶活性的影响。由图 4-47 可知，从拔节期到成熟期，根际土壤的脲酶活性依次降低，拔节期和开花期脲酶活性维持在较高水平，花后 20d 和成熟期活性较低。在拔节期，深松方式和常规耕作均表现为在 $0\sim225kg/hm^2$ 的施氮范围内，脲酶活性随施氮量的增加而增加，当施氮量增加到 $330kg/hm^2$ 时，脲酶活性降低。旋耕方式则随施氮量的增加脲酶活性一直升高。N0 和 N225 处理，深松和常规耕作脲酶活性显著高于旋耕方式，N120 处理则为深松和旋耕显著高于常规，N330 水平虽然旋耕最高，但三者间差异不显著。开花期、花后 20d 和成熟期 3 种耕作方式的脲酶活性均表现为 N330＞N225＞N120＞N0，且 4 个施氮水平深松方式显著高于其他两种耕作方式。开花期和花后 20d 为深松＞常规耕作＞旋耕，成熟期除 N330 处理旋耕显著高于常规外，其他施氮处理两者均差异不显著。

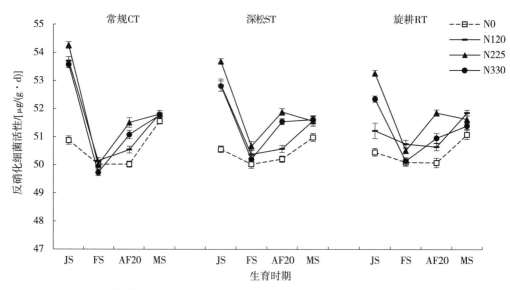

图 4-46　不同耕作方式及施氮量对根际土壤反硝化细菌活性的影响（2012—2013 年）

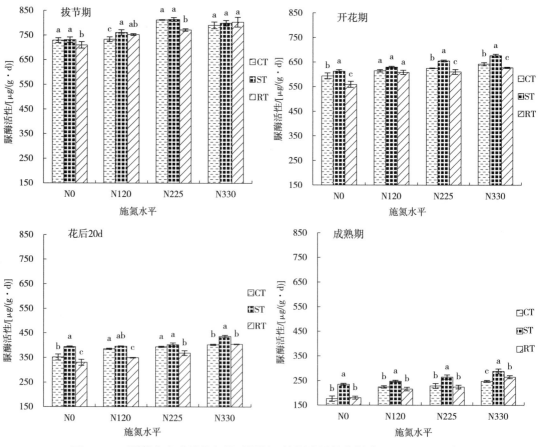

图 4-47　不同耕作方式及施氮量对根际土壤脲酶活性的影响（2012—2013 年）

F. 耕作方式及施氮量对根际土壤蛋白酶活性的影响。由图 4-48 可知，根际土壤蛋白酶在拔节期和开花期维持较高活性，开花期最高，花后 20d 最低，成熟期又有上升，且在同一施氮水平各时期基本表现出深松方式蛋白酶活性最高，其次为翻耕，旋耕最低。在拔节期，3 种耕作方式在 0～225kg/hm² 的施氮范围内，蛋白酶活性随施氮量的增加而增加，当施氮量增加到 330kg/hm² 时活性降低，除 N0 处理深松与常规翻耕差异不显著外，其余施氮处理深松方式均显著高于其他两种耕作方式，但常规方式与旋耕间差异不显著。开花期 3 种耕作方式的蛋白酶活性均随施氮量的增加而增加，且施氮处理显著高于不施氮处理，N0 和 N225 处理 3 种耕作方式间差异不显著，N120 处理深松方式显著高于常规耕作和旋耕方式，N330 处理深松最高，旋耕最低，且 3 种耕作方式间差异显著。花后 20d 和成熟期 3 种耕作方式的蛋白酶活性均随施氮

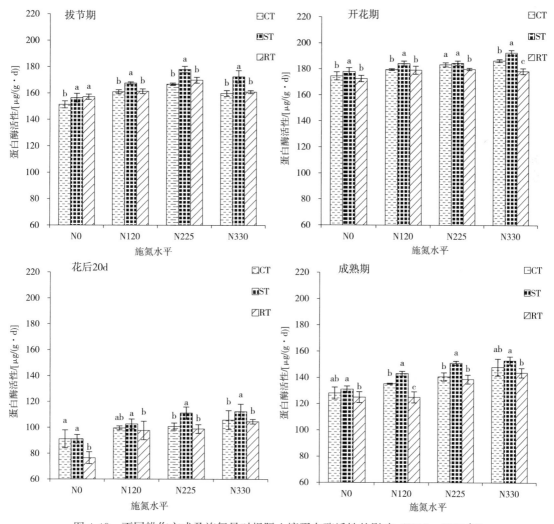

图 4-48　不同耕作方式及施氮量对根际土壤蛋白酶活性的影响（2012—2013 年）

量的增加而增加，花后 20d 的 N225 和 N330 处理和成熟期的 N120 和 N225 处理深松方式显著高于另外两种耕作方式，除花后 20d N0 处理和成熟期 N120 处理常规方式和旋耕差异显著外，其他处理两者差异均不显著。

（2）不同耕作方式及施氮量对小麦籽粒产量、蛋白质含量及氮素利用效率的影响。

①不同耕作方式及施氮量对小麦籽粒产量及蛋白质含量的影响。由表 4-24 和表 4-25 可知，不同耕作方式对砂姜黑土地小麦籽粒产量及产量构成因素影响显著。产量、千粒重、穗粒数、穗长和有效小穗数均以深松方式最高，旋耕方式最低，无效小穗数表现出相反的趋势，两年的结果表现一致；成穗数则表现为 2011—2012 年深松方式最高，常规方式最低，2012—2013 年深松方式最高，旋耕方式最低。深松方式的平均产量较常规耕作和旋耕方式分别提高 8.0%、11.9%（2011—2012 年）和11.8%、26.4%（2012—2013 年）。

不同耕作方式下小麦产量及产量构成因素随施氮量的增加其表现趋势不同。随施氮量的增加，2011—2012 年，深松方式产量、穗粒数、成穗数和穗长显著增加，穗长和有效小穗数也增加，但差异不显著，均表现为 N330>N225>N120；2012—2013 年，深松方式产量、千粒重、成穗数、穗粒数、穗长和有效小穗数均随施氮量增加显著，表现为 N330>N225>N120>N0。2011—2012 年，常规耕作产量、千粒重、穗粒数、成穗数、穗长和有效小穗数表现为 N225>N330>N120，且差异显著；旋耕方式除成穗数为 N330>N225>N120 之外，和常规方式相同，其产量、千粒重、穗粒数、穗长和有效小穗数也表现为 N225>N330>N120，但该耕作方式 N225 和 N330 之间差异不显著。2012—2013 年，常规和旋耕方式的产量、千粒重、成穗数均为 N225>N330>N120>N0，差异显著。穗粒数、穗长和有效小穗数均表现为施氮处理显著高于 N0 处理，且均以 N330 最大，但两种耕作方式 N330 与 N225 之间无显著差异。3 种耕作方式的无效小穗数均随施氮量的增加而减小。

表 4-24 不同耕作方式及施氮量对小麦籽粒产量及蛋白质含量的影响（2011—2012 年）

耕作方式	施氮量	穗长/cm	千粒重/（×10³g）	穗粒数	成穗数/（×10⁴/hm²）	每穗小穗数 有效	无效	产量/（×10³kg/hm²）	籽粒蛋白质含量/%
常规 CT	N120	10.91c	37.02ab	36.05bc	566.28bc	17.35ab	2.30a	6.43bc	11.36b
	N225	12.12a	37.44a	38.05a	622.53a	17.75a	1.30b	7.54a	12.46a
	N330	11.70ab	37.13a	36.75b	580.03b	17.45ab	1.30b	6.72b	11.97a
	average	11.6Bb	37.2Bb	37.0Aa	589.6Ab	17.5Bb	1.6Aa	6.9Bb	11.9Aab
深松 ST	N120	11.77b	37.94a	36.5b	602.53b	17.70a	1.40a	7.09b	11.61b
	N225	12.22a	38.00a	36.8b	607.53b	17.80a	1.30b	7.22b	12.54a
	N330	12.38a	38.17a	37.85a	651.28a	18.05a	1.15c	8.00a	12.07a
	average	12.1Aa	38.0Aa	37.1Aa	620.5Aa	17.9Aa	1.3Bb	7.44Aa	12.07Aa

（续）

耕作方式	施氮量	穗长/cm	千粒重/(×10³g)	穗粒数	成穗数/(×10⁴/hm²)	每穗小穗数 有效	每穗小穗数 无效	产量/(×10³kg/hm²)	籽粒蛋白质含量/%
旋耕RT	N120	11.2ab	35.68b	33.60b	582.53b	16.60b	1.70a	5.95b	10.28b
	N225	11.78a	37.22a	36.35a	611.28a	17.55a	1.65a	7.03a	12.13a
	N330	11.56a	36.89ab	36.00a	617.53a	17.00ab	1.60a	6.97a	11.83a
	average	11.5Bb	36.6BCc	35.3Bb	603.8Aab	17.1Bb	1.65Aa	6.7Bbc	11.41Ab
耕作方式	F值	23.14**	29.87**	25.81**	3.81*	6.70**	14.78**	14.73**	5.38*
施氮水平	F值	31.71**	7.05**	23.04**	5.23*	2.45	20.33**	17.54**	33.25**
耕作×施氮	F值	3.41*	3.29*	5.62**	2.52	0.87	10.04**	5.64**	0.92

表4-25　不同耕作方式及施氮量对小麦籽粒产量及蛋白质含量的影响（2012—2013年）

耕作方式	施氮量	穗长/cm	千粒重/(×10³g)	穗粒数	成穗数/(×10⁴/hm²)	每穗小穗数 有效	每穗小穗数 无效	产量/(×10³kg/hm²)	籽粒蛋白质含量/%
常规CT	N0	8.20c	39.93c	26.6b	367d	14.0c	3.7a	3.31d	10.68c
	N120	10.17ab	44.72b	40.4a	434c	16.4ab	2.3b	6.66c	12.16b
	N225	10.57a	45.51a	41.6a	490a	16.9a	2.0bc	7.89a	13.52a
	N330	10.70a	44.88b	42.1a	467b	17.1a	1.8bc	7.48b	13.34a
	average	9.9Bb	43.8Aab	37.7Bb	439.5Bb	16.1Bb	2.5Bb	6.3Bb	12.4ABb
深松ST	N0	8.90c	40.38d	27.9c	380b	14.7c	3.4a	3.64d	10.98c
	N120	10.74b	43.86c	42.2b	481a	18.0ab	2.3b	7.57c	13.26b
	N225	10.86ab	46.16b	43.1ab	489a	18.4a	2.0c	8.27b	14.00a
	N330	11.05a	47.64a	43.9a	499a	18.6a	1.9c	8.87a	13.26b
	average	10.4Aa	44.5Aa	39.3Aa	462.3Aa	17.4Aa	2.4Bb	7.1Aa	12.9Aa
旋耕RT	N0	8.06c	40.12c	23.5c	313c	11.7d	4.8a	2.51d	10.46c
	N120	10.07ab	43.94b	34.4b	437b	14.9c	3.1b	5.61c	11.33b
	N225	10.62a	44.99a	42.2a	458a	17.2ab	2.0c	7.39a	12.13a
	N330	10.70a	43.36b	42.9a	438b	17.8a	2.2c	6.93b	11.91ab
	average	9.9Bb	43.1Bb	35.8Cc	412.0Cc	15.4Cc	3.0Aa	5.6Cc	11.5Cc
耕作方式	F值	4.04**	117.21**	20.99**	41.25**	45.05**	16.36**	43.44**	111.40**
施氮水平	F值	144.98**	496.89**	353.68**	267.88**	128.41**	47.72**	942.79**	330.49**
耕作×施氮	F值	15.06**	45.10**	11.07**	19.72**	10.19**	4.12**	11.06**	22.08**

从表4-24和表4-25还可以看出，连续两年籽粒蛋白质含量均以深松方式最高，旋耕方式最低，常规耕作居中，三者间差异显著。深松方式的平均蛋白质含量较常规耕作和旋耕方式分别提高1.2%、5.8%（2011—2012年）和3.6%、12.4%（2012—2013年）。两年试验不同耕作方式小麦籽粒蛋白含量对施氮量的响应基本一致，3种耕作方式均以N225籽粒蛋白质含量最高，其中，2011—2012年3种耕作方式N225处理与N330处理差异均不显著，与N120差异显著，但2012—2013年深松方式N225与N330之间差异显著，其他两种耕作方式N225与N330之间差异不显著。

双因素方差分析表明，2011—2012年耕作方式对产量、千粒重、穗粒数、穗长、有效小穗数和无效小穗数均有极显著影响，对成穗数和籽粒蛋白质含量影响显著；施氮量对千粒重、穗粒数、穗长、无效小穗数和籽粒产量及蛋白质含量具有极显著的影响，对成穗数影响显著，对有效小穗数影响不显著；耕作方式与施氮量两者的互作对产量、穗粒数和无效小穗数影响极显著，对千粒重和穗长影响显著，但对成穗数、有效小穗数和籽粒蛋白质含量无显著影响（表 4-22）。2012—2013 年耕作方式、施氮量及两者的互作对千粒重、穗粒数、成穗数、穗长、有效小穗数和无效小穗数及籽粒产量和蛋白质含量均有极显著影响。

②不同耕作方式及施氮量对小麦氮素利用效率的影响。由表 4-26 可知，2011—2012 年小麦的氮素吸收效率、植株氮素利用效率、氮肥偏生产力、氮收获指数和氮素产投比均以深松方式最高，其次是常规耕作，旋耕最低，且耕作方式间差异显著。施氮量之间比较，3 种耕作方式对施氮量的响应一致，小麦的氮素吸收效率、植株氮素利用效率、氮肥偏生产力、氮收获指数和氮素产投比均表现为随施氮量的增加而降低，且施氮量间差异显著。双因素方差分析的结果表明，耕作方式和施氮量两者的互作对氮素吸收效率、氮肥偏生产力和氮素产投比产生了极显著的影响，但对植株氮素利用效率和氮收获指数的影响差异不显著。

表 4-26　不同耕作方式及施氮处理小麦氮素利用效率的影响（2011—2012 年）

耕作方式	施氮水平	氮素吸收效率/（kg/kg）	植株氮素利用效率/（kg/kg）	氮肥偏生产力/（kg/kg）	氮收获指数/%	氮素产投比
常规 CT	N120	0.83a	42.94a	41.57a	78.04a	1.12a
	N225	0.66b	35.89b	25.61b	71.52b	0.82b
	N330	0.56c	28.34c	16.75c	54.31c	0.68c
	average	0.68Bb	35.72Ab	27.98Bb	67.96Bb	0.87Bb
深松 ST	N120	0.95a	45.35a	50.08a	84.24a	1.27a
	N225	0.72b	36.89b	28.97b	74.04b	0.91b
	N330	0.61c	31.35c	20.12c	60.53c	0.74c
	average	0.76Aa	37.86Aa	33.06Aa	72.94Aa	0.97Aa
旋耕 RT	N120	0.80a	41.23a	38.35a	67.85a	1.07a
	N225	0.62b	35.01b	23.47b	68.30a	0.78b
	N330	0.53c	28.42c	16.08c	53.88b	0.65b
	average	0.65Bc	34.89Ac	25.97Cc	63.34Cc	0.83Bb
耕作方式	F 值	114.09**	5.16*	113.96**	8.14**	126.22**
施氮水平	F 值	806.51**	104.49**	1465**	39.80**	1 352.27**
耕作×施氮	F 值	5.96**	0.38	12.85**	1.27	7.73**

由表 4-27 可知，2012—2013 年植株氮素利用效率和氮素生理利用率由大到小排序为：旋耕＞常规耕作＞深松，氮素吸收效率、土壤氮贡献率、氮肥回收效率、氮肥偏生产力、氮收获指数和氮素产投比均为深松最高，常规耕作其次，旋耕最低，除土壤氮素贡献率常规耕作和深松差异不显著外，其余均表现为 3 种耕作方式间差异极显著。施氮

量间比较可得，氮素吸收效率、植株氮素利用效率、土壤氮贡献率、氮肥回收效率、氮素生理利用效率、氮肥偏生产力、氮收获指数和氮素产投比基本表现为随施氮量的增加而减小。其中氮素吸收效率、氮肥回收效率、氮肥偏生产力和氮素产投比 3 种耕作方式均随施氮量的增加而减小，且施氮量间差异显著；植株氮素利用效率、土壤氮贡献率和氮素生理利用效率 3 种耕作方式均为 N225 处理和 N330 处理之间差异不显著，但显著高于 N120 处理；氮收获指数常规耕作和旋耕方式 N225 处理最高，深松耕作 N120＞N225＞N330＞N0。双因素方差分析表明，耕作方式和施氮量的任一单因素对小麦氮素吸收效率、植株氮素利用效率、土壤氮贡献率、氮肥回收效率、氮素生理利用率、氮肥偏生产力、氮收获指数和氮素产投比均达到极显著影响；耕作方式和施氮量的互作除对植株氮素利用效率和氮素生理利用率影响不显著外，其余均达到显著或极显著水平。

表 4-27　不同耕作方式和氮肥施用量对小麦利用效率的影响（2012—2013 年）

耕作方式	施氮水平	氮素吸收效率/（kg/kg）	植株氮素利用效率/（kg/kg）	土壤氮贡献率/%	氮肥回收效率/%	氮肥生理利用率/（kg/kg）	氮肥偏生产力/（kg/kg）	氮收获指数/%	氮素产投比
常规 CT	N0	3.69a	44.76a	—	—	—	—	76.45d	—
	N120	1.12b	42.62b	47.30a	68.63a	40.69a	55.49a	82.92ab	1.50a
	N225	0.83c	38.83c	36.35b	57.48b	35.45b	35.06b	83.99a	1.04b
	N330	0.57d	37.45c	37.00b	38.16c	33.17bc	22.66c	79.93c	0.70c
	average	1.55Bb	40.92ABb	40.22Aa	54.75Bb	36.44Bb	37.74Bb	80.82Bb	1.08Bb
深松 ST	N0	4.23a	44.68a	—	—	—	—	78.51d	—
	N120	1.28b	42.16b	47.17a	79.10a	39.80a	63.11a	85.19a	1.73a
	N225	0.90c	37.64c	38.57b	60.01b	33.20b	36.75b	83.35b	1.13b
	N330	0.67d	37.60c	35.9b	45.81c	33.62bc	26.88c	79.74c	0.82c
	average	1.77Aa	40.52Bb	40.55Aa	61.64Aa	35.54Cc	42.25Aa	81.70Aa	1.23Aa
旋耕 RT	N0	2.81a	44.66a	—	—	—	—	74.68c	—
	N120	0.92b	43.47ab	43.52a	60.83a	42.33a	46.79a	78.82b	1.24a
	N225	0.78c	38.60c	29.27b	60.26a	36.08b	32.86b	81.03a	0.98b
	N330	0.51d	38.87c	31.48b	37.00b	36.16b	21.00c	74.04c	0.62c
	average	1.26Cc	41.40Aa	34.76Bb	52.70Cc	38.19Aa	33.55Cc	77.14Cc	0.95Cc
耕作方式	F 值	294.39**	15.22**	40.95**	30.09**	10.76**	194.28**	64.91**	355.29**
施氮水平	F 值	1 778.2**	305.17**	162.92**	300.96**	79.56**	2 633.4**	81.70**	2 790.2**
耕作×施氮	F 值	37.13**	2.880	3.23*	9.95**	1.080	39.29**	4.03**	53.29**

四、东北一熟区保护型农业研究与实践

（一）区域地理位置及主要气候特征

东北农作区是指东北平原及其东部北部山地和山前的丘陵漫岗坡地，包括内蒙古东北角、黑龙江省、吉林省和辽宁省，共计 304 个县区，土地面积 10 372hm²，占全

国总面积的 11%，耕地面积 1 417 万 hm^2，占全国总面积的 15%。区域大部分属于半湿润中温带，年平均气温 5～10.6℃，常年大于 10℃ 的活动积温 1 500～3 600℃，无霜期 140～170d，年降水量 500～800mm，集中在 7～9 月，雨热同期，基本能够满足作物的生长需要。区域北部土壤主要为黑钙土、草甸土和白浆土，南部土壤主要为暗棕壤，地貌以平原为主。

（二）区域主要农作物分布及熟制类型

主要作物玉米、大豆、水稻等分别占到粮食作物播种面积的 43.1%、33% 和 14%。1985—2005 年粮食作物种植结构变化总体趋势为，小麦种植比重下降，大豆种植比重上升，玉米和水稻比重总体增加，形成了以玉米、大豆和水稻为主的结构。主要粮食作物空间变化呈现强规律性，水稻和空间分布变化不大，主要集中在沿江河地区，松辽平原区东部和三江平原区种植比重增加；玉米主要集中在东北农作区的中部和南部，种植比重增加。小麦由东北农作区中部和北部大部分区域的广泛种植缩减到兴安岭区大部以及松辽平原区、三江平原区和长白山区北部的较小范围内；大豆种植范围重心北移，向农作区东部和北部集中，种植比重有明显增加。

区域内熟制类型全部为一年一熟。主要轮作类型为玉米连作、玉米-大豆轮作、玉米-玉米-大豆轮作和水稻连作，传统的耕作方式主要为翻耕和旋耕。

（三）区域农业发展主要问题

黑土退化是目前东北地区农业发展遭遇的最主要问题。东北平原黑土带位于松嫩平原中部，总面积约 1 100 万 hm^2，其中黑土耕地约 815 万 hm^2，占东北地区耕地总面积的 32.5%。黑土地的粮食产量占东北地区粮食总产量的 44.4%。但从 1970 年起，支撑粮食产量的黑土层却逐年减少，至今已减少了 50%，许多地方的黑土层已经消失。例如，黑龙江省约有 50% 黑土面积的黑土层厚度在 40cm 以下，土壤有机质已从开垦前的 8%～10% 下降到如今的 3% 左右；吉林省约有 25% 黑土面积属于 20～30cm 的薄层黑土，约有 12% 黑土面积的黑土层小于 20cm，约有 3% 的耕地完全丧失黑土层。耕地土壤有机质含量大幅下降，黑土层日益变薄，正以每年 0.3～1cm 的速度消失。如果这种情况持续下去，20～30 年后，黑土层将消失殆尽，粮食主产区的沃土将成为瘠薄的病土。

此外，东北粮食主产区土壤日趋酸化，pH 下降，多种有效性土壤养分降低，氮、磷、钾普遍缺乏严重。养分缺乏导致土壤质地疏松，透气性、透水性强，保墒、保水性能明显下降。在土壤 pH 下降的同时，重金属含量升高。

东北黑土区春季十年九旱，每年有 100 多天风力在 4 级以上，且多集中在地表裸露的季节。近年来，农业生产强度加大，地表保护措施不足，土壤质地粗化现象严重，同时由于冬春季大风天气频繁、风力强劲，使得表层土壤干燥疏松的耕地风蚀作用强烈，严重影响农业生产，对社会经济和生态环境危害较大。有研究表明，东北黑

土区风蚀面积达 $3.4×10^4 km^2$，严重的农田土壤风蚀不仅降低表层土壤有机质及养分含量、威胁粮食生产，同时也加剧区域土地退化程度，破坏生态环境。土壤风蚀不仅是土地沙漠化过程的初始，也是土地沙化和沙尘灾害发生的根源，更是干旱和半干旱地区最严重的土地荒漠化问题之一。

东北黑土区是我国最重要的玉米生产区域，玉米种植面积广阔，秸秆资源丰富，每年可收集的玉米秸秆产量超过 1.7 亿 t，约占全国玉米秸秆资源的 48%，秸秆资源总量较大，可利用潜力巨大。玉米秸秆资源的分布与玉米种植带相对应，以东北中部地区为主，占比超过 60%；西部其次，约为 30%。结合东北地区的自然条件与生产实际情况来看，将玉米秸秆归还于土壤是解决东北黑土肥力退化问题的主要途径。

（四）玉米-大豆轮作体系保护性农业模式研究与实践

2001 年 9 月于吉林省德惠市米沙子乡（44°12′N，125°33′E）中国科学院东北地理与农业生态研究所黑土农业试验示范基地，进行不同耕作方式的田间试验，研究了不同耕作方式对玉米和大豆轮作下作物产量和土壤肥力的影响。

1. 试验设计

试验开始前以玉米连作的传统耕作（翻耕）为主，时间超过 15 年，开始后设立玉米→大豆和大豆→玉米轮作两个辅助处理，保证每年均有玉米和大豆两种作物的收获，每两个小区分界线处埋有一固定标记，确保耕种时不发生差错。实验的免耕处理：除 5 月初直接播种外，全年不再搅动土壤，播种所用机械为美国产免耕播种机（KINZE-3000），可以在秸秆覆盖地表的情况下一次性完成精确播种、施肥和镇压作业。免耕处理秸秆（玉米、大豆）全部还田，覆盖于地表。应用广谱性除草剂：在玉米种子萌发前施用乙草胺 $2\ 400～3\ 750mL/hm^2$，在 $1～3$ 叶期施用 Yu Nongak（$1\ 005～1\ 500mL/hm^2$）、B 型除草剂（$4\ 500～6\ 000mL/hm^2$）和 2，4-D（$375～450mL/hm^2$），大豆在 $2～4$ 叶期施用精禾草克（$750～1\ 200mL/hm^2$）混合苯达松（$1\ 800～3\ 600mL/hm^2$）。应用杀虫剂：在玉米播种前施用金农四号种衣剂，在大豆生长中期施用浓度为 250g/kg 的快杀死，在生长后期施用 400g/kg 的乐果油。

玉米施氮肥 $150kg/hm^2$，分别作为底肥和追肥施入玉米地，磷肥和钾肥只在播种时作为底肥施入，磷肥和钾肥的施用量分别为 $45.5kg/hm^2$ 和 $78kg/hm^2$。大豆只施底肥，氮肥、磷肥和钾肥的施用量分别为 $40kg/hm^2$、$60kg/hm^2$ 和 $80kg/hm^2$。底肥均在播种时采用免耕播种机直接施入，追肥在 6 月下旬的雨前或雨后撒到地表。田间管理的技术流程是：施底肥—播种前后施用除草剂—免耕播种玉米—追肥—施用杀虫剂—施用病原真菌（白僵菌）进行生物防治—收获—秸秆覆盖还田—施底肥—播种前后施用除草剂—免耕播种大豆—施用杀虫剂（2 次）—收获—秸秆覆盖还田。

2. 结果与分析

（1）不同保护性耕作措施对玉米、大豆产量的影响。

如图 4-49 及图 4-50 所示，在实验起始的 12 年中，玉米产量在年际间变化明显，其中 2005 年和 2007 年的收成最差，平均产量低于 9 000kg/hm²。玉米和大豆的产量在玉米-大豆轮作下与生育期内的降水量紧密相关，而免耕处理在大部分的干旱年份中产量和收益要稍高于翻耕处理：在 2006 年，播种期后的降水量要比近 30 年平均值低 81.1%，而免耕处理产量要显著高于翻耕，在同为干旱年的 2007 年和 2009 年，免耕的玉米和大豆产量同样高于翻耕，其中免耕的大豆产量要显著高于翻耕。相比而言，在降水丰沛的 2005 年和 2008 年，免耕玉米产量在各耕作处理中是最低的，2005年免耕大豆产量分别比垄作和翻耕低 12.9% 和 3.4%，2008 年比垄作低 6.1%，事实上，2005 年免耕玉米和大豆产量均显著低于垄作。

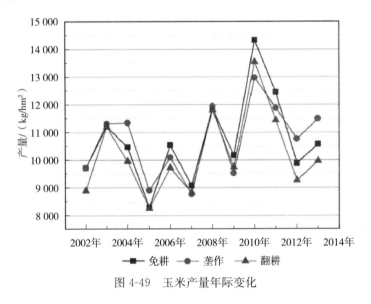

图 4-49　玉米产量年际变化

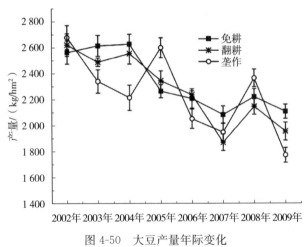

图 4-50　大豆产量年际变化

如图 4-51 所示，2011—2015 年，免耕玉米的平均产量（10 627kg/hm²）要显著高于常规耕作（9 315kg/hm²）（$P<0.001$），但大豆的产量在免耕和传统耕作条件下并没有显著的差异。

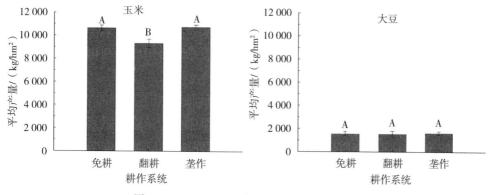

图 4-51　2011—2015 年玉米与大豆平均产量

如表 4-28 所示，在实验的前 8 年，不同的轮作方式下，免耕在玉米-大豆轮作之下产量要显著高于玉米-玉米-大豆轮作（9.7%）和玉米连作（9.8%）（$P<0.05$），而类似显著差异并没有体现在翻耕处理中（$P>0.05$）。对于大豆处理，免耕之下的玉米-大豆轮作产量要显著高于玉米-玉米-大豆轮作，而翻耕处理下的玉米-大豆轮作产量也要比玉米-玉米-大豆轮作高出 5.1%；在玉米-大豆轮作之下，不同耕作处理的大豆产量差异并不显著。2013 年，大豆和玉米的产量相似，因此每年的碳投入也没有显著的差别。

表 4-28　2002—2009 年不同轮作及耕作类型平均作物产量

作物种类	轮作类型	产量/（kg/hm²）		
		免耕	翻耕	垄作
玉米	玉米-大豆轮作	10 143	9 804	10 239
	玉米-玉米-大豆轮作	9 248	9 377	—
	玉米连作	9 241	9 296	
大豆	玉米-大豆轮作	2 330	2 277	2 275
	玉米-玉米-大豆轮作	2 143	2 166	—

（2）不同耕作措施对农田环境效益的影响。

①对短期固碳效益的影响。如图 4-52 所示，2001—2006 年 5 年的田间耕作试验对 0～30cm 土层土壤有机碳（SOC）含量并没有产生显著影响（$P>0.05$）。与 2001 年相比，3 年和 5 年的免耕处理非但没有显著增加 0～30cm 土层 SOC 含量（$P>0.05$），反而使其略有降低，5 年的降低量为 2001 年的 0.77%，但变化趋势已由降低转变为增加趋势，说明在经过 5 年的试验后，覆盖在地表的秸秆在 SOC 的增加过程中已经开始发挥作用，免耕作业对土壤表层 SOC 的累积效应也逐渐体现出来。与 2001 年比较，翻耕

和垄作处理 0～30cm 土层的 SOC 含量均表现出先增加后降低的趋势。

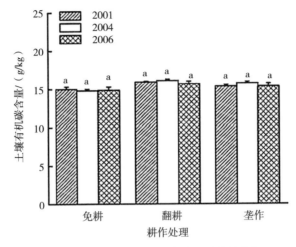

图 4-52　0～30cm 土层土壤有机碳含量变化

从各个土层 SOC 的变化来看，免耕处理进行 3 年并没有显著增加表层 5cm 土层的 SOC 含量（$P>0.05$），但 5 年的免耕处理使土壤表层的 SOC 含量显著增加（$P<0.05$），增加量为实验起始年（2001 年）的 9.9%。亚表层 5～30cm 各土层 SOC 含量在分别经过 3 年和 5 年的免耕处理后均没有发生显著变化（$P>0.05$），甚至在 5～20cm 处还略有降低。翻耕处理各层 SOC 含量在实施 3 年和 5 年后均无显著差异（$P>0.05$）。上述结果说明了秸秆还田对表层 SOC 固持的贡献率要大于其对亚表层的贡献。国外许多研究也表明，免耕处理在短期内（3～5 年）对 SOC 的积累仅限于土壤表层（<10cm），并认为免耕可以减缓土壤有机物质的矿化率，有利于 SOC 的积累，但是这一固碳作用存在滞后效应，5～10 年后才能有明显反应。

②对固氮效应的影响。15 年的长期试验表明，免耕对土壤全氮、活性氮、无机氮和有机氮的氮含量均有不同程度的提高。相较于翻耕，免耕显著提高了 0～30cm 土层的全氮和活性氮含量。在 0～5cm 和 5～10cm 深度下，土壤全氮、颗粒有机氮、微生物量氮和可溶性有机氮含量均较翻耕有显著提高。对于土壤无机氮，在 0～5cm 和 5～10cm 深度下免耕的硝态氮含量要显著高于翻耕，而铵态氮只在 0～5cm 深度下有显著的提高。此外，免耕显著提高了 0～10cm 土层总水解氮、水解氨态氮、水解氨基酸氮和水解未知态氮的含量，但对水解氨态氮的含量无显著影响。土壤氮素含量与耕作方式密切相关。结果表明，免耕有利于提高土壤全氮、活性氮、无机氮和有机氮含量，提高土壤供氮能力。

免耕处理 0～5cm 土壤总氮矿化率比 5～15cm 土层高 3 倍以上（$P<0.01$），显著高于同一土层常规耕作处理的氮矿化率（$P<0.05$）。然而，与常规耕作土壤相比，免耕土壤的总铵氮固定率几乎可以忽略，这导致了明显较高的净矿化率。此外，免耕

土壤表层 5cm 的总自养硝化率最高，显著高于常规耕作处理土壤（$P<0.05$）。免耕土壤的异养硝化率很低，显著低于常规耕作土壤。

③对温室气体减排的影响。在翻耕条件下，农田年际 CO_2 排放量相较于免耕会增加 7.8%（图 4-53），同时，在 4 年内免耕的 CO_2 排放率相较于翻耕也会低 3.1%，但其差异不显著。土壤 CO_2 的排放随年际变化明显，在生育期内的 CO_2 排放约占到了全年净排放的 86%。

培养实验的结果表明，免耕条件下 CO_2 的排放量与容重呈显著负相关（$r=-0.990$，$P<0.05$），而与小孔隙（$30\sim100\mu m$）体积呈显著正相关。减少 CO_2 排放的容重临界值大约在 $1.6g/cm^3$，小孔隙的体积对 CO_2 排放的变化影响较大。

免耕条件下的微生物呼吸对土壤 CO_2 排放的贡献为 65%，大于翻耕（54%），免耕土壤微生物呼吸速率的平均值比翻耕高 8.8%，差异不显著，但是免耕生长季节内总累积 CO_2-C 释放量比翻耕显著高出 10.0%（2012 年）和 4.3%（2013 年）。免耕和翻耕处理两个生长季平均总累积 CO_2-C 释放量分别为 $0.24kg/m^2$ 和 $0.23kg/m^2$。免耕和翻耕处理对生长季节内的土壤微生物呼吸速率平均值影响差异不显著，但是总体上免耕的呼吸速率较翻耕高，并且免耕显著地增加生长季节内土壤总累积 CO_2 释放量（6.0%平均值），这可能有以下两个原因：①免耕由于减少了土壤扰动，没有改变土壤微生物原有的生活环境，有利于土壤微生物生存；②免耕增加了表层土壤微生物的活性。尽管耕作处理没有明显地影响土壤微生物呼吸速率的季节动态格局，但是秋翻的土壤微生物呼吸最高值比免耕晚半个月。与秋翻相比，免耕使表层 $0\sim5cm$ 的土壤微生物量碳和 $0\sim30cm$ 加权平均值分别增加 64.5% 和 5.1%，而使 $5\sim10cm$、$10\sim20cm$ 和 $20\sim30cm$ 的土壤微生物量碳降低 8.3%～13.4%，但是差异不显著。

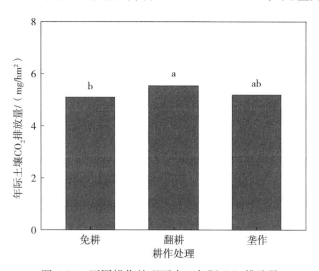

图 4-53　不同耕作处理下农田年际 CO_2 排放量

（3）不同耕作措施对农田生态效益的影响。

①对土壤温度的影响。实施免耕后对东北黑土春夏季节土壤温度有一定的影响。玉米和大豆播种前，白天有秸秆覆盖（覆盖率65%）的免耕表层5cm土壤温度较地面裸露（覆盖率9%）的常规耕作低；在夜间，二者在玉米播种前几乎没有区别，但大豆播种前有秸秆覆盖的土壤温度较高。玉米和大豆播种前表层5cm的日间温度最大差异是2.2℃和2.5℃，而翻耕处理的当日土壤温度平均高于免耕土壤0.7℃和0.5℃。在10cm深处，玉米和大豆播种前免耕土壤在下午均略低于常规翻耕土壤温度，而在15cm深处，两种耕作处理下土壤温度在24h内没有区别。

大豆播种前，有秸秆覆盖（覆盖率65%）的免耕表层下午5cm深处土壤温度较地面裸露的常规耕作低，夜间则相反。在10cm深处，下午至午夜前免耕土壤温度低于翻耕土壤温度。在15cm深处，两种耕作处理下土壤温度在24h内几乎没有区别。表层5cm的日间温度最大差异是2.5℃，翻耕处理的当日土壤温度平均高于免耕土壤0.5℃。两种处理下土壤平均温度与日间最高温度与最低温度差值随深度增加而减小。

完成播种后，在遭遇降温天气时，田间有秸秆覆盖的免耕表层下午5cm深处土壤温度略低于地面裸露的常规耕作下相同深度的土壤温度，夜间免耕土壤温度则明显高于秋翻土壤温度。在10cm和15cm深处，下午至午夜前免耕土壤温度高于翻耕土壤温度。表层5cm的日间温度最大差为0.9℃，翻耕处理的土壤温度平均低于免耕土壤0.4℃。在完成大豆播种后对两种耕作处理下的土壤温度进行了连续一个月的观测显示，免耕土壤平均温度略高于翻耕土壤，且表层差异不大，但随深度加深，耕作处理的差异逐渐加大。值得注意的是，不同深度的土壤温度均是免耕土壤略高于翻耕土壤。这可能是因为免耕土壤含水量较高，造成土壤温度较大气温度滞后，因此表现出免耕土壤温度高于翻耕土壤温度的现象。

同常规耕作相比，免耕使东北黑土早春土壤日间最高温度降低1~2℃，这与国外类似的土壤和气候条件下的研究结果相符合，有学者认为免耕造成"低温效应"的主要原因是由于地面覆盖秸秆所致，而与土壤是否免耕关系不大。虽然覆盖秸秆会降低阳光对地面的直接辐射，影响土壤温度升高，但免耕也有助于保持土壤水分，地面秸秆覆盖和无土壤搅动导致的土壤含水量升高将增加土壤的热容量，使早春免耕土壤温度的上升与常规耕作下的土壤相比滞后。另外，水分增高引起的土壤热容量加大也会缓解夜间和寒流影响下土壤温度的下降，使免耕土壤在这种情形下温度高于常规耕作土壤。因此，常规耕作土壤的日平均温度仅高于免耕土壤0.5~1℃。玉米播种与日平均温度有关，但更受发芽期和苗期的最低温度制约。

②对土壤含水量的影响。耕作处理明显影响播种期间和生长早期黑土的土壤水分含量。不同耕作措施对土壤含水量的影响见表4-29。在玉米播种前，免耕土壤表层土壤水分显著高于翻耕土壤2.4%。大豆播种前后免耕土壤的含水量仍然高于秋翻土壤

1.0%～1.8%。大豆播种后的一个月期间，免耕土壤水分含量平均高于秋翻土壤2.3%。播种一个月后，两种耕作方式下土壤含水量的差异逐渐消失。在发生降水后，前3d内两种耕作处理的土壤含水量迅速下降，但其后免耕土壤含水量降低速度逐渐减缓，使得含水量有明显高于翻耕土壤含水量2～3个百分点。

表4-29 不同耕作措施对土壤含水量的影响

日期	免耕土壤表层含水量/%	翻耕土壤表层含水量/%
4月21日	18.3	15.9
5月4日	17.3	15.5
5月7日	15.9	14.9
5月6日至6月5日	18.5	16.3

春旱使黑土区农业生产受到严重威胁。重新播种、坐水播种在东北黑区较为常见。因此，2%的含水量增量意味着每公顷耕层（20cm）增加约50t的有效水分。这对出苗和幼苗的健康生长极为重要，因此免耕可以在一定程度上缓解春季黑土墒情不好的状况。

不同深度土壤含水量变化见表4-30。对于不同的土层深度，翻耕处理在0～5cm、5～10cm土层的土壤含水量相较于免耕处理低，这主要是因为作物秸秆的覆盖和免耕中较少的土壤扰动。但在10～20cm的土层深度下表现出了相反的结果，可能的原因是大孔隙的体积分数更高，在常规耕作条件下相对于保护性耕作耕层因为重力失水更多。在20～30cm土层中，不同耕作制度间土壤含水量差异不显著。

表4-30 不同深度土壤含水量变化

土壤深度/cm	免耕土壤含水量/%	翻耕土壤含水量/%
0～5	30.20	26.78
5～10	24.78	20.23
10～20	16.12	18.90
20～30	12.36	12.50

③对土壤容重的影响。耕作方式对土壤容重的影响显著。在20～30cm深度下，所有耕作处理的土壤容重都是相似的。这应归因于保护性耕作和常规耕作制度的耕作强度不同。虽然免耕的土壤容重与垄作相似，但在0～20cm处垄作的土壤容重值平均比前者低4.57%，这主要是由于免耕和垄作不同程度的土壤扰动的影响。在0～30cm深度，土壤容重各处理的变化范围为1.01～1.38g/cm³。尽管每个深度（0～5cm除外）的容重值都高于大田作物生产的最佳范围，但都要低于对根伸长产生限制

的范围。

实验开始的前 4 年中（2001—2004 年），在 0～5cm 和 5～10cm 土层深度下的土壤容重逐渐减少，但在接下来的几年里土壤容重均有所增加。耕作前 3 年，免耕条件下土壤容重的相对变化远小于翻耕，且免耕后 0～5cm 土壤容重的减少幅度远大于5～10cm 深度。在 10～20cm 土层，2001—2004 年土壤容重无明显变化，2004 年以后，除 2009 年和 2010 年以外，土壤容重值逐渐增加。在 0～20cm 土层平均土壤中，所有耕作方式的土壤容重均随时间显著增加，但同一年内各耕作处理间差异不显著。

④对土壤渗透阻力的影响。在 2.5～17.5cm 深度，免耕的土壤渗透阻力要显著大于翻耕（$P<0.05$），这可能是由于在免耕条件下，随着时间的推移，土壤累积固结，以及在翻耕条件下，秋季和春季耕作压实造成的。不同耕作方式在 20～30cm 土层的土壤渗透阻力无显著差异（$P>0.05$）。表层土壤（2.5～17.5cm）免耕和翻耕下的土壤渗透阻力值均低于根生长相对畅通的 2 000kPa 临界值。但在 20cm 深度以下，所有耕作方式的土壤渗透阻力都大于 2 000kPa。这是由于免耕对土壤的扰动较小，以及翻耕出现的犁底层造成的。

如图 4-54 所示，免耕和翻耕土壤，入渗速率在 2007 年和 2009 年的试验中有较高的起始值，随后逐渐下降，最后到达一个稳定的阶段。在 2007 年两处理达到稳定入渗速率的时间是 170min，2009 年则为 160min。2007 年和 2009 年，稳定期免耕土壤入渗速率分别为 3.9mm/min 和 5.2mm/min，是翻耕土壤的 1.6 倍和 2.1 倍。较高的入渗速率和入渗量对降低土壤地表径流具有重要意义。

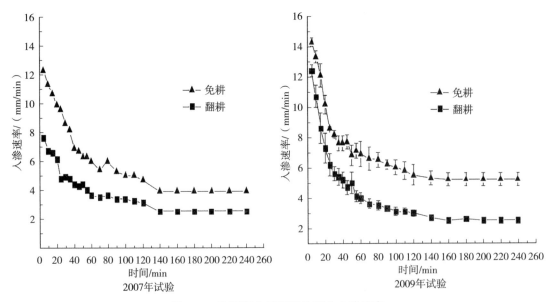

图 4-54 不同耕作处理下的黑土入渗速率

（4）耕作措施对经济效益的影响。根据对 2002—2009 年生产成本的研究发现，整体的生产成本随耕作方式不同而变化，并随时间的推进而上升。翻耕的机械成本要高于免耕，但农药、化肥成本远低于免耕，因为翻耕中的杂草是用除草剂控制而不是人工控制的。总的来说，免耕条件下的玉米生产成本在 2002 年要略低于翻耕，但比垄作高出 5.3%，2009 年免耕的生产成本比翻耕和垄作分别低 13.4% 和 8.9%。免耕条件下的大豆生产成本每年都要比其他耕作措施低很多。以 2002—2009 年的平均生产成本为标准，免耕玉米的生产成本要比翻耕低 9.3%，免耕大豆的生产成本要比翻耕低 16.3%。

产出收益与产量效益相似。在免耕条件下，玉米-大豆轮作处理要比玉米-玉米-大豆轮作和玉米连作的玉米产出收益分别高出 34.8% 和 37%，同时要比玉米-玉米-大豆轮作的大豆产出收益高出 51.3%。不同耕作处理下，玉米-大豆轮作免耕处理的玉米和大豆产出收益要比翻耕分别高出 15.9% 和 62.9%。

第五章
中国保护性农业发展战略

第一节　中国农业发展的战略

一、粮食安全战略

（一）粮食安全的内涵

粮食安全（或食物安全）是指保证任何人在任何时候能买得到又能买得起为维持生存和健康所必需的足够食品。

粮食安全这一概念主要涉及粮食的供给保障问题，它经历了一个较长时间的演变过程。1974年，联合国粮食及农业组织就对粮食安全给出了一个定义：粮食安全是指人类目前的一种基本生活权利，即"应该保证任何人在任何地方都能够得到未来生存和健康所需要的足够食品"，它强调获取足够的粮食是人类目前的一种基本生活权利。1983年，联合国粮食及农业组织对这一定义做了修改，提出粮食安全的目标为"确保所有的人在任何时候既能买得到又能买得起所需要的基本食品"。在1996年11月第二次世界粮食大会通过的《罗马宣言》和行动计划中将粮食安全重新定义为更为成熟的概念，即粮食安全是指人人能够获得充足食物和免于饥饿的基本权利，同时，人人还有权获得安全而富有营养的粮食。

我国的粮食安全观经历了从发布白皮书到安全战略提出，再到粮食安全法出台等几个过程。1996年，随着世界粮食安全概念的提出，中国也随之发布了《中国的粮食问题白皮书》，首次提出我国粮食自给率不低于95％的目标；2008年在《国家粮食安全中长期规划纲要（2008—2020）》中，又重申我国粮食自给率不低于95％的标准；2013年，明确提出了我国粮食安全的策略是："以我为主、立足国内、确保产能、适度进口、科技支撑"；2014年我国颁布了《国务院关于建立健全粮食安全省长责任制的若干意见》，并从粮食生产、流通、消费等不同环节明确了各省级人民政府在维护国家粮食安全方面的事权与责任，与此同时，全国各地围绕粮食安全战略，结合当地资源现状，先后开展了地方粮食安全行动，推动了国家粮食安全战略的落实，例如，某些北方省份把一些地下水严重超采区确定为退出高耗水作物种植或休耕区域；南方某些省份开展了重金属污染耕地修复及农作物种植结构调整试点工作；2015年，李克强总理在政府工作报告中提出"开展粮食作物改为饲料作物试点"工作，表明我国正在根据国情、粮情形势发展需要，全面拓宽粮食安全的整体视野等；这一年我国还正式颁布了《中华人民共和国国家安全法》，首次将粮食安全纳入国家安全体系。

（二）我国粮食安全发展过程

综合我国国情，并参照联合国粮食及农业组织不同时期对粮食安全的不同定义，分析认为，我国粮食安全经历了以下三个阶段。

第一个阶段是中华人民共和国成立后的计划经济时期，即从1949年到1978年，此阶段属于经济发展水平较低时期。国内粮食安全思想经历了从形成（1949—1956年）到发展（1957—1978年）的转变。这一时期我国粮食安全的主要特征是粮食没有满足消费需求，整个社会都无比重视粮食生产，在农业政策方面，是"以粮为纲"发展方针始终贯穿于整个农业生产之中，这一时期我国粮食商品量占产量总量的比例为30%左右，城镇人口比例未达到总人口的50%。该阶段我国对粮食安全的表述为，随时向民众供应足够的基本食品，也就是说，让人人有饭吃，粮食安全的重点在于总量保障，即突出的是数量安全问题。

第二个阶段是从改革开放到国民经济高速发展时期，即从1979年到2013年，是改革开放带来粮食安全保障能力迅速提高的阶段。这一时期我国粮食安全的基本特征是粮食生产在总量上可以基本满足需求，国内粮食总产量从1978年的3.05亿t，到1984年4.07亿t、1996年5.05亿t、2013年6.02亿t，连上3个台阶，社会已经摆脱了粮食短缺的困扰，其他食品种类如水果、蔬菜、肉、禽、蛋、鱼等逐渐丰富起来，人们对食品质量的选择性明显加强，小康社会的种种特征日益显著。这一时期粮食商品量占总产量的比例达50%以上，城镇居民占总人口的比例超过50%。这一时期粮食安全的具体表述是，所有人在任何时候都能买得到并买得起粮食，回应了美国学者莱斯特·布朗"谁来养活中国"的疑虑，实现了"把饭碗牢牢端在自己手里"的战略目标。这一时期粮食安全的重点转变为流通保证。

第三个阶段是中国新时代粮食安全阶段，即从2013年到2030年，是国民经济发展到工业化水平阶段。这一阶段我国的二元经济结构得到根本改变，粮食生产已经基本实现了机械化、电气化和规模化。这一时期的特征是粮食生产的潜能得到充分发挥，人口总量趋于平稳或下降，因而对粮食的消费也趋于平稳。在粮食消费中，人们更多的关注已不是总量和品种问题。这一时期粮食商品量占总产量的比例达80%以上，城镇人口占总人口比例超过80%。这一阶段对粮食安全的具体表述是，所有人在任何时候都能够在物质上和经济上获得足够、安全和富有营养的食品，来满足其积极和健康生活的膳食需要及食物喜好。在这一阶段，粮食的消费在人们日常消费食物中的比例开始显著下降，其他食物的重要性将逐渐重于粮食的重要性，粮食安全逐渐让位于食品安全或食物安全。粮食安全的重点转变为食品的营养和卫生保障以及随生活水平提高而产生的食物偏好。

随着社会经济的发展，我国的粮食安全观发生了巨大变化，主要表现在以下几个方面。

从认识观念上，由单一"吃得饱"的数量安全观，发展到了由数量安全、结构安全、生态安全、质量安全构成的多元、多层次、多架构的广义粮食安全观。

在数量安全方面，主要从"粮食安全"聚焦到"口粮安全"，确保"口粮绝对安全"的数量底线，提出应根据中国国情和资源属性，合理储备和适度进口相结合，应充分利用"两个资源、两个市场"的条件，把我国的粮食安全放置于全球粮食安全格局之中，从战略上统筹考虑。

在结构安全方面，应以"市场主导＋政府补贴"的方式来调整粮经饲种植结构，发展多功能农业，提高农产品加工能力，促进粮食流通市场健康有序发展，完善农产品价格形成机制，提高农业补贴政策效能，提出以合理膳食、营养均衡的消费结构来倒逼农产品的供给侧改革。

在生态安全方面，应从"高投入、高产出、高消耗、高污染"的集约农业转向"环境友好型、资源节约型"的现代生态农业发展模式，突出粮食生产中科技支撑功能，实现"藏粮于地""藏粮于技"和绿色生产。

在质量安全方面，以"吃得健康，吃得放心"为目标来完善农产品的可追溯体系和粮食生产过程中的投入品监管体系，保证食品安全，提高国内农产品的质量水平，切实保障中国长远的粮食安全。

（三）中国粮食安全现状

从 2019 年 10 月 14 日的《中国的粮食安全》白皮书中可以得知，我国依靠自身力量生产了约占世界 1/4 的粮食产量，把自己的饭碗牢牢端在了自己手中，实现了由"吃不饱"到"吃得饱"，并且"吃得好"的历史性转变。这既是中国人民自己发展取得的伟大成就，也是为世界粮食安全做出的重大贡献。主要表现如下：

1. 粮食产量稳步增长

在我国，由于对粮食安全的高度重视，我国粮食总产、单产和人均占有量均实现了快速发展。

粮食总产量连上新台阶。2004 年以来，我国粮食总产已实现 12 连增和 15 年丰，2012 年总产超过 6 亿 t，2015 年达到 6.6 亿 t，连续 4 年稳定在 6.5 亿 t 以上水平。粮食产量波动幅度基本稳定在合理区间。中国粮食总产量（1996—2018 年）见图 5-1。

粮食单产和单品种产量实现突破性增长。中国粮食单位面积产量(1996—2018 年)，

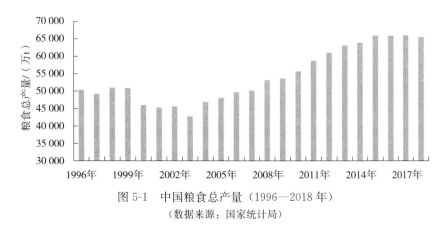

图 5-1　中国粮食总产量（1996—2018 年）
（数据来源：国家统计局）

见图 5-2。2018 年，我国粮食产量平均每公顷达到 5 621kg，突破了 5 000kg/hm² 的大关，较 1996 年增长 25％以上；就稻谷、小麦、玉米等单品种而言，2017 年三个粮食品种每公顷产量依次达到 6 916.9kg、5 481.2kg 和 6 110.3kg，较 1996 年分别增长 11.3％、46.8％和 17.4％，比世界平均水平分别高 50.1％、55.2％、6.2％。2017 年三大谷物品种单位面积产量对比见图 5-3。

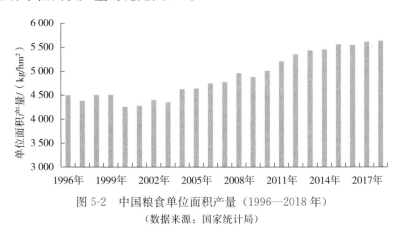

图 5-2　中国粮食单位面积产量（1996—2018 年）
（数据来源：国家统计局）

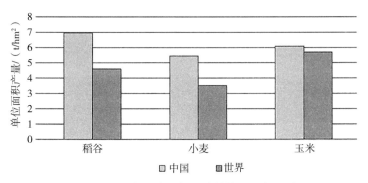

图 5-3　2017 年三大谷物品种单位面积产量对比
（数据来源：联合国粮食及农业组织数据库）

人均粮食产量超世界水平。2018年，我国人均粮食占有量达到470kg左右，比1996年增长了14%，比1949年增长了126%，我国人均占有粮食数量稳定在世界平均水平之上。

2. 谷物供应基本自给

经过多年发展，我国粮食自给水平逐年提高，目前口粮达到绝对自给，谷物供应达到基本自给水平，主要表现是我国实现谷物基本自给。2018年，谷物产量6.1亿t，占粮食总产量的90%以上，比1996年的4.5亿t增加了1.6亿t。目前，我国谷物自给率超过95%左右，为保障国家粮食安全、促进经济社会发展和国家长治久安奠定了坚实的物质基础。近几年，我国的稻谷和小麦产需有余，完全达到自给水平，进出口主要是品种调剂，实现了将中国人的饭碗牢牢端在自己手上的目标。2001—2018年，年均进口的粮食总量中，大豆占比为75.4%，稻谷和小麦两大口粮品种合计占比不足6%。

3. 粮食储备能力显著增强

我国在加强粮食自给能力建设的过程中，十分重视粮食储备能力建设，规划建设了一批现代化新粮仓，维修改造了一批老粮仓，仓容规模进一步增加，设施功能不断完善，安全储粮能力持续增强，总体达到了世界较先进水平（1996年和2018年中国有效仓容总量及食用油罐总罐容增长情况见图5-4）。

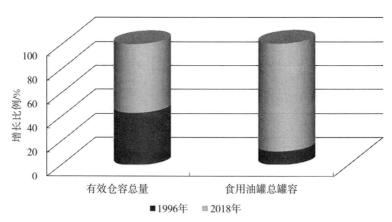

图 5-4　1996 年和 2018 年中国有效仓容总量及食用油罐总罐容增长情况
（数据来源：国家统计局）

我国粮食储备能力建设主要表现在以下三个方面：

加快了仓储现代化水平建设。2018年全国粮食储备能力达9.1亿t，其中，标准粮食仓房仓容6.7亿t，简易仓容2.4亿t，有效仓容总量比1996年增长31.9%。食用油罐总罐容2 800万t，比1996年增长7倍。

加快提升了物流能力建设。粮食物流骨干通道全部打通，公路、铁路、水路多式联运格局基本形成，原粮散粮运输、成品粮集装化运输比重大幅提高，粮食物流效率稳步提升。2017 年,全国粮食物流总量达到 4.8 亿 t,其中跨省物流量 2.3 亿 t。

粮食储备和应急体系得到进一步健全。政府粮食储备数量充足,质量良好,储存安全。在大中城市和价格易波动地区,建立了 10～15d 的应急成品粮储备。应急储备、加工和配送体系基本形成,应急供应网点遍布城乡街道社区,在应对地震、雨雪冰冻、台风等重大自然灾害和公共突发事件等方面发挥了重要作用。

4. 居民健康营养状况明显改善

随着我国农业生产水平的逐步提升,农产品质量的不断改善,我国居民健康营养状况得到明显改善。

居民膳食品种不断增加,数量、质量均有提升。1996 年和 2018 年中国油料、猪牛羊肉、水产品、牛奶的人均占有量对比见图 5-5,蔬菜和水果的人均占有量对比见图 5-6。2018 年,油料、猪牛羊肉、水产品、牛奶、蔬菜和水果的人均占有量分别为 24.7kg、46.8kg、46.4kg、22.1kg、505.1kg 和 184.4kg,比 1996 年分别增加了 6.5kg、16.6kg、19.5kg、17kg、257.7kg 和 117.7kg,分别增长 35.7%、55%、72.5%、333.3%、104.2% 和 176.5%。居民人均直接消费口粮不断减少,动物性食

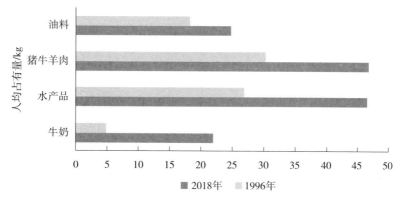

图 5-5 1996 年和 2018 年中国油料、猪牛羊肉、水产品、牛奶的人均占有量对比
(数据来源:国家统计局)

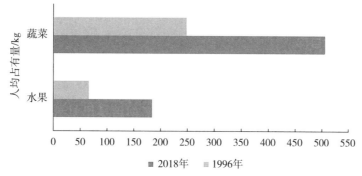

图 5-6 1996 年和 2018 年中国蔬菜和水果的人均占有量对比
(数据来源:国家统计局)

品、蔬菜、瓜果等非粮食食物消费增加，食物更加多样，饮食更加健康。

居民营养水平不断改善。据国家卫生健康委监测数据显示，我国居民平均每标准人日能量摄入量 9 087.6kJ，蛋白质 65g，脂肪 80g，糖类 301g。城乡居民膳食能量得到充足供给，蛋白质、脂肪、糖类三大营养素供能充足，糖类供能比下降，脂肪供能比上升，优质蛋白质摄入增加。

（四）我国粮食安全主要措施

我国在立足本国国情、粮情条件下，经过 40 余年的改革开放，始终贯彻创新、协调、绿色、开放、共享的新发展理念，落实高质量发展要求，实施新时期国家粮食安全战略，走出了一条中国特色粮食安全之路。

1. 稳步提升粮食生产能力

严格保护最低耕地面积红线。全国开展了土地利用总体规划，加强建设用地"增存挂钩"机制，实行耕地占补平衡政策，严守 12 000 万 hm^2 耕地红线。全面落实永久基本农田特殊保护制度，划定永久基本农田 10 300 多万 hm^2。目前，全国耕地面积 13 488 万 hm^2，比 1996 年增加 480 万 hm^2 左右，粮食作物播种面积达到 11 700 多万 hm^2，比 1996 年增加 450 万 hm^2 左右，夯实了粮食生产基础。

加强生态环境保护，强化耕地质量提升。组织实施全国高标准农田建设总体规划方案建设，推进耕地面积数量、质量与生态"三位一体"保护，开展中低产田改造，建设集中连片、旱涝保收、稳产高产、生态友好的高标准农田。先后已建成高标准农田 4 260 多万 hm^2，每公顷粮食产量提高约 1 500kg，粮食生产能力得到显著提升。推广测土配方施肥行动计划，实施秸秆还田、绿肥种植、增施有机肥、地力培肥、土壤改良等综合配套技术，稳步提升耕地质量。实施耕地休养生息规划，开展耕地轮作休耕制度试点。持续控制化肥、农药施用量，逐步消除面源污染，保护生态环境。

建立粮食生产功能区和重要农产品生产保护区。划定了水稻、小麦、玉米等粮食生产功能区 6 000 万 hm^2，大豆、油菜籽等重要农产品生产保护区近 1 500 万 hm^2。在我国东北规划建设了稻谷、玉米、大豆优势产业带，在黄淮海平原形成了小麦、专用玉米和高蛋白大豆规模生产优势区；在长江经济带打造了双季稻和优质专用小麦生产核心区；在西北农区提高了优质小麦、玉米和马铃薯生产规模和质量；在西南农区重点发展了稻谷、小麦、玉米和马铃薯种植；在东南和华南地区扩大了优质双季稻和马铃薯产量与规模。在作物布局方面，进一步优化区域布局和要素组合，促进农业结构调整，提升农产品质量效益和市场竞争力，确保了重要农产品特别是粮食的有效供给。

提高水资源利用效率。水资源的丰欠已成为发展农业生产的重要限制因素，为此，我国规划建设了一批节水供水重大水利工程，大力普及管灌、喷灌、微灌等节水灌溉技术，加大水肥一体化等农艺节水推广力度。加快灌区续建配套与现代化高效节水改造，推进了小型农田水利设施达标提质，实现了农业生产水资源科学高效利用。

2. 保护和调动粮食种植积极性

保障种粮农民的收益。2006 年，我国全面取消了农业税，从根本上减轻了农民负担。同时，逐步调整完善粮食价格形成机制和农业支持保护政策，通过实施耕地地力保护补贴和农机具购置补贴等措施，提高农民抵御自然风险和市场风险的能力，保障种粮基本收益，保护了农民种粮积极性，为农业可持续发展提供了保障。

完善生产经营方式。坚持以家庭承包经营为基础、统分结合的双层经营体制，巩固了农村基本经营制度，调动了亿万农民粮食生产积极性。培育了一批新型农业经营主体和社会化服务组织，促进了农业的适度规模经营，把小农户引入现代农业发展轨道，逐步形成了以家庭经营为基础、合作与联合为纽带、社会化服务为支撑的立体化复合型农业经营体系。目前，全国家庭农场近 60 万家，农民合作社达到 217.3 万家，社会化服务组织达到 37 万个，有效解决了"谁来种地""怎样种地"等问题，大幅提高了农业生产效率。

3. 健全完善国家政策调控

高度重视规划的引领作用。我国高度重视规划的作用，为了粮食安全和农业可持续发展，先后制定了《国家粮食安全中长期规划纲要（2008—2020 年）》《全国新增 1 000 亿斤 * 粮食生产能力规划（2009—2020 年)》《中国食物与营养发展纲要（2014—2020 年）》《全国农业可持续发展规划（2015—2030 年）》，进入"十三五"时期，又实时编制了《中华人民共和国国民经济和社会发展第十三个五年规划纲要》《全国国土规划纲要（2016—2030 年）》《国家乡村振兴战略规划（2018—2022 年）》《粮食行业"十三五"发展规划纲要》等一系列发展规划，从不同层面制定目标、明确措施，实现了规划引领农业现代化、粮食产业以及食物营养的发展方向，多维度维护国家粮食安全。

改革粮食收储制度和价格形成机制。为保护我国广大农民的种粮积极性，促进农民就业增收，防止出现"谷贱伤农"和"卖粮难"等问题，在特定时段，按照特定价格，对特定区域的特定粮食品种先后实施了最低收购价收购、国家临时收储等政策性收购。收购价格由国家根据生产成本和市场行情确定，收购的粮食按照市场价格销售。随着市场形势的发展变化，粮食供给更加充裕，按照分品种施策、渐进式推进的原则，积极稳妥推进粮食收储制度和价格形成机制改革。

发挥粮食储备重要作用。合理确定中央和地方储备功能定位，中央储备粮主要用于全国范围守底线、应大灾、稳预期，是国家粮食安全的"压舱石"；地方储备粮主要用于区域市场保应急、稳粮价、保供应，是国家粮食安全的第一道防线。

---

　　* 斤为非法定计量单位，1 斤＝500g。——编者注

4. 全面建立粮食科技创新体系

允分发挥粮食生产科技支撑作用。在粮食主产区，连续推进玉米、大豆、水稻、小麦等国家良种重大科研联合攻关，大力培育推广优良品种。超级稻、矮败小麦、杂交玉米等高效育种技术体系基本建立，成功培育出数万个高产优质作物新品种新组合，促进了主要粮食作物新品种5～6次大规模更新换代，优良品种大面积推广应用，基本实现主要粮食作物良种全覆盖。加快优质专用稻米和强筋、弱筋小麦以及高淀粉、高蛋白、高油玉米等绿色优质品种选育，推动粮食生产从高产向优质高产并重转变。

全面推广应用农业科学技术。2018年，我国农业科技进步贡献率达到58.3%，比1996年提高了42.8%。科学施肥、节水灌溉、绿色防控等技术大面积推广，水稻、小麦、玉米三大粮食作物的农药、化肥利用率分别达到38.8%、37.8%，病虫草害损失率大幅降低。农业科技的推广应用，为粮食增产发挥了积极作用。

更加强化复种种植制度发展。在我国热量偏紧地区大力发展复种模式，采取套作技术、地膜覆盖技术等争温、争时技术，提高复种指数，延长耕地常绿，我国用占世界不到10%的耕地，养活了世界近20%的人口，解决了粮、棉、油等不同作物间的争地矛盾，实现了我国粮食作物、经济油料世界作物、蔬菜以及瓜果等副食品植物的争光、争时、争地的目的。

积极推广保护性农业技术。我国东北、西北地区以及南方的丘陵地区等，土壤面临的水蚀、风蚀风险严重，在这些地区，我国政府和当地人民群众因地制宜，实时发展了保护性耕作技术，减少了对土壤的扰动，极大地缓解了自然灾害对农业生产的影响，保护了土地，同时实时发展了农业生产，对稳定全国粮食生产发挥了特有的作用。

二、农业绿色发展战略

（一）农业绿色发展的概念

绿色发展是一个宏观而普遍的概念，涉及经济、生态和生产生活等各个方面，其一般的含义是指按照人与自然和谐的理念，将经济社会发展建立在生态环境容量和资源承载力的约束条件下，形成节约资源、保护环境的空间格局、产业结构、生产方式和生活方式。绿色发展与可持续发展在思想上是一脉相承的，既是对可持续发展的继承，也是可持续发展中国化的理论创新，是中国特色社会主义应对全球生态环境恶化客观现实的重大理论贡献，符合历史潮流的演进规律。

农业绿色发展是指以维护和建设产地优良生态环境为基础，以生产绿色食品为核心，以协调人与自然关系为重点，充分利用先进科学技术、先进工业装备和先进管理理念，以促进农产品安全、生态安全、资源合理利用和提高农业综合经济效益的协调统一为目标，以倡导农业标准化为手段，推动人类社会和经济全面、协调、可持续发展的农业模式。

（二）农业绿色发展历程

中国农业绿色发展战略是基于世界农业发展成果和趋势要求而提出的。世界农业由游牧游耕制到定牧定耕制，从刀耕火种技术到铧式犁技术的发明应用，再到农业装备技术的发展，使农业生产发生巨大变化。人类通过技术进步不断对自然进行改造，在取得巨大成果的同时，人类与自然间的矛盾也越来越突出。1934 年，美国西部平原由于长期进行翻耕作业，裸露的表层土壤常常被大风扬起，最终形成了巨型沙尘暴——"黑色风暴"灾害。"黑色风暴"持续 3d，造成千万亩农田被毁，表层约 12.7cm 的肥沃土壤被风蚀，损失土壤约 3 亿 t，当年减少小麦产量约 510 万 t。沉痛的教训，促使美国土壤保护局开始研究推广残茬覆盖的耕作方法。1943 年，美国农学家爱德华·福克纳（Edward Faulkner）发表了《犁耕者的愚蠢》一文，阐释了残茬覆盖免耕播种方式对改善土壤质量、减少土壤侵蚀的影响，为免耕技术的发展奠定了基础。20世纪 50～60 年代，国际上随着化肥、农药、农业机械装备等现代农业生产方式逐渐占领主导地位，粮食产量不断增加，在解决发展中国家粮食自给问题的同时，由其引发的一系列环境问题也逐步突现。《寂静的春天》一书的出版，提醒人类对生态环境的重视，到 20 世纪 70 年代，农业生态学的科学体系逐步形成，20 世纪 80 年代，可持续性农业的概念被提出，并作为一种农业发展理念逐渐被人们接受。1988 年，世界粮食及农业组织在荷兰丹波召开国际农业与问题大会，向全球发出了"关于可持续农业和农村发展的丹波宣言和行动纲领"，提出了"可持续农业和农村发展"的新战略。20 世纪 90 年代末至 21 世纪初，现代农业生产模式进入了全面、协调、可持续发展的新时期，生产生态经济协调型农业生产模式——绿色农业，被国际社会普遍认为是当前和今后较长时期科学的农业生产模式。

与世界农业发展一样，我国农业也在不断前进中，绿色农业发展理念正在取代"高耗型"和"数量型"生产方式。中华人民共和国成立后，我国结合实际，农业生产方式逐渐转向现代化。但由于推行了"大跃进"的生产方式，脱离了中国农村生产力发展的实际水平，农业生产受到一定影响。1978 年，家庭联产承包责任制的改革，重新调动了农民的生产积极性，"高产型"种植制度的推广，提高了粮食产量，发挥了劳动和土地的潜力。农业生态学理念也开始进入我国高校，沈阳农业大学沈亨理教授提出要用系统观和生态观解决农业问题。1981 年，华南农学院举行全国第一次农业生态学教学研讨会，随后，可持续农业与绿色发展开始被重视。1990 年 5 月，农业部推出了旨在促进农业环境保护、消除食品污染的绿色食品工程。1992 年，成立专门绿色食品认证、管理、科研机构——中国绿色食品发展中心，专门负责组织实施全国绿色食品工程。1993 年，该"中心"加入"国际有机农业运动联合会"（IFOAM），全国范围内开始了无公害农产品、绿色农产品和有机农产品的生产与注册登记。2005 年，时任浙江省委书记的习近平同志在指导浙江农业生产时指出，"绿水青山就是金山银山"，要求大家要重视生态保护，重视绿色发展。2013年，全国政协十二届一次会议提出《关于加强绿色农业发展的建议》。2016年，我国在"十三五"规划首次把绿色发展作为基本国策，提出"创新、协调、绿色、开放、共享"五大发展理念。为了促进农业绿色发展抓实落地，农业农村部发布了《2020年农业农村绿色发展工作要点》，提出要积极推进农业绿色生产，增加绿色优质农产品供给，加强农业突出环境问题治理，净化产地环境；强化农业资源保护，提高资源利用效率；持续推进农村人居环境整治，不断改善村容村貌，强化统筹和试验试点，夯实农业绿色发展基础。

（三）我国绿色农业发展现状

据《中国农业绿色发展报告2019》显示，我国农业绿色发展总体水平显著提高，农业生产方式持续向绿色化转型，农业资源节约与保育不断加强，农业生态系统保护取得明显进展，主要表现在如下几个方面。

1. 农业绿色发展的立地条件更加坚固

围绕农业绿色发展要求，全国不断采取措施，推进耕地质量提升、化肥农药零增长、不断扩大绿色农业规模和水平。2019年，全国耕地质量平均等级达4.76，一至三等优质耕地面积占比较2014年提升3.94%，三大粮食作物化肥利用率（37.8%）比2013年提高6.2%；农药平均利用率（39.8%）比2013年提高4.8%；农村生活垃圾收运处置体系覆盖全国84%以上的行政村，农村卫生厕所普及率超过60%。2018年，全国秸秆综合利用率达到85.45%，草原综合植被覆盖度达到55.7%；10项农业绿色发展标志性关键技术初步形成，绿色食品产地环境监测面积达到1.57亿亩，为农业绿色转型发展奠定了基础。

2. 绿色食品企业数量和认证产品产值不断增加

1990年以来，我国绿色食品生产有了长足的发展，建立了相应绿色食品标准监测与认证系统，全国绿色食品产业继续保持平稳健康增长，产业水平不断提升，绿色食品认证企业和产品数量逐年增长（图5-7）。2019年，绿色食品企业总数达15 984家，有效认证的产品总数达36 345个。销售额稳步增长，2018年和2019年，销售额产值基本稳定在4 500亿元左右，出口额达40亿美元以上（图5-8）。

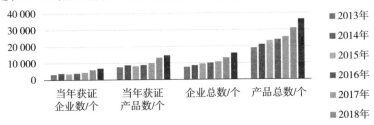

图 5-7　我国绿色食品产业认证情况
（数据来源：绿色食品发展中心）

图 5-8 绿色食品的国内销售额和出口额
（数据来源：绿色食品发展中心）

3. 绿色食品的种植面积逐年扩大，产品结构丰富合理

目前，我国主要的绿色食品主要包括粮食作物、油料作物、糖料作物、蔬菜、水果、茶、其他（枸杞、金银花、坚果等）。绿色产品的总种植面积稳定在16 000万亩左右。其中，粮食作物和油料作物面积占比最大，蔬菜、水果面积分别稳定在1 200万亩和1 000万亩左右，茶叶面积稳定在 310 万亩左右（图 5-9）。

图 5-9 绿色食品的种植面积
（数据来源：绿色食品发展中心）

绿色食品结构趋于合理，主要类型包括农林及其加工类产品、畜禽类产品、水产类产品、饮品类产品和其他（如方便主食品、调味品、糖果、果脯）。农林及其加工类产品所占的比例最大，并逐年增加，水产类产品所占比例最小，并逐年下降，畜禽类产品和饮品类产品较为稳定，分别约为 5% 和 9%（表 5-1）。

表 5-1 2013—2019 年绿色食品的产品结构

单位：%

产品类型	2013 年	2014 年	2015 年	2016 年	2017 年	2018 年	2019 年
农林及其加工产品	73.9	74.2	75.4	75.9	76.3	77.5	79.04

（续）

产品类型	2013 年	2014 年	2015 年	2016 年	2017 年	2018 年	2019 年
畜禽类产品	6.1	5.2	4.8	4.7	5.2	5.5	4.79
水产类产品	3.5	3.3	3.1	2.7	2.5	2.1	1.85
饮品类产品	8.7	9.2	8.7	8.8	8.8	8.7	9.13
其他产品	7.8	8.1	8	7.9	7.2	6.1	5.19

数据来源：绿色食品发展中心。

（四）绿色发展的主要举措

1. 用养结合，发展新型农作制度模式

发展用养结合的农作制度是推动用地养地相结合的重要措施，是减少化肥用量、促进资源循环高效利用的重要手段，是农业绿色可持续发展的重要途径。我国南方的"猪-沼-果"三位一体模式（图 5-10a），北方推广的"猪-沼-菜-厕"（图 5-10b）四位一体庭院能源生态模式等，均实现了种植业、养殖业相结合的复合农业生态工程；农业农村部和财政部在我国东北推行的"东北黑土地保护性耕作行动计划"，为遏制土壤退化，保护土壤中的"大熊猫"发挥着不可替代的作用；华北平原开展的玉米粮饲兼用种植、麦-棉-绿肥间套作、小麦-小尖椒免耕套作、小麦-大豆、小麦-花生等种植模式的改革；南方推广的稻-鱼、稻-虾互作等复合种植模式，实现了化肥农药减量投入、增加农产品产量和提高农产品质量的目的。

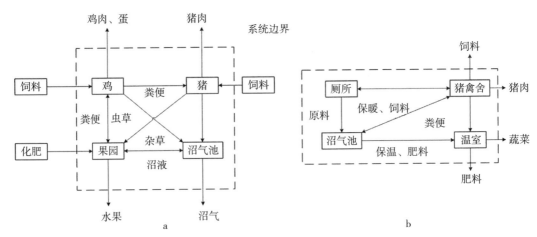

图 5-10 "猪-沼-果"三位一体模式和"猪-沼-菜-厕"四位一体庭院能源生态模式
a. "猪-沼-果"三位一体模式　b. "猪-沼-菜-厕"四位一体庭院能源生态模式

2. 强化制度建设，推动农业绿色生产方式变革

围绕农业绿色发展战略，我国不断从制度层面出台政策，实施适宜农业绿色发展的重大工程，不断推动农业绿色生产方式的变革。例如 2005 年中央 1 号文件提出"搞好沃土工程建设，推广测土配方施肥"；2015 年农业部制定出台"到 2020 年化肥、农药使用量零增长行动方案"，严禁焚烧秸秆，促进秸秆资源化利用；推动化肥、

农药零增长；地膜回收利用，农药包装物回收措施和推广大宗农作物绿色优质栽培模式等农业绿色发展五大措施。依靠科技进步，发射资源环境监测卫星，建立完善的农业遥感监测系统，构建国家、省、市、县四级农业农村监测管理平台，实现对耕地资源、地下水储量及农作物、草原、渔业水域等农业资源的动态监测，从加强产地环境保护和源头治理入手，建立完善的绿色农业发展方向。

3. 重视科技攻关，促进农业绿色发展战略

主要是加大了绿色农机化装备研发，例如免缠绕一体化播种机械的研发与推广应用，减少机械作业面积和次数；探讨保护性耕作制度技术体系，实现秸秆覆盖全量还田，推广水肥一体化实用技术，提高肥水利用效率，开展有机肥、缓释肥和生物制品等肥料与农药替代品研制，确保生态安全；注重健全农产品产地环境、生产过程、收储运销全过程的质量标准体系建设，加快实现内外标准的统一，用标准、规划来引领农产品的优质化；大力发展基于北斗导航、计算机视觉的智能化无人机，实现农田精准施肥、施药，加强农机农艺信息技术融合研究，实现农业生物的智能监测、科学决策和可视化管理。

三、农业生态安全战略

（一）农业生态安全的内涵

生态安全是指人的生活健康、安乐、基本权利生活保障来源、必要资源社会秩序和人类适应环境变化能力等方面不受威胁的状态，它能为整个生态经济系统的安全和可持续发展提供生态保障，生态安全包括自然生态安全、经济生态安全、社会生态安全，这是广义的生态安全概念，侠义的生态安全是指自然和半自然生态系统自身的安全，反映的是生态系统的完整程度和健康水平。狭义的生态安全概念是基于生态系统自身特性所提出；广义的生态安全概念则是从人类生存与发展的角度出发。

农业生态安全是指农业自然资源和生态环境处于一种健康、平衡、不受威胁的状态。在该状态下，农业生态系统能够保持持续生产力，不对环境造成破坏和污染，并能生产出健康安全的农产品。农业生态安全是农业可持续发展的基础，保障农业生态安全是发展无公害农业的基本要求。

（二）农业生态安全的发展过程

生态安全是近三四十年发展起来的研究领域，是当前可持续发展研究的重点课题，反映出人类社会经济活动与自然环境之间的互动关系，已经成为国家安全的重要组成部分。生态安全的产生是由特定的时代背景所决定。

工业革命前，人类屈服于自然的威力，对自然顶礼膜拜；工业革命后，人类通过现代科学技术使生产力有了极大的发展，人口增长和经济社会快速进步，生态环境面临的压力不断增大，人类对自然资源的不合理开发及利用日益加剧，导致了资源过度消耗，并引发越来越多的生态环境问题，如生态系统退化、生物多样性丧失、土地沙化、水土流失加剧及水、气、土壤污染。由此导致的生态危机和灾害严重威胁到人类自身的安全。为此，生态问题日益受到关注，已成为各国必须共同面对并亟待解决的重要科学问题。

1948 年 7 月 13 日，联合国教科文组织（UNESCO）的 8 名社会科学家，共同发表了《社会科学家争取和平的呼吁》，认为是现代生态安全的先声；1962 年，美国海洋生物学家蕾切尔·卡逊（Rachel Karson）发表了环境保护科普著作《寂静的春天》，对污染物富集、迁移转化的描写，初步揭示了污染对生态系统的影响，敲响了人类将因为破坏环境而受到大自然惩罚的警世之钟；1972 年，麻省理工学院 Dennis L. Meadows 所著的《增长的极限》中所阐述的"合理的、持久的均衡发展"，为孕育可持续发展的思想提供了萌芽的土壤；1972 年 6 月 5 日，联合国在瑞典首都斯德哥尔摩举行第一次人类环境会议，通过了著名的《人类环境宣言》，这是人类历史上第一次在全世界范围内研究保护人类环境的会议；1977 年，美国世界观察研究所所长著名的环境专家 Lester R. Brown 最早将环境引入安全概念；1987 年，世界环境与发展委员会（WCED）向联合国大会提交了著名的宣言式研究报告《我们共同的未来》，提出了"可持续发展"的概念；1988 年，联合国环境规划署（UNEP）下的工业与环境办公室（IEO）和工业与环境规划活动中心（IEPAC）制定"阿佩尔计划"，首次正式提出"环境安全"这一概念；1992 年，联合国环境与发展会议通过的《21 世纪议程》明确地将环境保护与环境安全问题紧密联系起来，使世界各国开始重视环境安全问题。

自此以后，许多国家不仅对生态表示关注，还把它提到与国家安全、民族安全同等重要的位置加以考虑。

我国对生态安全问题的研究与国外基本同步，20 世纪 70 年代初，以中国科学院生态研究中心马世骏院士为首的生态学家，就倡导中国应该走生态农业的发展道路，自 20 世纪 80 年代国外生态农业概念提出以来，我国掀起了一场生态农业热潮。中国的生态农业有别于国外的生态农业，它是以我国传统农业技术与现代先进科学技术相结合，生态、经济、社会三种效益协调统一的新型农业生产体系。1994 年，《中国 21 世纪的环境与发展白皮书》报告发布，并指出要保护和改善农业生态环境，合理永续地利用自然资源，特别是生物资源，以满足国民经济发展和人民生活的需要，即确保食物安全、发展农村经济和合理利用保护资源；面对 1995 年美国 Lester R. Brown 提出的"中国粮食威胁论"和 1998 年中国出现的特大洪灾问题，国内许多学者相继提出了"环境安全""生态安全""资源安全"等概念和问题；2000 年，中国科学院将"国家生态安全的监测、评价与预警系统"研究作为重大项目，同年国务院颁发的《全国生态环境保护纲要》中正式提出国家生态环境安全的概念，首次将生态安全作为环境保护的目标纳入国家安全的范畴，明确提出要大力推进生态省、生态市、生态县环境优美乡镇的建设。

（三）气候智慧型农业及其发展

气候变化带给人类许多生态安全问题，例如气温升高引起冰川融化，热带稀树草原消失，改变大气降水、蒸发，以及水土资源要素的平衡，致使人类生存空间和所需的食品安全面临新的挑战。农业是气候变化的受害者，也是温室气体的重要排放源。农业生产与气候变化之间相互制约、相互影响，要实现农业的可持续发展，必须妥善处理农业生产与气候变化之间的关系。为此，2010 年联合国粮食及农业组织发表题为《气候智能型农业——与食品安全、适应和缓解相关的政策、措施及融资》的报告，正式提出了致力于实现粮食安全、气候适应和减少排放"三赢"的气候智慧型农业。

关于气候智慧型农业的概念尚没有统一的描述，但其内涵大同小异，如联合国粮食及农业组织认为"气候智慧型农业"是指能在持续提高农业生产力，增强农业对自然灾害及气候变化抵抗能力的同时，能更好地适应气候变化、减缓农业温室气体排放，能够增强粮食安全和农业发展的农业生产方式和发展模式。世界银行则认为"气候智慧型农业"是为建立面对气候变化，能满足不断增长的需求，并保持盈利和可持续发展的粮食系统。

在联合国粮食及农业组织、世界银行、全球环境基金等国际组织及部分国家政府的共同推动下，气候智慧型农业得到了快速发展，全球的多个国家围绕各自农业发展的实际开展了有益探索。2014 年，美国发起成立了气候智慧型农业全球联盟，推广气候智慧型农业技术，持续提高粮食产量，增强农业应对气候变化的适应性与弹性，减少温室气体排放。推广的关键技术和项目包括：采用高效的水灌溉系统用于节约用水和能源，开展健康土壤项目；增加有机物质和土壤生物，改变耕作制度，使不同的作物品种适应新的气候变化；执行农用地造林制度；发挥森林系统吸纳温室气体的作用，推广轮耕休耕和秸秆还田技术，以增强土壤固碳能力，提高应对气候变化的弹性等。

（四）我国农业生态安全现状

1. 环境空气质量改善成果进一步巩固

2019 中国环境状况公报显示，全国 337 个地级城市环境空气质量达到优良以上天数的比例为 82%，累计发生严重污染天数 452d，比 2018 年减少 183d，较 2015 年城市天气达标天数平均比例增加 5.3%，严重污染天数平均比例下降了 0.3%，PM2.5 年均浓度下降了 28.0%，PM10 年均浓度下降了 27.6%，臭氧日均排放量下降了 1.3%，一氧化碳日均排放量下降了 33.3%，二氧化碳排放总量比 2005 年累计下降 45.8%，相当于减排 52.6 亿 t，非化石能源占能源消费总量比重达到 14.3%，基本扭转了二氧化碳排放快速增长的局面，出现酸雨的城市比例为 33.3%，比 2018 年下降 4.3%，环境空气质量改善成果进一步得到巩固。

2. 水资源质量持续改善

随着我国环保执法监督和污染治理力度不断加大，水环境资源质量不断变优。2019 年对全国地表水监测结果显示，Ⅰ～Ⅲ类水质断面（点位）占 74.9%，比 2018 年上升 3.9%；劣Ⅴ类占 3.4%，比 2018 年下降 3.3%。全国流域总体水质Ⅰ～Ⅲ类水质断面占 79.1%，比 2018 年上升 4.8 个百分点；劣Ⅴ类占 3.0%，比 2018 年下降 3.9 个；重点河流水质明显改善，农业水资源污染物排放整体呈下降趋势。其中，化学需氧量下降 19.4%，总氮下降 47.7%，总磷下降 25.5%，农业面源污染得到有效控制。

3. 土壤环境风险不断得到管控

我国对土壤环境整治已进行 3 次调整。我国土地整治发展阶段及其主要特征见图 5-11。与 2009 年相比较，我国耕地面积不断增加，土地质量依次提升。据《2019 年全国耕地质量等级情况公报》显示，2019 年全国耕地 20.23 亿亩，平均等级为 4.76 等，较 2014 年提升了 0.35%。其中，一至三等耕地面积为 6.32 亿亩，占耕地总面积的 31.24%；四至六等耕地面积为 9.47 亿亩，占耕地总面积的 46.81%；七至十等耕地面积为 4.44 亿亩，占耕地总面积的 21.95%。水土流失面积逐年减少，根据 2018 年的监测结果，全国水土流失面积 273.69 万 km^2。其中，水侵蚀面积 115.09 万 km^2，风侵蚀面积 158.60 万 km^2，较 2011 年减少 21.23 万 km^2。

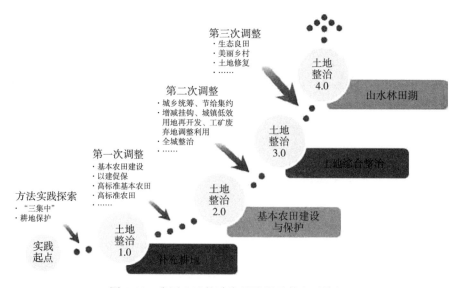

图 5-11 我国土地整治发展阶段及其主要特征

4. 农业废弃物利用率持续提高

根据我国第二次全国污染源公告显示，农田作物秸秆综合利用量不断增加，焚烧秸秆现象逐步得以控制。2017 年，全国秸秆产生量 8.05 亿 t，秸秆利用量 5.85 亿 t，综合利用率达 72.67%，据 2019 年卫星遥感对全国秸秆焚烧监测情况分析，当年共发现火点 6 300 个，比 2018 年减少 1 347 个，秸秆资源利用率提高。在化肥利用方面，2019 年全国水稻、玉米、小麦三大粮食作物化肥利用率为 39.2%，比 2015 年提高 4%，农药利用率为 39.8%，比 2015 年提高 3.2%，基本实现化肥、农药施用量零增长。地膜使用量呈下降趋势，2017 年全国用量为 141.93 万 t，较 2015 年减少 3.57 万 t，白色污染现象不断得到改善。

（五）农业生态安全关键措施

1. 政策支撑生态安全发展

我国高度重视生态安全与保护工作。2000 年，国务院颁发《全国生态环境保护纲要》，明确提出要大力推进生态省、生态市、生态县环境优美乡镇的建设，推动生态工程建设；2002 年，颁布了《关于进一步完善退耕还林政策措施的若干意见》，全面启动退耕还林工程，打响蓝天保卫战；2015 年，农业部发布了《关于打好农业面源污染防治攻坚战的实施意见》，全面启动化肥、农药零增长行动，扎实推进净土保卫战。近年来，中央出台关于美丽乡村的政策 20 余部，涉及农产品质量安全、农业绿色生产、农村人居环境改造等，均为生态安全发展与保护提供了政策支撑。

2. 加强科技支撑，发展气候智慧型农业

注重科技投入，不断提高农业生产力，增强农业对自然灾害及气候变化抵抗能力，更好地适应气候变化，减缓农业温室气体排放，增强粮食安全和农业发展的气候智慧型农业。在发展气候智慧型农业的过程中，我国农业科研工作者不断提出合时宜的技术措施及应对方案。土地平整、土地林网化、高标准农田建设等措施，提高了农业生产效率、农业生产水平，增强了抵抗自然风险能力，为农业的可持续性发展打下了坚实的基础。近年来，农业院校与农业县密切配合，建立县校合作，高素质农民培育课程和农业技术视频上线 4 639 个，累计在线解答农民问题约 150 万条。加快农民知识化进程，培养知识型新农民，充分发挥土地规模化的价值。在国家和地方一系列土地流转政策推动下，部分地区农村土地流转进程不断加快，市场活跃度持续提高，取得了良好的经济效益。信息技术在农业领域的应用更为广阔，农业信息技术在农业生产、经营管理、战略决策等过程中起到了关键作用。例如在施肥环节，采用测土配方施肥，减少化肥使用量，提高化肥利用效率，减少投入控制成本，提高收入。

3. 发展生态工程，强化农作制度建设

生态工程是应用生态系统中物种共生与物质循环再生原理、结构与功能协调的原则，结合系统最优化方法设计的分层多级利用物质的生产工艺系统。我国建设了各类农业生态工程，如农牧业固体废弃物处理生态工程、农业污水处理生态工程、水体污染修复生态工程、土壤恢复生态工程、农田复合生态工程、综合农业生态工程等。通

过生态工程的建设，保持农业生态系统的稳定和持续高效。目前我国农业生态工程建设处于发展阶段，已有各类农业生态工程试点2 000多个，正在逐步走向成熟。我国农业产业结构已经形成了粮食、经济、饲料等作物协调发展的新格局，农业生产经营方式由分散家庭经营，快速向产业化、组织化、市场化转变。不断强化农作制度建设，实现区域农作制度信息化管理，促进农作制度升级。

第二节　中国保护性农业基础分析

一、土壤基础分析

"民以食为天，粮以土为本"，土壤是粮食生产的基础，是维持人类生存的必要条件。我国现有耕地面积18.37亿亩，占全世界现有耕地面积的7%左右，人均耕地1.4亩，占世界平均水平的不足1/2。因此，正确认识我国耕地基础水平，对合理利用耕地、发展保护性农业的独特作用具有重要意义。

（一）我国土壤类型分布及其利用

我国耕地土壤类型丰富，按照土壤质地的不同可划分为沙质土、黏质土和壤土三类，我国主要土壤质地类型与主要农业特征如表5-2所示；根据土壤发生类型不同则可划分为12种土壤系列41个类型，我国12种土壤系列分布、特征与利用途径如表5-3所示。

表5-2　我国主要土壤质地类型与主要农业特性

土壤质地类型	主要农业特性
沙质土	含沙量多，颗粒粗糙，渗水速度快，保水性能差，通气性能好
黏质土	含沙量少，颗粒细腻，渗水速度慢，保水性能好，通气性能差
壤土	含沙量一般，颗粒一般，渗水速度一般，保水性能一般，通风性能一般

表5-3　我国12种土壤系列分布、特性与利用途径

土壤系列	主要分布	土壤类型与特性	利用途径
红壤系列	南方热带、亚热带地区	砖红壤、燥红土、赤红壤、红壤和黄壤，一般较黏重、酸、瘦，但开发潜力大	适于发展热带、亚热带经济作物、果树和林木，作物一年可两熟乃至三熟、四熟，土壤生产潜力很大
棕壤系列	中国东部湿润地区存在于森林下的土壤	黄棕壤、棕壤、暗棕壤和漂灰土，一般偏酸性，有时黏重，不易耕作	为中国主要森林业生产基地；分布在丘陵平原上的黄棕壤和棕壤有很高的农用价值，多数已开垦为农地和果园
褐土系列	中国暖温带东部半湿润、半干旱地区	褐土、黑垆土和灰褐土，腐殖质多，土壤养分高，易耕作	灰褐土是重要的林用地，其他土壤为中国北方的旱作地
黑土系列	中国东北温带森林草原和草原区	灰黑土、黑土、白浆土和黑钙土，有机质含量高，易耕作	适于发展农业、牧业和林业，农业生产潜力巨大

（续）

土壤系列	主要分布	土壤类型与特性	利用途径
栗钙土	中国北方分布范围极广的一些草原土壤	栗钙土、棕钙土和灰钙土	是中国主要的牧业基地，也是重要的旱作农业区
漠土系列	中国西北荒漠地区	灰漠土、灰棕漠土、棕漠土和龟裂土。腐殖质含量低，石灰含量高，养分低	主要受制于细土物质含量的多少和灌溉水源的有无。大部分用作牧地，仅有小部分开垦为农田
潮土、于土系列	主要分布于黄淮海平原，辽河平原，长江中下游平原及汾、渭谷地等	潮土、灌淤土、绿洲土。是在长期耕作、施肥和灌溉的影响下所形成，土壤性质好，易耕作	以种植小麦、玉米、高粱和棉花为主
草甸、沼泽土系列	分布于松嫩平原、三江平原，以及内蒙古、新疆等地河流两岸的泛滥平原、湖滨阶地上	草甸土、沼泽土。有机质层厚达1m以上，有深厚的腐殖质层或泥炭层	这类土壤肥力较高，养分也较丰富，水分供应良好，是主要垦殖对象；亦为重要牧场基地，合理安排农、牧关系十分重要
水稻土	主要分布在秦岭-淮河一线以南。长江中下游平原、珠江三角洲、四川盆地和台湾西部平原最集中	淹育、潴育及潜育三种类型。是淹水灌溉、耕作、施肥等措施影响的产物	是中国很重要的农业土壤资源，应根据土壤特性因地制宜加以改良
盐碱土系列	盐土主要分布在北方干旱、半干旱地区，尤以内蒙古、宁夏、甘肃、青海和新疆为多	盐土和碱土，含有较多的氯化钠和硫酸钠，不利于植被生长	盐土需采取灌排、喜盐植物或耐盐作物种植及耕作、种稻洗盐等方法进行改良；碱土采用施用石膏和磷石膏等化学方法进行改良
岩性土系列	分布在四川盆地、黄河中游丘陵地区中国北部的半干旱、干旱和极端干旱地区	紫色土、石灰土、磷质石灰土、黄绵土和风沙土，土壤发育微弱，剖面层次不明显	富含有机质的天然磷肥资源，富含矿质养分
高山土系列	主要分布于青藏高原东部和东南部	黑毡土、草毡土、巴嘎土、莎嘎土、高山漠土和高山寒漠土，土壤性质好，但所处气候温度低，不利于作物生长	是高原优良牧场土壤，也是小麦等作物的高产土壤

土壤质地是影响土壤水、气、肥、热的重要因素，同时它也与耕作质量、易耕性有关。从我国主要农区土壤类型来看，土壤质地具有明显的区域特征。东北地区的黑土、黄淮海地区的潮土，都有较好的土壤特性，有利于作物的生长；南方地区的水稻土，以及热带、亚热带地区的红壤土往往较为黏重；西北地区及青藏高原和内蒙古部分地区的耕地沙土含量较高，中部的黄土高原地区也有零散的沙土分布。

（二）我国土壤养分基础分析

我国土壤有机质分布与全氮的分布有很高的一致性。土壤有机质和全氮分布最高的地区分布在受人类活动干扰较小的西藏东南部山区的泥炭林区和东北地区的林区。总体上来看，全国大部分地区土壤的总氮和有机质含量都不高。南方地区土壤有机质和全氮含量要高于华北地区，黄土高原地区、内蒙古以及西北地区的土壤有机质和全氮含量较低。这就造成了我国耕地质量差异悬殊，我国耕地的中低产田仍占 2/3，其中主要是盐渍化、酸化、缺水型旱地等。在高产田中，水田的面积要高于旱地。近些年，随着化肥、农药以及频繁的土壤耕作，导致出现土壤的次生盐渍化、土壤压实、结构退化等问题。作为世界上重要的黑土地带的东北地区，土壤肥力也出现了明显的下降。

根据全国测土配方施肥数据分析，全国土壤有机质平均含量为 22.68g/kg，其中全国范围内土壤有机质含量大于平均值 20% 的县数占总数的 29.86%，小于平均值 20% 的县数占总数的 40.8%；从土壤全氮含量的分析得知，全国土壤全氮平均含量为 1.26g/kg，其中大于平均值 20% 的县数占总县数量的 28.63%，小于平均值 20% 的县数占总数的 38.97%（全国土壤有机质和全氮平均含量及其在各省份的分布见表5-4）。

表 5-4　全国土壤有机质和全氮平均含量及其在各省份的分布

省份	平均值/（g/kg）		小于平均值20%的县数/个		大于平均值20%的县数/个		样本县数/个		小于平均值20%的县数比例/%		大于平均值20%县数比例/%	
	全氮	有机质	全氮	有机质	全氮	有机质	全氮	有机质	全氮	有机质	全氮	有机质
上海	1.60	26.47	0	1	4	3	7	9	0	11.11	57.14	33.33
云南	1.84	32.94	1	0	88	97	128	129	0.78	0	68.75	75.19
内蒙古	1.32	24.12	73	73	35	35	122	123	59.84	59.35	28.69	28.46
北京	0.95	13.78	9	9	0	0	9	9	100.00	100.00	0	0
吉林	—	26.15	—	12	—	20	—	56	—	21.43	—	35.71
四川	1.31	22.95	38	45	58	64	170	171	22.35	26.32	34.12	37.43
天津	1.10	18.44	4	8	0	0	10	10	40.00	80.00	0.00	0.00
宁夏	0.87	13.61	19	21	0	0	22	22	86.36	95.45	0.00	0.00
安徽	1.26	21.64	25	37	14	12	84	84	29.76	44.05	16.67	14.29
山东	0.91	13.74	105	126	1	1	126	133	83.33	94.74	0.79	0.75
山西	0.80	13.88	98	95	0	0	110	110	89.09	86.36	0	0
广东	1.32	24.02	6	6	3	6	91	93	6.59	6.45	3.30	6.45
广西	1.78	30.91	5	1	78	80	110	113	4.55	0.88	70.91	70.80
新疆	0.79	16.64	56	66	2	6	67	90	83.58	73.33	2.99	6.67
江苏	1.29	20.16	8	28	15	6	76	80	10.53	35.00	19.74	7.50
江西	1.40	30.12	1	2	11	66	60	91	1.67	2.20	18.33	72.53
河北	0.93	15.93	118	132	0	0	165	175	71.52	75.43	0	0
河南	0.96	15.83	128	133	0	0	153	154	83.66	86.36	0	0
浙江	1.82	27.82	1	1	44	38	67	74	1.49	1.35	65.67	51.35
海南	0.96	18.79	8	12	1	0	14	17	57.14	70.59	7.14	0
湖北	1.30	22.61	12	23	8	9	67	104	17.91	22.12	11.94	8.65

（续）

省份	平均值/（g/kg）		小于平均值20%的县数/个		大于平均值20%的县数/个		样本县数/个		小于平均值20%的县数比例/%		大于平均值20%县数比例/%	
	全氮	有机质	全氮	有机质	全氮	有机质	全氮	有机质	全氮	有机质	全氮	有机质
湖南	1.84	33.87	0	1	96	86	115	120	0	0.83	83.48	71.67
甘肃	0.87	14.34	54	64	0	0	67	77	80.60	83.12	0	0
福建	1.34	26.36	2	5	5	15	27	41	7.41	12.20	18.52	36.59
西藏	1.64	27.25	3	5	12	9	29	29	10.34	17.24	41.38	31.03
贵州	1.96	35.37	2	1	76	72	83	83	2.41	1.20	91.57	86.75
辽宁	1.12	17.25	40	43	5	3	61	61	65.57	70.49	8.20	4.92
重庆	1.20	19.19	8	20	0	0	34	35	23.53	57.14	0	0
陕西	0.88	14.84	55	68	0	1	70	90	78.57	75.56	0	1.11
青海	1.45	23.64	6	6	6	6	23	24	26.09	25.00	26.09	25.00
黑龙江	2.13	40.43	5	0	92	129	117	152	4.27	0	78.63	84.87
全国均值	1.26	22.68	28.71	33.68	21.10	24.65	73.68	82.55	38.97	40.80	28.63	29.86

我国粮食主产区的13个省土壤全氮含量平均值为1.31g/kg，有机质平均含量为23.45 g/kg，其中全氮和有机质在均值上下20%范围的县均在一半以上。土壤全氮和有机质含量较高的省份主要是黑龙江、湖南、江西，而河南、河北、辽宁、湖北、山东、江苏的土壤养分含量较低。全国粮食主产区土壤有机质和全氮平均含量及其在各省份的分布见表5-5。

表5-5　全国粮食主产区土壤有机质和全氮平均含量及其在各省份的分布

省份	平均值/（g/kg）		小于平均值20%的县数/个		大于平均值20%的县数/个		样本县数/个		小于平均值20%的县数比例/%		大于平均值20%县数比例/%	
	全氮	有机质	全氮	有机质	全氮	有机质	全氮	有机质	全氮	有机质	全氮	有机质
内蒙古	1.32	24.12	70	73	36	35	122	123	57.38	59.35	29.51	28.46
吉林省	—	26.15	—	17	—	16	—	56	—	30.36	—	28.57
四川省	1.31	22.95	30	42	66	73	170	171	17.65	24.56	38.82	42.69
安徽省	1.26	21.64	13	19	19	21	84	84	15.48	22.62	22.62	25.00
山东省	0.91	13.74	23	21	20	21	126	133	18.25	15.79	15.87	15.79
江苏省	1.29	20.16	6	9	22	23	76	80	7.89	11.25	28.95	28.75
江西省	1.40	30.12	1	7	3	2	60	91	1.67	7.69	5.00	2.20
河北省	0.93	15.93	26	16	31	43	165	175	15.76	9.14	18.79	24.57
河南省	0.96	15.83	2	11	11	22	153	154	1.31	7.14	7.19	14.29
湖北省	1.30	22.61	12	15	10	12	67	104	17.91	14.42	14.93	11.54
湖南省	1.84	33.87	7	23	19	14	115	120	6.09	19.17	16.52	11.67
辽宁省	1.12	17.25	16	13	8	15	61	61	26.23	21.31	13.11	24.59
黑龙江	2.13	40.43	29	38	25	30	117	152	24.79	25.00	21.37	19.74

全国主要区域土壤有机质和全氮平均含量见图5-12。不同区域的全氮和有机质含量数据显示，东北三省（黑龙江、辽宁、吉林）、云贵青藏高原地区（云南、四川、西藏、贵州、重庆、青海）、南方稻区（广东、广西、江西、湖南、福建）、长江中下游地区（上海、安徽、江苏、浙江、湖北）土壤养分含量较高，而西北地区（内蒙古、新疆、宁夏）和作为北方粮食主产区的华北地区（北京、天津、山东、山西、陕西、河南、河北）土壤养分普遍偏低。

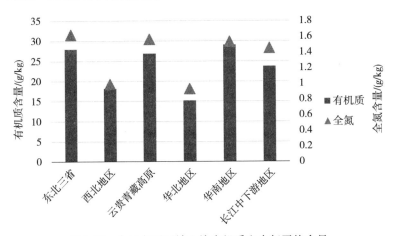

图 5-12 全国主要区域土壤有机质和全氮平均含量

（三）我国耕地水土流失情况

据第二次土壤普查，我国坡耕地达 4 827.9 万 hm²，占耕地总面积的 35.10%，其中 8°～25° 的缓坡耕地占总耕地面积 29.63%，大于 25° 的坡地占 5.47%，对坡地进行长期的耕作种植容易造成水、土、肥的流失。根据我国水利部发布数据，2019 年，全国水土流失面积 271.08 万 km²，占国土面积的 28.34%，较 2018 年减少 2.61 万 km²。与第一次全国水利普查数据相比，全国水土流失面积减少了 23.83 万 km²，平均每年以近 3 万 km² 的速度减少。我国的水土流失面积中，水蚀面积为 113.47 万 km²，占水土流失总面积的 41.86%，风蚀面积为 157.61 万 km²，占水土流失总面积的 58.14%。我国水土流失分布呈现由西向东逐步降低的特征。其中，西部地区水土流失最为严重，面积为 227.07 万 km²，占全国总水土流失面积的 83.76%；中部地区水土流失面积为 29.62 万 km²，占全国总水土流失面积的 10.93%；东部地区水土流失面积为 14.39 万 km²，占全国总水土流失面积的 5.31%。因此，根据不同区域水土流失的特点不同，发展不同覆盖物的保护型农业技术应该成为今后这些地区农业发展的重要方向。

二、农业装备基础分析

农业机械是发展现代农业的重要物质基础，在保护性农业中也是必不可少的硬件保障。近几年随着现代农业的发展，保护性农业也逐渐成为农业技术的发展潮流。

(一) 我国农业机械的总体情况

根据国家统计局统计，近十年来我国农业机械总动力保持在 10 亿 kW 左右（图 5-13a）。在 2015 年以前农业机械总动力稳步上升，之后由于小型农机具保有量减少，导致农业机械总动力有所下降。从 2010 年到 2018 年我国拖拉机数量在平均 2 200 万台以上，其中大中型拖拉机保持在 500 万台左右，小型拖拉机在 1 700万台左右（图 5-13b）。在 2017 年以前小型拖拉机数量有所下降，大中型拖拉机数量逐渐上升，2018 年小型拖拉机数量为近几年最高，达到 1818 万台，而大中型拖拉机有所减少，仅为 422 万台。

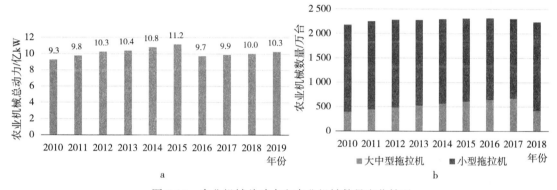

图 5-13　农业机械总动力和农业机械数量变化情况
（数据来源：国家统计局）
a. 农业机械总动力　b. 农业机械数量

农业机械产业发展对农业生产发挥了重要作用，2019 年，我国主要农作物全程机械化发展保持了平稳的势头，主要农作物综合机械化率超过 70%，小麦、水稻、玉米三大粮食作物耕种收综合机械化率均已超过 80%，基本实现机械化。玉米耕种收综合机械化率增速与往年持平；马铃薯、棉花、油菜、花生、大豆的耕种收综合机械化率的增速较快，甘蔗生产耕种收综合机械化率稳步提升。2019 年 3 月 16 日，国务院召开全国春季农业生产暨农业机械化转型升级工作会议，李克强总理做出重要批示，强调抓好春季田管和春耕备耕，加快农机装备产业转型升级，确保粮食生产稳定发展和重要农产品有效供给。

(二) 我国保护性农业机械发展情况

2002—2014 年我国免耕播种机数量及免耕面积见图 5-14。从 2002 年开始，我国免耕播种就已经开始大面积使用，2006 年以后免耕播种机和免耕面积迅速增加，2014 年全国免耕播种应用面积突破 1 亿亩，但是占耕地总面积比例仍然不高。2019年，东北黑土地保护性耕作被提升到国家战略层面。同年 7～8 月，胡春华副总理先后两次到达吉林、辽宁，对保护性耕作技术进行专门调研，在已制定的《东北黑土地保护规划纲要（2017—2030 年）》基础上，又出台了《东北黑土地保护性耕作国家行动计划（2020—2025）》。保护性耕作的大面积实施为我国农机发展带来了巨大的发展机遇。

保护性耕作由于免耕、少耕、秸秆覆盖等，地表由残茬秸秆覆盖，给作物播种造成困难。目前保护性耕作技术的研究主要集中在残茬管理（秸秆粉碎及根茬处理）、土壤耕作（表土耕作和深松）、免少耕播种（秸秆防堵）等方面。近几年，在国家"十三五"重点研发项目、国家科技支撑计划等支持下，强调农机农艺相结合，我国在土壤耕作机械方面取得了较大的进展。主要研发的保护性耕作机械有被动防堵式浅松机、带驱动直刀小麦少耕播种机、秸秆粉碎均匀抛撒机、玉米秸秆顺行铺放机、免缠绕播种机、秸秆翻埋旋耕机、秸秆翻埋覆盖机、深松机等。

随着人工智能、大数据时代的到来，智慧农业已经成为未来农业的发展方向，而智能化的农业装备是智慧农业的基础。目前保护性农业机械也在向智慧化方向发展。例如，利用机器视觉和定位系统的自动导航技术避免保护性耕作机具在作业时，由于秸秆残茬覆盖碰上粗大根茬（如玉米根茬）易引发堵塞、拖堆甚至停机等问题；基于车载摄像头通过机器学习等算法，对地表秸秆覆盖率的检测和通过光电感应的播种机播种情况的实施检测，减少漏播、重播情况发生；通过保护性耕作机具作业控制技术，控制免耕作业时的作业深度，播种机漏播后补偿控制等。

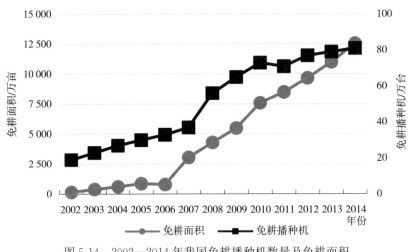

图 5-14 2002—2014 年我国免耕播种机数量及免耕面积
（引自中国保护性耕作网）

（三）粮食主产区农业机械发展情况

2018 年我国主要粮食生产省份农业机械情况见表 5-6。我国主要产粮的 13 个省，2018 年农业机械总动力为 73 094.6 万 kW，占全国总农业机械动力的 72.82%。大中型拖拉机和小型拖拉机总计分别为 324.03 万台、1 434.05 万台，分别占全国总数的 76.78% 和 78.87%。13 个省中山东和河南作为粮食生产大省，农业机械总动力都超过了 1 亿 W。河南小型拖拉机数量为全国第一，而黑龙江大中型拖拉机数量为全国第一。

表 5-6 **2018 年我国主要粮食生产省农业机械情况**（中国统计年鉴）

省份	农业机械总动力/万 kW	大中型拖拉机/万台	小型拖拉机/万台
内蒙古	3 663.7	31.65	85.74
吉林	3 466.0	31.59	90.15
四川	4 603.9	7.44	15.34
安徽	6 543.8	22.76	207.87
山东	10 415.2	47.94	201.29
江苏	5 017.7	16.54	67.44
江西	2 382.0	3.84	34.07
河北	7 706.2	27.30	122.30
河南	10 204.5	35.35	318.45
湖北	4 424.6	16.17	116.49
湖南	6 338.6	11.27	28.43
辽宁	2 243.7	17.00	40.77
黑龙江	6 084.7	55.18	105.71
总计	73 094.6	324.03	1 434.05

2018 年不同区域农业机械总动力占全国农业机械总动力的比例见图 5-15。我国不同农业生产区东北三省（黑龙江、辽宁、吉林）、云贵青藏高原地区（云南、四川、西藏、贵州、重庆、青海）、南方稻区（广东、广西、江西、湖南、福建）、长江中下游地区（上海、安徽、江苏、浙江、湖北）、西北地区（内蒙古、新疆、宁夏）、华北地区（北京、天津、山东、山西、陕西、河南、河北）中，华北地区的农业机械总动

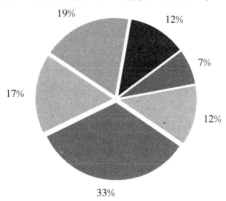

■东北三省 ■西北地区 ■云贵青藏高原 ■华北地区 ■南方稻区 ■长江中下游地区

图 5-15 2018 年不同区域农业机械总动力占总动力的比例

（数据来源：中国统计年鉴）

力所占全国农业机械总动力的比例最高，为 33%，南方稻区和长江中下游地区主要是使用水稻种植机械，两者所占比例之和也达到了 36%。

2018 年不同区域拖拉机数量见图 5-16。从拖拉机数量来看，华北地区总机械数量仍然最多，其中小型拖拉机的占比较大。其次为长江中下游地区，也主要是小型拖拉机较多。由于西北地区和东北地区土壤面积较为集中，因此大中型拖拉机除了华北地区最多外，主要集中在东北三省和西北地区。

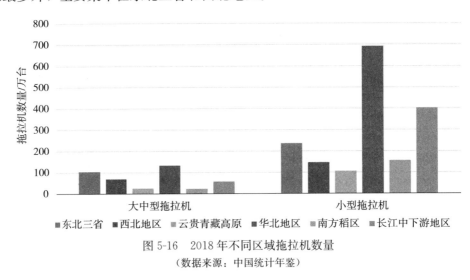

图 5-16　2018 年不同区域拖拉机数量

（数据来源：中国统计年鉴）

三、养分投入分析

（一）农业投入品类型与作用

农业生产过程是一个具有输入和输出的经济再生产过程，在此过程中的输入即农业投入品的输入，是指在农业和农产品生产过程中使用或添加的物质，主要包括生物投入品、化学投入品和农业设施设备三大类。其中，生物投入品主要包括种子、苗木、微生物制剂、天敌生物和种苗等。化学投入品主要包括化肥、农药、植物生长调节剂、抗生素等。农业设施设备主要包括农机具、农膜、温室大棚、灌溉设施等。

化学肥料是指能供给作物生长发育所需养分、改善土壤性状、提高作物产量和品质的物质，是农业生产中的一种重要生产资料，通常分为有机肥料、无机肥料、功能性肥料等。有机肥料包括农业废弃物、畜禽粪污、沼液和残渣等，其功能是改善土壤肥力、提供植物营养、提高作物品质。无机肥料包括氮肥、磷肥、复合肥、复混肥料、参混肥料、微量元素肥等，是植物可直接吸收的有效养分，养分浓度较高，肥效较快。功能性肥料主要包括缓/控释肥料、微生物肥料、商品化有机肥料等，是当前肥料发展的重要方向之一，是将作物营养与其他限制作物高产因素相结合的多功能性肥料类型。

（二）我国各类肥料投入分析

为了推动农业绿色发展，保护耕地资源，我国在加强农业生产的同时，也正在逐步推行耕地修复、实行休耕轮作，鼓励施用有机肥取代化肥，推广应用各种功能性新型肥料和有机肥，开展测土配方施肥，努力提高化肥利用率，控制化学肥料零增长。据统计年鉴显示，我国化肥自 2015 年达最高用量之后，化肥使用量整体呈现下降的趋势，如 2016 年全国农用化肥使用量为 6 000.5 万 t（折纯量），比 2015 年减少 18.5 万 t，这是 1974 年以来首次出现负增长。2017 年，国内化肥消费量进一步下降至 5 859 万 t；2018 年，国内化肥消费量下降至约 5 823.2 万 t，化肥使用量连续三年出现负增长，但在化肥类型方面，复合肥使用量不断上涨，2018 年较 2013 年上涨 9.32%。2013—2018 年全国化肥使用情况见图 5-17。

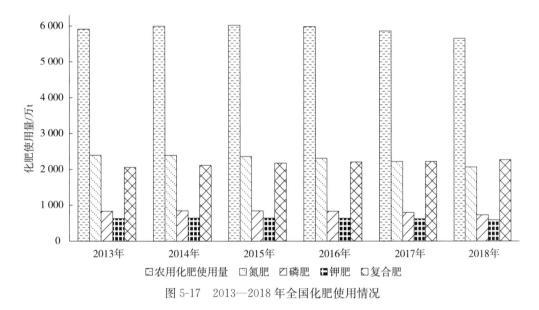

图 5-17　2013—2018 年全国化肥使用情况

主要作物农用化肥效率（PFP）见表 5-7。在全国化肥用量下降的同时，不同农作物的化肥利用效率不断增加，对 2018 年肥料利用效率大小排序得知，糖料作物的利用效率最高，达 105.69kg/kg，此后依次是水果（29.76kg/kg）、谷物（18.04kg/kg）、豆类（14.93kg/kg）、油料（10.63kg/kg）、烤烟 3.97（kg/kg）、棉花（2.93kg/kg），说明在我国化肥利用过程中，化肥利用效率还有很大的空间可挖。

表 5-7　主要作物农用化肥效率（PFP）

单位：kg/kg

年份	谷物	豆类	油料	糖料	棉花	烤烟	水果	蔬菜
2013 年	18.97	16.05	11.42	99.57	2.73	4.06	30.65	88.60
2014 年	19.56	16.76	10.11	96.47	2.69	3.87	27.86	94.53
2015 年	19.39	16.59	10.08	101.40	2.44	4.21	32.15	93.76

（续）

年份	谷物	豆类	油料	糖料	棉花	烤烟	水果	蔬菜
2016 年	18.34	14.07	10.68	94.26	2.79	3.94	35.05	61.50
2017 年	18.70	16.45	10.65	99.70	2.99	3.93	37.06	65.11
2018 年	18.04	14.93	10.63	105.69	2.93	3.97	29.76	61.17

注：此处化肥利用效率（PFP）的计算公式为 $PFP=Y/F$。其中，Y 代表的是作物施肥后获得的产量；F 代表的是化肥投入量。农作物的单位面积产量和化肥投入量数据均来源于 2019 年的《全国农产品成本收益汇编》。

2018 年粮食主产区化肥使用情况见表 5-8，2018 年粮食主产区各类作物的农用化肥利用效率见表 5-9。从不同粮食主产区的化肥使用情况可知，河南的化肥使用量最高，为 692.8 万 t，其次为山东（420.3 万 t），使用量最少为江西（123.2 万 t）。13 个粮食主产省份，年平均化肥使用量为 289.86 万 t，其中 6 个粮食主产省份高于均值。从化肥利用效率分析，2018 年各类农作物农用化肥利用效率差异较大，其中，大豆化肥利用效率最高，平均为 24.04kg/kg，其次是玉米，平均为 22.35kg/kg，棉花化肥利用效率最低，为 2.73kg/kg。从不同主产区的化肥利用效率来看，各地区差异较大，并且无明显规律。例如，小麦化肥利用效率以四川最高，达 18.48kg/kg，内蒙古最低，为 10.63 kg/kg；玉米化肥利用效率以吉林省最高，达 29.96 kg/kg，四川最低，为 18.4 kg/kg；稻谷化肥利用效率以黑龙江最高，达 30.04 kg/kg，内蒙古最低，为 18.39 kg/kg。

表 5-8　2018 年粮食主产区化肥使用情况

单位：万 t

粮食主产区	化肥使用量	氮肥	磷肥	钾肥	复合肥
河南	692.8	201.7	96.3	57.4	337.3
山东	420.3	130.7	42.1	35.6	211.9
河北	312.4	114.5	23.9	24	150
安徽	311.8	95.6	28.2	27.9	160.1
湖北	295.8	113.1	46	29.1	107.7
江苏	292.5	145.6	34	17.2	95.7
黑龙江	245.6	83.6	49.5	34.7	77.9
湖南	242.6	94.1	25.5	41.6	81.4
四川	235.2	112.1	45.4	17.4	60.3
吉林	228.3	58.4	6.3	14	149.6
内蒙古	222.7	86.1	40.8	18.4	77.2
辽宁	145	54.8	10	11.8	68.4
江西	123.2	34	18.5	17.9	52.9
均值	289.86	101.87	35.88	26.69	125.42

表 5-9　2018 年粮食主产区各类农作物农用化肥利用效率（PFP）

单位：kg/kg

粮食主产区	小麦	玉米	稻谷	大豆	花生	油菜	棉花
河南	14.17	21.32	20.20	31.73	12.25	9.42	3.02
山东	14.55	25.61	20.97	26.22	12.02	—	2.52
河北	12.58	24.78	18.93	10.86	15.28	—	3.99
安徽	11.46	23.95	20.60	74.43	12.74	7.30	2.17
湖北	14.22	23.5	23.20	—		8.67	2.33
江苏	13.83	27.04	19.50	—		9.28	2.85
黑龙江	—	22.53	30.04	13.10			—
湖南	—	—	24.42			9.33	2.21
四川	18.48	18.4	29.07		13.83	9.66	
吉林	—	29.96	25.25	10.64			
内蒙古	10.63	26.36	18.39	11.93		7.07	
辽宁		24.7	20.56	13.45	10.20		
江西	—		19.46			—	
均值	13.74	22.35	21.53	24.04	12.72	8.68	2.73

注：此处化肥利用效率（PFP）的计算公式为 $PFP = Y/F$。其中，Y 代表的是作物施肥后获得的产量；F 代表的是化肥投入量。农作物的单位面积产量和化肥用量数据均来源于 2019 年《全国农产品成本收益汇编》。

新型肥料已成为我国肥料发展的方向，2017 年，我国新型肥料的产量达 3 700～4 100 万 t（商品量），应用面积达 10 亿亩左右，每年增产粮食约 260 亿 kg，其中，缓控释肥的产量为 100 万～1 200 万 t/年，有机肥料产量为 1 200 万～1 400 万 t/年（商品量），微生物肥料产量为 960～1 100 万 t/年，水溶性肥料产量为 400 万～450 万 t，新型功能性肥料的产量为 60 万～90 万 t。目前我国新型肥料仍以有机肥为主，从整个肥料投入分析，有机肥投入比例较低，使用成本较高，生产企业规模小，这是今后新型功能肥料应该改进、提升的重要方向。

（三）我国各类农药投入分析

农药是指在农业生产中，为保障促进植物和农作物的成长所施用的杀虫、杀菌、杀灭有害动物（或杂草）的一类药物统称，特指在农业上用于防治病虫以及调节植物生长、除草等的药剂，包括化学农药、生物源农药等。我国 2018 年农药使用情况见图 5-18。据对《中国统计年鉴 2019》中农药使用量数据分析得知，我国农药使用量下降趋势明显。2018 年农药使用量较 2013 年下降了 20.22%，较 2017 年下降了 10.08%。在农药使用中，化学农药使用量占比高达 97.1%，生物农药使用量仅占 2.9%。但从近年来生物源农药登记产品情况看，2017 年、2018 年分别登记农药新品 17 个和 18 个，其中生物源农药分别有 10 个和 8 个，占比分别达 59% 和 62%，说明生物源农药刚刚开始被大家认识，生物农药的替代之路道阻且长，但发展潜力巨大。

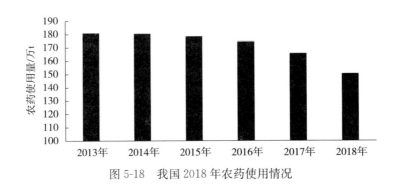

图 5-18　我国 2018 年农药使用情况

四、农作制度与政策分析

(一)复种与免耕基础分析

复种是我国重要的种植方式,为保障粮食安全发挥了不可替代的作用。一个地区能否进行复种主要取决于该地区的积温多少。在一年一熟有余两熟不足地区,常常采用铁茬免耕播种技术、套作技术或育苗移栽技术等实现了争时复种的目标,随着不同争时技术的推广应用,我国复种系数逐年增加,1999—2013 年,复种系数年均增加1.29%。同时作物播种面积也不断增加,2013 我国农作物播种面积 24.56 亿亩,较2005 年增加了 5%,其中粮食作物增产8 214.78万 t(全国农作物播种面积见图 5-19)。在积温充足地区,减少农耗期是发展熟制的关键,因此在长江以南一年三熟地区探索出了冬季覆盖作物-双季稻的创新模式,双季稻收获后种植冬季覆盖作物,无须土壤耕作,又促进了免耕技术的发展;在西北以及华北平原一年两熟区,采用小麦-玉米模式,玉米季铁茬免耕播种,促进了我国免耕的发展。

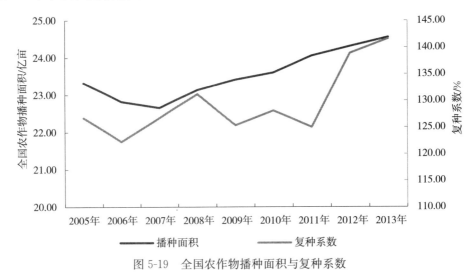

图 5-19　全国农作物播种面积与复种系数

我国农区类型多样,农业生产面临的生态环境各不相同,在西北、东北和青藏高原等一熟区，由于风蚀、水蚀的风险问题，生产上推广了秸秆覆盖少免耕等技术，促进了农业稳定发展。随着少免耕技术要素的日臻完善，国家从政策层面上也逐渐加大了对保护性耕作（农业）的推广力度。"十五"期间，保护性耕作技术被列入我国科技攻关计划，推进了保护性耕作的理论与技术研究，2002 年农业部启动保护性耕作示范推广项目，投入大量资金支持农业科研单位开展保护性耕作研究。"十一五"期间，我国科技工作者针对保护性耕作的关键技术和理论问题，开展了较为系统深入的机理研究，2009 年，农业部、国家发展与改革委员会根据 2005 年、2006 年和 2008 年中央 1 号文件以及党的十七届三中全会通过的《中共中央关于推进农村改革发展若干重大问题的决定》对发展保护性耕作、编制实施相关建设规划提出的要求，联合编制印发了《保护性耕作工程建设规划（2009—2015）》，2016 年又出台《探索实行耕地轮作休耕制度试点方案》的意见，通过政策措施极大地支持促进了少免耕技术的发展。图 5-20 显示，2014 年我国免耕面积达 1.255 亿亩，占当时总耕地面积的 6.19%，2014 年我国免耕面积和免耕机械数量与 2002 年相比分别增加了 98.79%、76.54%。

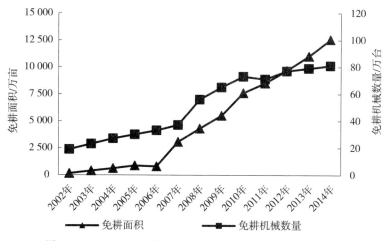

图 5-20　2002—2014 年我国免耕面积与免耕机械数量趋势

（二）农业生产者素质分析

我国农业生产经营人员结构见表 5-10。从表 5-10 可知，与第二次农业普查相比，第三次农业普查农业生产经营人员总数下降了 40.8%，总人数为 31 421 万人，其中男性 16 494 万人，女性 14 927 万人。从年龄结构分析，第三次农业普查中，在 55 岁及以上与 35 岁及以下的农业生产经营人员占总人数比例分别为 33.58%、19.17%，分别比第二次农业普查结果增加 8% 左右和减少 11% 左右，反映出我国农业从业人员年龄逐渐增大，年轻劳动力占比逐渐降低。从全国农业生产经营者受教育程度来看（表 5-11），占比最高的为初中（48.4%），其次为小学（37%），占比最低的为大专及以上学历（1.2%），各农区与全国情况基本一致，但西部地区未上过小学人群占比高于高中或中专和大专及以上文凭。目前我国农业生产经营者受教育程度以初中文凭为主。

表 5-10　我国农业生产经营人员结构

单位：万人

	总人数	男性	女性	35 岁及以下	36-54 岁	55 岁及以上
第三次农业普查	31 421	16 494	14 927	6 023	14 848	10 551
	总人数	男性	女性	30 岁及以下	31-50 岁	51 岁及以上
第二次农业普查	53 100	26 989	26 111	16 131	23 700	13 269

表 5-11　农业生产经营者受教育程度

单位：%

受教育程度	全国	东部地区	中部地区	西部地区	东北地区
未上过小学	6.4	5.3	5.7	8.7	1.9
小学	37	32.5	32.7	44.7	36.1
初中	48.4	52.5	52.6	39.9	55
高中或中专	7.1	8.5	7.9	5.4	5.6
大专及以上	1.2	1.2	1.1	1.2	1.4

（三）土地流转与规模化生产分析

近年来我国耕地总面积呈下降趋势（图 5-21），2016 年较 2009 年下降了 0.35%，耕地流转面积呈增长趋势（图 5-22），从 2008 年的 1.09 亿亩增长到 2016 年的 4.71 亿亩，增长 4.3 倍，年均增长率达到 19.64%。第三次农业普查结果表明，全国农业

图 5-21　我国耕地总面积变化情况

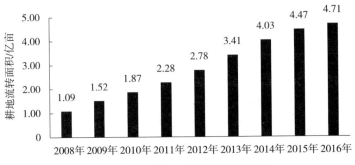

图 5-22　我国耕地流转面积变化情况

经营户为20 743.16万户，其中规模农业经营户为398.04万户，占比为1.92%，全国农业生产经营单位为204.36万家，其中农民专业合作社有90.51万家，占比为44.29%。由此可以看出我国农业规模化程度逐步提高。

第三节 中国保护性农业发展战略

一、中国保护性农业发展趋势分析

保护性农业已成为国际农业可持续发展的重要途径，我国在满足不断增长人口对粮食需求的同时，也充分认识到了农业生态安全和绿色发展的重要意义，并根据不同区域农业生产特点，在引进国外保护性农业理念的基础上，先后对保护性耕作技术、秸秆覆盖还田利用技术、免耕农机装备技术、高效农药与除草剂技术等进行了科学研究、试验与示范，政府部门也先后出台政策文件，不断引领农业生产向保护性农业方向发展。保护性农业的科学研究、试验示范与推广应用持续增加，保护性农业技术体系日臻完善，农业可持续发展能力不断提高。总结我国保护性农业的经验，归纳其发展趋势主要有以下几个方面。

1. 在科学研究方面，保护性农业由关键技术研究向理论与技术结合研究方向发展

中国保护性耕作论文2005—2019年年度分布见图5-23。纵观对保护性农业研究的过程可以看出，我国对保护性农业的研究逐步得到重视。从中国知网查询得知，2005—2019年，我国发表关于保护性耕作方面的论文总数为12 061篇。其中，以少耕方面的最少，为149篇，免耕方面的最多，为4 342篇，秸秆覆盖还田方面的3 997篇，保护性耕作方面的3 573篇。从年份分析，2012年以前，免耕和保护性耕作方面的论文占比较高，秸秆还田/覆盖等相关的保护性农业论文占比不断增加，说明我国对保护性耕作的研究越来越具体化，研究的内容从传统的保护性耕作措施及其对作物产量

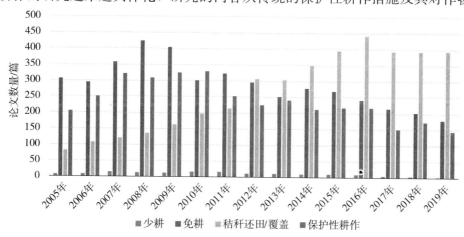

图5-23 中国保护性耕作论文2005—2019年年度分布

和经济效益的影响，逐步发展到保护性耕作对土壤肥力、养分、含水量的影响，近几年又涉及有关土壤有机碳、土壤理化性质、温室气体排放等问题。研究的内容由单项的技术，发展到技术与理论的结合，并且对保护性耕作基础理论的研究不断加强。

2. 在目标导向方面，保护性农业由水土保持转向较为综合的可持续发展方向

保护性农业最初的目的是通过少耕技术，减少对土壤的干扰，降低土壤风蚀和水蚀的影响。随着保护性耕作的发展，人们逐渐意识到了保护性耕作对土壤质量的改善作用，保护性农业则发展成为以改善土壤理化性状、减少能源消耗、减少和降低土壤水体污染、抑制土壤盐渍化和修复受损生态系统等方面。例如我国东北地区保护性农业的目的在于解决东北黑土地的风蚀、肥力下降、土层变薄问题，西北地区保护性农业的目的则在于减少土壤水土流失等。近年来，保护性耕作在华北地区和南方丘陵区、双季稻区的应用面积也在不断增加。通过秸秆覆盖，保持土壤水分，缓解华北地区的水资源问题，同时秸秆还田增加了土壤有机碳含量，为土壤有机质匮乏的华北地区增加土壤有机质来源。南方丘陵地区水土流失严重，季节性干旱突出，土地生产力低下，实施保护性耕作，缓解了土壤水蚀和干旱。南方土壤较为黏重，保护性耕作能够增加土壤团粒结构，改善土壤的物理性质。

3. 在农机装备方面，保护性农业由传统的机械化需求向综合型农机装备发展

保护性农业的发展离不开农机装备，农机装备主要包括免耕、少耕、秸秆覆盖等机械。根据农业部《中国农机化科技发展报告 2015—2016》，当前我国保护性农机主要是少免耕播种机、秸秆抛撒覆盖机、秸秆翻埋机以及各种深松机械等。由于我国地域差异性较大，不同地域之间的保护性农业存在一定差异，因此，免耕装备的发展向与各区域气候条件和农艺技术相结合方向转变。随着作物生产水平的提高，作物秸秆产量增大，免耕机械的发展向具有免秸秆缠绕功能方向发展，确保田间作业的顺利进行。随着土地流转面积的增加，传统单一的整地机械逐渐向大马力的联合作业机械转变，例如深松旋耕联合作业、秸秆粉碎旋耕联合作业、深松深翻耙地联合作业、灭旋耕起垄联合作业等，可减少农机具进地次数，降低拖拉机对土壤的破坏，保护土壤中的团粒结构，避免土壤压实。随着信息技术的快速发展，农业机械的智能化已成为可能，在联合机械的基础上，将微电脑技术、导航技术、RS 技术等现代信息技术应用于联合整地作业机具上，逐步向自动化、智慧化方向发展。目前，国外已拥有性能结构较成熟的大型联合整地机械，如约翰·迪尔公司研制的 1SL 系列深松整地联合作业机、库恩公司生产的 DC301 型联合整地机、贝松公司生产的 COMBIMIX 联合整地机等，智慧化的联合农机已成为农业机械化耕作的主要发展方向。

4. 从农业区域方面，保护性农业由一熟制单一作物向多熟制多作物方向发展

保护性农业最初在国外被提出时是为了防止土壤风蚀，其中重要的一个原因就是国外一般为单一熟制，在作物收割后地表裸露时间较长，容易受到侵蚀。我国保护性耕作面积最大的东北地区发生黑土地退化，很大程度上也是由于地表裸露造成土壤的侵蚀。而我国人多地少，土壤资源紧缺，为了充分利用农业自然资源，复种成为重要的种植方式。如华北地区一年两熟地区为了争取农时，往往对后季作物进行免耕播种或套播后季作物。一年多熟制情况下增加了粮食产量，但也带来地力的下降，大量化肥被使用的问题。为了解决土壤有机质持续下降等问题，秸秆还田培肥地力又成为秸秆利用的主要方向。近年来，一些学者围绕一年两熟区主要作物，如水稻、小麦、油菜、玉米等，针对当地种植模式和田间作业条件，进行了机械化保护性耕作技术的"双免耕"保护性农业模式研究和试验，形成了相应的技术体系，并研制了一系列配套的农机具。保护性耕作涉及的作物也从夏播作物，增加到夏播和秋播两季作物，由于免耕覆盖，缓解了多熟制地区水资源紧缺问题、丘陵地区水土流失问题，以及秸秆资源焚烧浪费和对大气带来的不利影响等现象，因此保护性农业已经成为多熟制地区未来主要发展方向。

5. 从技术研发方面，保护性农业由单一技术向多技术结合方向发展

保护性农业主要作用是尽可能少地对土壤扰动、土壤有机覆盖、作物轮作。最初保护性农业主要以免耕、少耕、杂草防治技术、施肥技术、秸秆还田技术、作物轮作等单一技术研究为主。目前保护性农业的研究已经不是单纯土壤耕作技术及当季作物的生长，更注重一个种植制度的周期，以及作物轮作、土壤轮耕的综合技术配置及其效应。例如，与少耕免耕结合，与施肥技术和专用缓释肥料研究结合，与秸秆还田和微生物肥料使用结合。此外，保护性耕作的病虫草害发生与传统耕作也有较大的区别，对于保护性耕作的田地病虫草害的防治也要根据具体的情况实施。研发高效环保的新型肥料，筛选高效、低毒、低成本、低残留的化学（生物）农药品种，加强以轮作和水肥管理为重点的保护性耕作模式将会成为未来保护性农业发展的重点。

二、中国保护性农业发展战略框架

保护性农业是农业可持续发展的主要技术内容之一。保护性农业主要的措施"保护性耕作"作为一项通过对农田实行免耕、少耕，秸秆留茬覆盖还田，控制土壤风蚀、水蚀，控制沙尘污染，提高土壤肥力和抗旱节水能力，以及节能降耗和节本增效的先进农业耕作技术，已在全球 70 多个国家推广应用，美国、加拿大、澳大利亚、巴西、阿根廷等国的保护性耕作应用面积已占本国耕地面积的 40%～70%。2017 年，我国保护性耕作面积也已超过 1 亿亩，实践证明，保护性耕作是一项生态效益和经济效益同步、当前与长远利益兼顾、利国利民的革命性农耕措施。积极发展保护性耕作是促进农业发展方式转变的有效途径。

（一）中国保护性农业的战略意义

我国是农业大国和人口大国，粮食安全直接关系到社会稳定，长期对土地进行掠夺式经营生产，耕地质量下降，中低产田比重大，主要粮食产区长期大量使用化肥，农家肥和有机肥施用量减少，土壤有机质含量和土壤地力下降；地下水超采、水资源紧缺，农业生态环境恶化，影响我国粮食生产和农业可持续发展。实践证明，发展保护性耕作是治理农田扬尘、防治农田风蚀和水蚀的重要措施，是培肥地力、促进农业可持续发展的主要手段，是降低农业生产成本、提高生产效益的有效途径，是防治秸秆焚烧、减少温室气体排放的重大举措，是坚持科学发展观、构建农村和谐社会的重要体现。因此，加快发展保护性农业，有利于构建资源节约型、环境友好型社会，对保障农业与农村经济发展任务和战略目标的顺利实现，促进农业高质量发展具有重要意义。

（二）中国保护性农业的可行性

长期以来，通过大量试验研究和引进、消化吸收国外技术，集成建立了适应我国不同农区的保护性农业技术体系，形成了较为科学的区域性技术模式。通过与保护性农业技术模式共同进行的配套研究，研制开发了具有我国保护性农业特色的先进适用的专用机具。随着社会发展和技术进步，资源节约、环境友好、转变农业发展方式等政策导向要求，为加快推广普及保护性农业提供了良好的经济社会环境。通过长期试验示范，总结了成功的经验和失败的教训，积累了较为成熟的建设管理经验，为实施保护性农业建设奠定了很好的基础。

（三）中国保护性农业的实施原则

1. 因地制宜，分区实施

应以保障粮食安全、改善生态环境和增加农民收入为主线，结合我国农业经营规模小、种植制度复杂、区域发展不平衡、技术需求各异等特点，因地制宜，通过农机、农艺、工程、生物等各种措施有机结合，推动技术综合集成，完善创新技术模式，以东北、西北一熟区为重点，向黄淮海两熟区和南方丘陵等多熟区拓展，促进形成有中国特色的保护性农业区域技术体系。

2. 循序渐进，稳步发展

按照试点、示范、推广的步骤，准确把握不同区域保护性农业发展水平和特征，建立示范基地，依据试验、示范、推广各阶段的差异，分区域规划，有步骤地开展保护性农业示范区建设，带动周边地区保护性农业的发展。

3. 依靠科技进步，促进保护性农业各要素结合

根据保护性农业核心内涵，以科技创新和技术集成为先导，以保护性农业要素协调为根本，以先进的农业机械为载体，坚持农机与农艺相结合，集成和配套应用良种选择、科学施肥、优化管理等农艺栽培技术，促进形成各具特色的高产高效农业生产制度和模式，确保保护性农业建设质量和效益协调。

4. 政府引导与市场化运作

树立农业经营主体是保护性农业实施主体的意识，以国家和政府投入政策和财力

为引导，广泛吸引社会资源多元化投入。依托农机大户、农民和农机专业合作社等，尊重市场经济规律，开展市场化、社会化服务，建立保护性农业发展的长效机制。

（四）中国保护性农业的战略目标

新时代开展保护性农业建设，依据保护性农业实施原则，采用宏观技术、微观技术、信息技术以及系统工程分析技术与方法，开展农机农艺结合、关键技术与基础理论结合、工程建设与技术培训结合、探索保护性农业下的水肥管理和病虫防治新技术、新方法，通过技术支撑能力建设和社会化服务能力建设，构建保护性耕作长效发展机制，加快推进保护性耕作技术的普及应用，建设高标准、高效益保护性耕作工程区，形成我国较为完善的保护性耕作政策支持体系、技术装备体系和推广应用体系。通过辐射带动，力争到 2025 年，使我国保护性农业实施面积达到 5 亿亩以上，经过持续努力，使保护性农业成为我国东北农区、西北农区、黄淮海农区和部分南方适宜区域农业主流耕作技术，耕地蓄水保墒抗旱能力进一步增强，土壤团粒结构改善，土壤有机质含量增加，地力提高，综合生产成本降低，农业生态环境得到改善，农业综合生产能力稳定提升，实现农业高质量发展。

（五）中国保护性农业重点内容

农业生产是一个复杂的经济再生产过程，不同农业生产区域存在生态环境、土壤条件、生产习惯等诸多不同，但农业生产还具有共性的关键技术和基础理论，因此，开展保护性农业建设，应重点关注共性的关键技术和基础理论的研究，在此基础上，与区域生产特点相结合，形成不同区域特征的保护性农业技术体系和技术模式。

1. 保护性农机装备创新

引导科研单位、机械制造企业、材料工业企业集中优势力量，共建保护性耕作装备创新联盟和研发平台。开展高性能免耕播种机核心部件研发攻关，重点突破播种机切盘的金属材料及加工工艺、电控高速精量排种器的设计与制造等难题；围绕保障保护性耕作关键机具产品质量、关键生产环节作业质量，抓紧制定修订一批相关标准规范和操作规程；鼓励免耕播种机等关键机具制造企业加快技术改造、扩大中高端产品生产能力。发挥农机购置补贴政策导向作用，引导农民购置秸秆还田机、高性能免耕播种机、精准施药机械、深松机械等保护性耕作机具。

2. 保护性绿色控释肥料创新

保护性农业产生的土壤环境、生态环境与传统农业有所不同，在其生产中要满足作物生长发育需要，必须要有适应保护性农业发展要求的特种肥料，这种肥料应具有喜湿润、慢释放、高效率等特点。针对这一要求，应开展绿色环保材料研发，包括油脂类、纤维类、聚醚聚氨酯类、水基聚合物类、纳米复合包膜材料与高效抑制剂及其复合技术；要开展工艺装备研发，包括以高效喷涂、均匀成膜、精准调控为核心的自动化工艺、装备以及抑制剂的保活技术、高效加入工艺的研发，最终形成高性能、功能型包膜缓控释稳定性肥料新产品。

3. 保护性绿色农药除草剂创新

保护性农业是农业绿色发展的一种典型形式，因此在保护性农业生产中应使用高效绿色的农药和除草剂进行病虫草害的防治，这就要求研发针对保护性农业生产的新型农药和除草剂新产品。

4. 保护性农业秸秆利用创新

秸秆覆盖是保护性农业的核心内容，也是决定保护性农业成败的关键。通常情况下，农田大量作物秸秆的聚集，除了对作物播种、作物出苗质量存在较大影响外，处理得不好，还会影响土壤地力提升，因此，在研发农业装备、解决秸秆与播种质量矛盾的前提下，研发广谱型的秸秆快速腐熟剂或生物菌株，对保护性农业推广，特别是两熟区和多熟区保护性农业发展具有重要的推动作用。

5. 保护性农业技术体系构建创新

保护性农业有别于传统农业生产，因此在创新保护性农业组成要素创新的基础上，还要进行各要素的组装，形成保护性农业高质量发展的技术体系。该技术体系包括农机农艺结合模式、播期播量的确定原则、肥料农药除草剂的高效一体化防控技术、作物发育规律与田间管理技术等。

（六）中国保护性农业实施步骤

1. 基本情况调研分析

由于我国地域辽阔，区域特征明显，各个区域的发展情况、技术需求、存在问题等均有较大的差异，因此在开展保护性农业时要充分结合当地生产条件与生产上的问题进行适当调整。目前我国主要农业生产区的情况如下。

东北平原土壤肥沃，以黑土、草甸土、暗棕壤为主；施行一年一熟制，土壤肥沃，机械化程度较高，是我国重要的商品粮基地。但是由于黑土地裸露，风蚀、水蚀加剧，土壤结构退化、肥力下降。解决农田风蚀、水蚀及土壤肥力下降问题是该区域的重点需求。

西北地区干旱多风，降水不足，种植制度主要为一年一熟，主要作物为小麦、玉米等。土壤多为干旱土、漠土、黄绵土等，土质疏松易受到侵蚀，土壤养分较低。黄土高原地区坡地面积大，水土流失严重，已经成为世界上水土流失最严重的地区。本区域的主要问题是土壤水土流失、土壤干旱、土壤肥力低下。

华北地区是我国重要的粮食生产基地，主要的种植模式为冬小麦-夏玉米一年两熟制。此区域以潮土为主，土壤性质较好，但土壤有机质含量不高。华北地区农业机械较多，农业生产成本高，用地强度大，灌溉用水多，导致地下水开采过度。此外，两熟制产生的大量秸秆资源难以有效利用，造成大量的资源浪费。

南方水稻区气候温暖湿润，水热资源丰富，一年可两熟或三熟。秸秆产生量大，利用率低。耕地土壤以常年种植水稻的水稻土为主，水稻土作为作物高产土壤，生产了产量居世界首位的水稻。南方丘陵地区有较多的红壤土，土壤较为黏重，季节性干旱突出，且水土流失现象严重。

2. 制定区域保护性耕作模式

东北地区施行留茬免耕、留高茬错行种植等技术。通过留高茬覆盖越冬减少农田土壤风蚀、水蚀，并提高农作物秸秆还田量。采用免耕施肥播种机进行茬地播种；苗期进行水肥管理及病虫草害防治；作物收获后，留高茬覆盖越冬，达到防治土壤水蚀、风蚀，提高土壤肥力的目的。

西北地区主要以坡耕地沟垄蓄水、等高种植来缓解坡耕地的水土流失问题。提高土壤透水、贮水能力，拦蓄坡耕地的地表径流，促进降水就地入渗，减轻农田土壤冲刷和养分流失。此外，农田秸秆覆盖，主要在作物生长期、休闲期与全程覆盖等不同覆盖时期，促进雨水聚集和就地入渗，增加农田地表覆盖，抑制土壤水分蒸发，减轻农田水蚀与风蚀。

华北地区主要采用小麦-玉米秸秆还田免耕直播技术与秸秆覆盖还田、粉碎还田相结合模式。该模式以应用小麦机械化收获粉碎还田技术、玉米秸秆机械化粉碎还田技术为主，但在玉米秸秆处理及播种小麦时，采用旋耕播种方式，实现简化作业、秸秆全量还田、培肥地力、节约灌溉用水的目的。

南方长江中下游地区与华北地区相似，但主要以少免耕与秸秆还田技术相结合，施行轮耕制。西南丘陵地区主要采用宽带轮作与秸秆还田保护性耕作技术模式，在实现当地秸秆有效利用的同时培肥地力，缓解土壤侵蚀。

3. 示范区建设与推广

保护性耕作兼具生产性、生态性和公益性，在大面积推广初期，需要以国家投入为主导，在各类型区典型县份，选择具有代表性的乡镇，采用集中连片、整村推进的方法，建成一批具有一定规模的高标准工程区。近期，以机械化为主体的保护性耕作可作为全国保护性耕作的突破口，在东北和黄淮海平原玉米和小麦种植区的示范推广应注重完善和提高保护性耕作的关键技术和体系，在西北水土流失地区加强农艺与农机相结合的研究和试点示范。中期，在东北、黄淮海农艺与农机已初步完成配套的地区，在进一步完善耕作模式和技术体系、认真做好经验和成果总结的基础上，加大示范与推广的力度。

示范区建设应由县级农机（农业）技术推广部门组织实施，以农机大户、种粮大户和农机专业服务组织为主要依托力量，集成配套运用各类农艺措施，规范实施保护性耕作技术，切实发挥示范作用，带动县域及周边地区，促进区域保护性耕作的发展。

示范区建设应以配置保护性耕作专用机具、维修机耕道、平整土地以及机具棚库等附属设施建设为主要内容，同时配置相应的示范培训样机和仪器设备。其中，对专用机具购置，中央和地方财政给予60%补助，农机大户、种粮大户和农机专业化服务组织等自筹40%，其他全部由中央和地方财政解决。

保护性农业实施的路线如图5-24所示。

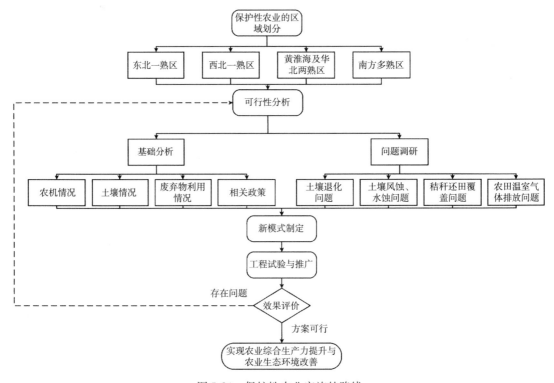

图5-24　保护性农业实施的路线

（七）中国保护性农业实施保障

1. 加强组织领导，建立部门间的联动机制

保护性耕作技术是一个系统工程，涉及农机、农艺等多部门，以及农作物栽培、土肥、种子、植保等多个技术领域，关系到农作物整个生长周期各个环节。要建立健全责任制和协调机制，明确各部门、各单位和相关人员职责，制定出台保护性耕作工程建设管理办法，并对工程建设进度和质量进行动态性追踪与检查监督。组织制订行动方案，明确重点实施区域、主推技术模式、实施进度和保障措施，做好相关资金保障和工作力量统筹。

2. 加强政策扶持，发挥政策集聚效应

要统筹考虑适宜区域全面推行保护性耕作的目标导向，做到措施要求有机衔接。中央财政通过现有渠道积极支持保护性耕作发展。地方政府要因地制宜，完善保护性耕作发展政策体系，根据工作进展统筹利用相关资金，将秸秆覆盖还田、免（少）耕

等绿色生产方式推广应用作为优先支持方向，尽量做到实施区域、受益主体、实施地块"三聚焦"，切实发挥政策集聚效应。

3. 加强监督考评，提高监管工作效率

各地区要将推进保护性耕作列入年度工作重点，细化分解目标任务，合理安排工作进度，制定验收标准，健全责任体系，确保按时保质完成各项任务。鼓励各地积极采用信息化手段提高监管工作效率，建立健全耕地质量监测评价机制。

4. 加强宣传引导，营造良好舆论氛围

各有关方面要充分利用广播、电视、报刊和新媒体，广泛宣传推广应用保护性耕作的重要意义、技术路线和政策措施，及时总结成效经验，推介典型案例，凝聚社会共识，营造良好的社会环境和舆论氛围。

三、保护性农业发展建议

保护性农业的推广应用过程是对传统农业弊端的改造升级过程，也是农业发展中的补短板、强长项的过程，尽管保护性农业在我国各农业类型区均有相应模式，开展了相关的研究与示范工作，积累了一定经验，但在实际生产中所占比率还很低，同时还存在对保护性农业优越性的认识不足、针对保护性农业的理论研究不深不透、基层技术推广服务能力总体偏弱、技术推广人员知识结构亟待改善、保护性农业技术体系还不够完善、农机农艺结合需进一步加强、保护性农业的长效机制尚未建立等问题，这与我国农业均衡全面高质量发展的需求还不适应，因此，有必要加大力度解决以上问题，进一步发展保护性农业。

（一）加强研究，进一步探索多熟制"双免耕"保护性农业基础理论

加强保护性农业的基础理论研究是扩大示范应用的基础，特别是对于多熟制、多作物条件下的保护性农业理论研究更需加强，以拓展保护性农业的应用广度。重点是组织有关专家和技术人员对近几年我国两熟制地区保护性农业的实施情况、技术模式、综合效益和存在的主要问题进行认真调查分析，从经济、社会、环境等多目标出发，采用宏观与微观技术，从作物、土壤、环境和经济等多角度扩展研究思路，拓宽探索实践空间，丰富研究领域和内容，更好地指导和引领两熟区"双免耕"保持性农业的基础理论。

（二）深入实践，加强保护性农业组成要素与区域适应性研究

加强保护性农业机具（装备）与农业技术的适用性研究工作，与传统耕作机具相比，保护性农业机具更为复杂，其性能的好坏极大地影响着保护性技术的推广效果。目前保护性耕作农具种类较为齐全，但农具功能不够完善，例如，有些农区由于秸秆覆盖原因使得打埂困难，免耕施肥播种机在秸秆潮湿的环境下容易发生堵塞等。因此，要加强保护性农业机具功能性研究，同时还要结合所在农区的农艺技术需要，实

现农机农艺的融合,在经济技术条件好的地区,也可开展保护性农机的精细化、联合化、智慧化方面的研究,实现农机农艺信息的融合。

加强保护性农业下的农药除草剂和综合防控技术研究。保护性耕作制度直接影响到作物本身与农田生态环境,也影响生物种群结构和组成。耕作方式影响最大的是土壤环境以及土壤生物种群,特别是以秸秆为生存场所的害虫和病原菌的增加,可能导致一些病虫害种类增多、危害加重。而从宏观的角度分析,大范围地实现保护性耕作对整个农业生态环境都会产生较大的影响,对于迁飞性害虫以及气传病害的发生均会产生较大的影响。目前,保护性耕作技术体系中防治病虫草害主要依靠化学防治,随着生物工程技术的发展,新型生物农药、抗病虫品种的使用推广、病虫草害的防治正在摆脱对化学农药的依赖,加强和完善保护性农业病虫草害的综合防治技术研究成为保护性农业必须考虑的重要问题。

加强保护性农业肥料与一体化高效施肥技术研究。近年来我国新型肥料种类丰富,产量不断增加,但保护性农业具有保持土壤水分含量、提高土壤质量、固碳减排等优势,要加强不同保护性农业模式与肥料及其施肥技术的适应性研究,解决作物对养分的需求与土壤的实时供给的矛盾,进一步凸显保护性农业的优势。

(三)坚持区域特征,补充完善保护性农业技术规范

我国幅员辽阔,区域间生态环境差异较大,保护性农业的发展要与区域特征紧密结合,针对区域关键问题,结合共性关键技术,制定适应于区域特定环境的关键技术体系,发展具有区域特色的保护性农业模式,充分发挥保护性农业保水、保土、增肥、提质和固碳减排的功能,我国几个主要农区保护性农业问题与发展方向如表5-12所示。

由于我国幅员辽阔,各地的自然条件、种植模式和作物品种存在一定的差异,一些地方为了推广保护性农业技术,结合当地实际对保护性技术进行了不同程度的改良和完善,针对这些做法,要通过建立保护性农业技术规范,进行全面分析总结和评估,并在此基础上补充完善农业农村部已有的"保护性耕作项目实施规范"和"保护性耕作技术实施要点"等知识体系,从技术上保证保护性农业技术推广的健康顺利发展。

表 5-12 我国几个主要农区保护性农业问题与发展方向

区域	问题	发展方向
东北平原区	土壤水蚀退化严重,耕层变浅,肥力退化	遏制土地退化、培肥地力、减轻风蚀
长城风沙沿线区	春季农田裸露严重	发展防沙减尘的覆盖作物及保护性耕作技术
西北黄土高原区	水土流失严重	发展水土保持型保护性耕作技术体系

（续）

区域	问题	发展方向
华北平原区	水资源矛盾突出，地下水超采严重，形成多个地下漏斗，土壤地力低，粮食高产压力大	发展稳产节水型"双免耕"保护性耕作技术体系
南方平原双季稻区	劳动力紧缺，秸秆资源浪费严重，省时、省工、高效的耕作技术体系是该区的客观需求	发展秸秆资源高效利用及冬季资源利用技术体系
南方丘陵区	水土流失严重，季节性干旱突出，土地生产力低下	发展减少土壤水蚀的保水抗旱保护性耕作技术体系

（四）坚持政府引导、市场带动的保护性农业推广机制

保护性耕作是耕作制度的一场革命，受技术体系、机械性能、配套技术、种植制度和人们思想观念的多重制约，对于我国以家庭经营为主的农业经营规模来讲，推广的难度就更大。目前我国的保护性耕作技术推广工作正处于关键时期，政府的支持引导显得尤为重要，为了加快保护性农业技术研究和推广力度，实施单位应加强组织领导，落实工作责任，把扩大保护性农业技术实施范围、提升应用效果列入重要工作日程；加强保护性农业技术试验和验证工作，努力提高技术的规范性和集成性。加强对保护性农业技术推广人员和广大农业经营者的培训，加深对保护性农业技术的理解；加强保护性农业效果的宣传，营造发展保护性农业的良好氛围；主动整合资源，为保护性农业技术释放应用提供有力的政策引导和财力支持。要积极发挥市场在保护性农业技术推广中的应用，坚持以市场为导向、以效益为动力，做好市场化经营、社会化服务工作，建立起技术推广应用的长效机制。通过扶持农机协会、种植大户和专业服务组织，大力推行保护性耕作机收、机播专业服务，一体化服务，订单服务等多种形式，不断提高保护性农业机械使用和经营效益，调动农民使用免耕机械的积极性。同时，引导和组织科研单位、大专院校、农机推广鉴定单位、生产企业等通过适当的利益共享方式参与到保护性工业技术和机具的研究、开发、改进、推广应用中来，为技术示范推广创造有利条件。

参考文献 REFERENCES

陈防，鲁剑巍，万开元，2004. 有机无机肥料对农业环境影响述评［J］. 长江流域资源与环境：258-261.

陈源泉，李媛媛，隋鹏，等，2010. 不同保护性耕作模式的技术特征值及其量化分析［J］. 农业工程学报，26（12）：161-167.

陈源泉，隋鹏，高旺盛，等，2012. 中国主要农业区保护性耕作模式技术特征量化分析［J］. 农业工程学报，28（18）：1-7.

成升魁，徐增让，谢高地，等. 2018. 中国粮食安全百年变化历程［J］. 农学学报 8：186-192.

冯璐，张焱，陶大云，2011. 保护性农业的概念演绎与发展演变［J］. 生态经济，244（10）：106-109.

高焕文，何明，尚书旗，等，2013. 保护性耕作高产高效体系［J］. 农业机械学报，44（6）：35-38，49.

高琪，2016. 中国保护性耕作生态效益补偿制度研究［D］. 杨陵：西北农林科技大学.

高琪，张忠潮，2015. 中国保护性耕作生态效益补偿制度的构建［J］. 世界农业，433（5）：101-105.

高旺盛，2007. 论保护性耕作技术的基本原理与发展趋势［J］. 中国农业科学，40（12）：2702-2708.

葛全胜，赵名茶，郑景云，2000. 20 世纪中国土地利用变化研究［J］. 地理学报，33（6）：698-706.

龚子同，1999. 中国土壤系统分类-理论·方法·实践［M］. 北京：科学出版社.

管大海，张俊，郑成岩，等，2017. 国外气候智慧型农业发展概况与借鉴［J］. 世界农业，456（4）：23-28.

郭明程，王晓军，苍涛，等，2019. 我国生物源农药发展现状及对策建议［J］. 中国生物防治学报，35：755-758.

胡春胜，陈素英，董文旭，2018. 华北平原缺水区保护性耕作技术［J］. 中国生态农业学报，26：1537-1545.

胡婉玲，任然，王红玲，等，2018. 气候智慧型农业在中国的实践、问题与对策［J］. 湖北农业科学，57（20）：141-145.

李安宁，范学民，吴传云，等，2006. 保护性耕作现状及发展趋势［J］. 农业机械学报（37）：177-180，111.

李光棣，李锋瑞，施坰林，2008. 保护性农业的研究现状、进展与展望（英文）［J］. 中国沙漠，（6）：1086-1094.

李隆，李晓林，张福锁，等，2000. 小麦大豆间作条件下作物养分吸收利用对间作优势的贡献［J］. 植物营养与肥料学报（2）：140-146.

李彤，王梓廷，刘露，等，2017. 保护性耕作对西北旱区土壤微生物空间分布及土壤理化性质的影响［J］. 中国农业科学，50（5）：859-870.

刘高远，2018. 保护性耕作及优化施肥对渭北旱地土壤肥力的影响［D］. 杨陵：西北农林科技大学.

刘洪涛，陈同斌，郑国砥，等，2010. 有机肥与化肥的生产能耗、投入成本和环境效益比较分析——以污泥堆肥生产有机肥为例［J］. 生态环境学报，19：1000-1003.

刘丽，白秀广，姜志德，2019. 国内保护性耕作研究知识图谱分析——基于 CNKI 的数据［J］. 干旱区资源与环境，33：76-81.

禄兴丽，2017. 保护性耕作措施下西北旱作麦玉两熟体系碳平衡及经济效益分析［D］. 杨陵：西北农林科技大学.

马浩，2016. 黄土高原保护性耕作措施对作物产量及土壤肥力的影响［D］. 杨陵：西北农林科技大学.

潘莹，胡正华，吴杨周，等，2014. 保护性耕作对后茬冬小麦土壤 CO_2 和 N_2O 排放的影响［J］. 环境科学，35（7）：2771-2776.

瞿如一，童绍玉，唐静波，等，2018. 基于第一和第二次全国土地调查数据的我国土地利用变化特征分析［J］. 安徽农业科学，46：5-11，24.

隋斌，董姗姗，孟海波，等，2020. 农业工程科技创新推进农业绿色发展［J］. 农业工程学报，36：1-6.

滕希群，2006. 保护性农业的起源、发展及对策建议［J］. 山东经济战略研究（8）：43-45.

田肖肖，2016. 保护性耕作方式对夏玉米生长及水氮利用的影响［D］. 杨陵：西北农林科技大学.

王丙文，2013. 保护性耕作农田碳循环规律和调控研究［D］. 泰安：山东农业大学.

王金霞，张丽娟，黄季焜，等，2009. 黄河流域保护性耕作技术的采用：影响因素的实证研究［J］. 资源科学，31（4）：641-647.

王可，2012. 我国生物农药研究现状及发展前景［J］. 广东化工，39：74-88.

王一杰，管大海，王全辉，等，2018. 气候智慧型农业在我国的实践探索［J］. 中国农业资源与区划，39：43-50.

王一杰，2019. 气候智慧型农业试点的经济社会效果评价［D］. 北京：中国农业科学院.

王梓廷，2018. 土壤微生物群落分布和多样性对保护性耕作的响应及其机制［D］. 杨陵：西北农林科技大学.

位国建，荐世春，方会敏，等，2019. 北方旱作区保护性耕作技术研究现状及展望［J］. 中国农机化学报，40（3）：195-200，211.

谢瑞芝，李少昆，李小君，等，2007. 中国保护性耕作研究分析——保护性耕作与作物生产［J］. 中国农业科学：1914-1924.

熊本海，杨亮，郑姗姗，2018. 我国畜牧业信息化与智能装备技术应用研究进展［J］. 中国农业信息，30：17-34.

熊淑萍，丁世杰，王小纯，等，2016. 影响砂姜黑土麦田土壤氮素转化的生物学因素及其对供氮量的响应［J］. 中国生态农业学报，24（5）：563-571.

许菁，李晓莎，许姣姣，等，2015. 长期保护性耕作对麦-玉两熟农田土壤碳氮储量及固碳固氮潜力的影响［J］. 水土保持学报，29（6）：191-196.

许勇，范学民，2007. 中国-加拿大保护性农业合作情况综述［J］. 世界农业，336（4）：24-26.

薛洁，2012. 农业发展何去何从——传统农业、有机农业和保护性农业的比较［J］. 中国农业信息，140（9）：18-19.

叶鑫，邹长新，刘国华，等，2018. 生态安全格局研究的主要内容与进展［J］. 生态学报，38：3382-3392.

殷祥，2012. 怀远县耕地地力评价与耕地可持续利用研究［D］. 合肥：安徽农业大学.

余凡，王晓峰，徐海量，等，2008. 中国农业生态安全进展研究［J］. 太原师范学院学报（自然科学版），7：110-113，148.

郧宛琪，朱道林，汤怀志，2016. 中国土地整治战略重塑与创新［J］. 农业工程学报，32：1-8.

张海林，高旺盛，陈阜，等，2005. 保护性耕作研究现状、发展趋势及对策［J］. 中国农业大学学报：16-20.

张金鑫，穆兴民，王飞，等，2009. 基于土壤质量的保护性农业技术及其政策取向［J］. 水土保持研究，16（1）：264-268.

张克诚，2006. 保护性耕作与病虫草害综合防治 [J] . 农机科技推广 (5)：11-12.

张志勇，干旭昊，熊淑萍，等，2020. 耕作方式与氮肥减施对黄褐土麦田土壤酶活性及温室气体排放的影响 [J] . 农业环境科学学报，39 (2)：418-428.

赵秉强，张福锁，廖宗文，等，2004. 我国新型肥料发展战略研究 [J] . 植物营养与肥料学报，10 (5)：536-545.

赵建波，2008. 保护性耕作对农田土壤生态因子及温室气体排放的影响 [D] . 泰安：山东农业大学.

中华人民共和国国家统计局，2009. 中国第二次全国农业普查资料汇编 [M] . 北京：中国统计出版社.

周红民，2017. 我国绿色农业发展存在的问题与对策研究 [J] . 地方治理研究，1 (3)：23-30.

周健民，2013. 我国耕地资源保护与地力提升 [J] . 中国科学院院刊，28：269-274，263.

朱立志，2017. 秸秆综合利用与秸秆产业发展 [J] . 中国科学院院刊，32：1125-1132.

朱龙飞，徐越，张志勇，等，2019. 不同施氮措施对冬小麦农田土壤温室气体通量的影响 [J] . 生态环境学报，28 (1)：143-151.

邹晓霞，2013. 节水灌溉与保护性耕作应对气候变化效果分析 [D] . 北京：中国农业科学院.

图书在版编目（CIP）数据

我国保护性农业实践与发展战略/马新明等编著．
—北京：中国农业出版社，2020.12（2021.6 重印）
（气候智慧型农业系列丛书）
ISBN 978-7-109-27595-9

Ⅰ.①我… Ⅱ.①马… Ⅲ.①农业环境保护－研究－
中国 Ⅳ.①X322.2

中国版本图书馆 CIP 数据核字（2020）第 236090 号

中国农业出版社出版

地址：北京市朝阳区麦子店街 18 号楼
邮编：100125
丛书策划：王庆宁
责任编辑：刘昊阳　　文字编辑：徐志平
版式设计：王　晨　责任校对：刘丽香
印刷：中农印务有限公司
版次：2020 年 12 月第 1 版
印次：2021 年 6 月北京第 2 次印刷
发行：新华书店北京发行所
开本：787mm×1092mm　1/16
印张：14.5
字数：320 千字
定价：58.00 元
